여행은 꿈꾸는 순간, 시작된다

CONTENTS

오사카

003 교토에서 가는 법
005 오사카 1일 추천 코스
006 우메다
016 신사이바시 & 난바
027 오사카성
031 텐노지

고베

037 교토에서 가는 법
040 고베 1일 추천 코스
041 산노미야
046 모토마치 상점가
049 고베 하버랜드
053 히메지성

나라

057 교토에서 가는 법
058 나라 공원
059 나라 1일 추천 코스

REAL GUIDE

012 우메다의 푸드홀
063 호류지

오사카
BEST 3

01
화려하고 재미있는
대형 간판의
도톤보리

02
먹거리와
쇼핑의 천국
우메다

03
옛 빈티지 감성이
느껴지는
텐노지

먹다가 쓰러지는 도시

오사카

OSAKA 大阪

ACCESS

교토에서 가는 법

한큐 오사카우메다역 도착

- 한큐 교토카와라마치역 京都河原町駅
- 한큐 교토본선 특급 ⓒ43분 ¥410엔
- 한큐 오사카우메다역 大阪梅田駅

요도야바시역 도착

- 케이한 기온시조역 祇園四条駅
- 케이한 본선 특급 ⓒ49분 ¥430엔
- 요도야바시역 淀屋橋駅

JR 오사카역 도착

- JR 교토역 京都駅
- 신쾌속 ⓒ28분 ¥580엔
- JR 오사카역 大阪駅

오사카

OSAKA 大阪

먹다가 쓰러지는 도시, 일본에서 가장 재미있는 사람들이 많은 도시, 일본 국내 무역의 중심지, 일본 전국시대 역사의 주 무대. 오사카는 예로부터 지금까지 언제나 다양한 수식어가 붙는 매력 만점의 도시다. 전통적으로 일본 국내 무역의 중심지 역할을 담당했던 오사카는 일본 전국에서 사람이 모여드는 곳이었고, 그로 인해 상업 도시 특유의 개방적이고 호방한 성격의 사람들이 많다. 먹다가 쓰러지는 도시라는 말이 있듯이 오사카는 음식이 맛있기로 유명하며, 종류도 다양해서 식도락을 즐기기에 최고의 도시다. 볼거리도 많고 먹거리도 많은 매력적인 도시 오사카는 교토에서 1시간 정도면 갈 수 있으며 한큐, 케이한, JR 등 이용할 수 있는 교통편도 다양하다.

대중교통과 패스 이용 TIP

❶ 도시간 이동+시내 이동을 위해 구입할 티켓

케이한 교토·오사카 관광 승차권+오사카 메트로

1,400엔(일본 현지 구매 시 1,500엔)

케이한선으로 오사카~교토 왕복 이동 및 오사카 지하철을 1일 동안 무제한 탑승할 수 있는 유용한 패스. 케이한 산조 등 주요역과 오사카 메트로 정기권 발매소에서 교환 및 구매가 가능하다.

❷ 시내 이동을 위해 구입할 티켓

오사카 주유 패스 1일권

3,300엔

지하철 무료 이용에 더해 40여 개의 주요 관광지를 무료로 입장할 수 있는 패스. 오사카가 처음이고 주요 관광지를 3곳 이상 방문한다면 매우 유용하다.

오사카 1일 추천 코스

오사카는 일본 제2의 도시인 만큼 면적도 넓고 볼 것도 할 것도 많다. 교토에서 당일치기로 오사카 핵심만 둘러보려는 사람, 혹은 한국에서 입국·귀국 시 교토와 연계해 오사카를 둘러보려는 사람을 위한 1일 코스를 준비했다. 교토에서 당일치기로 오사카를 여행하려면 한큐 전철을 이용하는 것이 가장 편리하다. 단, 한큐 투어리스트 패스가 JR 간사이 패스와 세트로만 판매되는 것으로 변경되어 유용하지는 않다. 교토에서 오사카, 고베, 나라등을 함께 여행한다면 JR 간사이 미니패스를 추천한다. 오사카 시내에서는 주유 패스 1일권을 이용하면 교통편 이용에 더해 관광지 무료 입장 혜택도 볼 수 있다.

09:00 한큐 교토카와라마치역

한큐 교토본선 특급 43분

10:00 한큐 오사카우메다역

도보 15분

10:00 우메다 01 **우메다 공중정원**

주유 패스 무료 입장

도보 10분

11:10 우메다 07 ~ 13 **우메다 푸드홀 (점심 식사)**

도보 5분

12:30 우메다 03 ~ 04 **우메다 백화점 쇼핑**

도보 5분

14:00 우메다 02 **헵파이브 대관람차**

주유 패스 무료 입장

지하철 미도스지선 7분

15:00 신사이바시 & 난바 01 **신사이바시 상점가 쇼핑**

도보 15분

16:00 신사이바시 & 난바 02 ~ 03 **도톤보리, 에비스바시스지**

도보 5분

17:30 신사이바시 & 난바 03 **톤보리 리버크루즈**

주유 패스 무료 입장

도보 3분

18:30 신사이바시 & 난바 06 ~ 07 **이마이 or 후쿠타로(저녁식사)**

지하철 미도스지선 15분

20:30 한큐 오사카우메다역

한큐 교토본선 특급 43분

21:30 한큐 교토카와라마치역

교통비 820엔
입장료 오사카 주유 패스 1일권 3,300엔
식비 약 5,000엔

총 예산 약 9,120엔

우메다

UMEDA 梅田

#우메다야경 #한신백화점명물 #생활잡화쇼핑

키타의 중심부인 우메다는 오사카의 대표 상업 지구다. 1874년 이 지역 일대의 갯벌을 매립해 JR 오사카역을 건설하면서 '매립지'를 뜻하는 '우메다(埋田)'로 명명되었으며 이후 '매화밭'으로 뜻이 바뀌어 오늘에 이른다. 1990년부터 시작된 도심 재개발을 통해 초고층 빌딩들이 늘어서면서 오사카에서 가장 빽빽한 스카이라인을 이루고 있다.

ACCESS

주요 이용 패스

JR 간사이 미니 패스, 오사카 주유 패스, 엔조이 에코 카드

교토에서 가는 법

한큐 오사카우메다역 도착

- 한큐 교토카와라마치역 京都河原町駅
  - 한큐 교토본선 특급 43분 ¥410엔
- 한큐 오사카우메다역 大阪梅田駅

JR 오사카역 도착

- JR 교토역 京都駅
  - 신쾌속 특급 28분 ¥580엔
- JR 오사카역 大阪駅

TIP

- 교토에서 오사카를 당일로 여행한다면 한큐 전철이 편리하다.
- 주요 관광지 3곳 이상을 이용할 예정이라면 오사카 주유 패스 1일권을 구입하자.

우메다 상세 지도

01 무기토멘스케
나카츠
한큐 나카츠
01 로프트
03 키지
01 우메다 스카이빌딩
03 한큐삼번가
08 한큐삼번가 우메다 푸드홀
04 키디랜드
나카자키초
요도바시 카메라 링크스 우메다 02
한큐 오사카우메다
오이시이모노 요코초 10
우무기 04
그랑 프런트 오사카
02 헵파이브
우메키타 플로어 11
02 하나다코
05 요네야 우메다 본점
오사카 스테이션시티 05
04 한큐 백화점
카이텐즈시 간코 06
JR 오사카
루쿠아 푸드홀 07
루쿠아 & 루쿠아 1100 03
한신 다이쇼쿠도
09
포켓몬 센터 05
히가시우메다
닌텐도 오사카 06
한신 오사카우메다
니시우메다
키타신치
N
W
E
S

01

우메다 스카이빌딩 梅田スカイビル

오사카 최고의 야경 명소

높이 173m, 40층짜리 쌍둥이 건물로, 인도의 타지마할, 시드니 오페라하우스 등과 함께 영국 〈더 타임스〉에서 선정한 '전 세계 최고의 빌딩 20' 중 하나다. 파리 개선문처럼 두 건물 꼭대기가 서로 연결되어 있으며, 전면이 유리로 덮여 있어 맑은 날이면 파란 하늘과 어우러져 근사한 풍경을 연출한다. 39~40층에 위치한 공중정원 전망대는 우메다 최고의 야경을 자랑하는데, 다른 전망대와는 달리 사방이 모두 트여 있어 전경을 더욱 생생하게 감상할 수 있다. 27층에는 역동적인 3D 그림 세계와 멋진 조망을 경험할 수 있는 '키누타니코지 천공 미술관'이, 지하 1층에는 1900년대 초기 오사카 거리를 재현한 타키미코지 식당가가 있다.

지하철 미도스지선 우메다역(梅田駅) 5번 출구에서 도보 10분 공중정원 전망대 09:30~22:30, 키누타니코지 천공미술관 평일 10:00~18:00, 금~토, 공휴일 10:00~20:00 ¥공중정원 전망대 2,000엔, 어린이 500엔(오사카 e-pass 소지자 15:00 이전 무료, 15:00 이후 20% 할인), 키누타니코지 천공미술관 1,300엔(오사카 e-pass 소지자, 주유 패스 소지자 무료), 학생 800엔, 어린이 무료 大阪市北区大淀中1-1-88 www.skybldg.co.jp 34.705362, 135.490269

02

헵파이브 HEP Five

대관람차에서 즐기는 로맨틱한 야경

지름 75m의 거대한 붉은색 대관람차가 눈길을 사로잡는 헵파이브는 한큐 그룹의 계열사 시설로, 'HEP'은 'Hankyu Entertainment Park'의 약자다. 한큐 오사카우메다역, 미도스지선 우메다역의 출구와 이어져 현지인의 약속 장소로도 유명하다. 입구에서는 일본 아티스트 이시이 타츠야(石井竜也)의 작품인 20m 길이의 빨간 고래 조형물을 볼 수 있고, 1~6층은 패션 및 잡화점, 5~6층 일부는 식당가로 구성되어 있다. 7층에서 탈 수 있는 대관람차의 최고 높이는 106m에 달하며, 탑승 소요 시간은 약 15분이다. 낮에는 오사카성까지 보이는 탁 트인 360도 파노라마 풍경을, 밤에는 로맨틱한 야경을 선사하는 곳이다.

JR 오사카역(JR大阪駅) 미도스지 출구에서 도보 4분/지하철 미도스지선 우메다역(梅田駅)에서 도보 5분 쇼핑가 11:00~21:00, 식당가 11:00~22:30, 대관람차 11:00~23:00(탑승 마감 22:45) ¥대관람차 600엔(오사카 e-pass 소지자, 주유 패스 소지자 무료) 大阪市北区角田町5-15 hepfive.jp 34.704040, 135.500291

03

한큐삼번가 阪急三番街

교통의 중심에 위치한 식도락과 쇼핑 천국

한큐 오사카우메다역 남쪽 건물(남관)과 한큐 버스터미널이 있는 북쪽 건물(북관)까지의 지역을 일컫는다. 1층은 서점, 카페와 음식점, 패션 매장, 지하 1층은 패션 및 화장품 매장, 지하 2층은 식당가로 이루어져 있다. 특히 이곳 식당가는 우동이 맛있는 우무기, 매콤하고 고소한 맛이 일품인 인디안카레, 스테이크동으로 유명한 혼미야케, 두툼한 돈카츠로 유명한 KYK 등 맛집이 많기로 유명하다.

한큐 오사카우메다역(大阪梅田駅)에서 지하상가로 연결
쇼핑몰 10:00~21:00, 식당가 10:00~23:00
大阪市北区芝田1-1-3 h-sanbangai.com
34.705576, 135.498274

04

한큐 백화점 阪急百貨店

오사카 대표 백화점

1929년 세계 최초로 역과 같은 건물에 들어선 백화점. 재단장을 거쳐 2012년 일본 최대 규모로 다시 문을 열었으며 화장품 매장도 간사이 최대 규모를 자랑한다. 식품관과 10~11층 식당가 구성이 훌륭해 쇼핑과 식사, 휴식을 한곳에서 즐길 수 있다. 우리나라 여행자가 많이 찾는 몽셰르 도지마롤, 쌀 케이크로 현지인에게 사랑받는 고칸(Gokan)은 물론, 가공식품을 판매하는 지하 1층 식품관, 다양한 식자재를 갖춘 지하 2층 식품관도 있다.

지하철 미도스지선 우메다역(梅田駅)과 연결 10:00~20:00, 12~13F 식당가 11:00~22:00(월별로 변경, 홈페이지 확인) 大阪市北区角田町8-7 www.hankyu-dept.co.jp 34.702795, 135.498568

05

오사카 스테이션시티 大阪ステーションシティ

JR 오사카역과 연결된 대형 종합 쇼핑몰

JR 오사카역을 사이에 두고 노스 게이트와 사우스 게이트 빌딩으로 나뉜 복합 쇼핑 공간. 노스 게이트에는 젊은층을 타깃으로 한 패션몰 루쿠아와 루쿠아 1100, 사우스 게이트에는 그랑비아 호텔과 도큐 핸즈, 다이마루 백화점이 들어서 있다. 1층의 에키 마르셰(Eki Marche)에는 유명 음식점도 많다.

JR 오사카역(JR大阪駅) 직결. 지하철 미도스지선 우메다역(梅田駅) 3-A 출구 07:00~24:00 大阪市北区梅田3丁目1-3 osakastationcity.com 34.702534, 135.49594

01

무기토멘스케 麦と麺助

최고급 재료로 만든 명품 라멘

최고급 재료를 이용해 닭의 풍미와 감칠맛을 최대한 끌어낸 짜지 않은 국물과 직접 뽑은 쫄깃한 면이 어우러지는 중화 소바의 맛이 일품이다. 일본 3대 닭으로 꼽히는 히나이닭과 꿩으로 만든 특제 쿠라다시 쇼유소바(특제 수제 간장 소바)가 주력 메뉴이고, 멸치의 일종인 이리코로 우려낸 이리코 소바도 한정 판매한다. 2022년에 이어 2023년에도 미쉐린 가이드 빕 구르망으로 선정되었다.

특제 쿠라다시 쇼유소바(特製蔵出し醤油そば) 1,590엔 한큐 오사카우메다역(大阪梅田駅) 차야마치 방면 출구에서 도보 10분 11:00~15:30, 화 & 기타 요일 부정기 휴무 大阪府大阪市北区豊崎3-4-12 twitter.com/mugitomensuke 34.711343, 135.500016

02

하나다코 はなだこ

파와 타코야키의 환상적인 조화

우메다에서 가장 유명한 타코야키 가게. 신선한 냉장 문어만 사용하며 다코야키 속 문어 조각도 오사카에서 가장 크다. 간판 메뉴 네기마요는 타코야키 위에 다진 파를 듬뿍 얹은 것으로, 겉은 바삭하지만 속은 반숙이어서 먹다 보면 느끼해지는 타코야키의 단점을 상큼하게 보완했다. 얇은 과자 안에 타코야키를 넣은 타코센베도 인기 메뉴다.

네기마요(ネギマヨ) 6개 670엔, 타코야키(たこ焼き) 6개 570엔 한큐 오사카우메다역에서 도보 2분 10:00~22:00 大阪市北区角田町 9-16 大阪新梅田食道街 1F 34.703159, 135.497983

03

키지 きじ

우메다에서 가장 맛있는 오코노미야키

우메다역 상점가와 우메다 스카이빌딩 지하 1층 식당가에 위치한 키지는 우메다에서 가장 맛있는 오코노미야키를 선보이는 곳이다. 신선한 식자재와 적절한 배합의 반죽, 조화로운 맛의 소스로 현지인의 입맛을 사로잡고 있다.

스지타마(すじ玉) 1,050엔, 모단야키(もだん焼) 980엔 지하철 미도스지선 우메다역(梅田駅)에서 도보 15분(우메다 스카이빌딩 지하 1층) 11:30~21:00, 목요일, 첫째·셋째 수 휴무 大阪市北区大淀中1-1-90 34.704779, 135.490596

04 우무기 兎麦

가성비 최고! 우메다역과 가까운 우동 맛집

일본의 각종 매체에 소개되어 유명세를 탔고, 우메다의 우동집 중 가성비가 가장 뛰어난 곳으로도 꼽힌다. 붓카케 우동은 정통 사누키 스타일이며, 카케 우동은 부드러운 면에 칼칼한 국물이 일품이다. 텐푸라는 가격 대비 속재료가 커서 풍미가 좋다. 우동면 '오오모리(곱빼기)'가 무료니 참고하자.

치쿠타마붓카케 우동(ちく玉天ぶっかけ) 890엔, 젠부이리붓카케 우동(全部入りぶっかけ) 1,060엔, 토리텐카레우동(とり天カレーうどん) 1,060엔 한큐 오사카우메다역에서 도보 2분(한큐삼번가 지하 2층) 11:00~22:00(마지막 주문 21:30) 大阪市北区芝田1-1-3 阪急三番街B2F No.12 34.705078, 135.498033

05 요네야 우메다 본점 よねや 梅田本店

쿠시카츠와 가볍게 한잔

화이티 우메다(Whity Umeda)에 있는 쿠시카츠집 겸 서서 마시는 이자카야. 주로 퇴근 후 쿠시카츠와 맥주 한잔을 즐기려는 직장인이 모여드는 맛집이다. 현지인의 퇴근 후 일상을 함께 즐기고 싶다면 들러보자.

쿠시카츠 개당 140~400엔 지하철 미도스지선 우메다역(梅田駅) 10-13번 개찰구로 나온 후 화이티 우메다 노스 몰(North Mall)방향으로 도보 1분 11:00~21:30(마지막 주문 21:00, 셋째 목 휴무) 大阪府大阪市北区角田町2-5 ホワイティうめだノースモール 34.703086, 135.499491

06 카이텐즈시 간코 에키 마르셰점 回転寿司がんこ

합리적인 가격으로 즐기는 회전초밥

두건을 두른 남성의 모습이 박힌 간판으로도 유명한 간코스시에서 만든 회전초밥 전문점이다. 회가 두꺼운 것이 특징이며 그중 가장 유명한 메뉴는 도미초밥이다. 각 메뉴는 가격별(130~800엔 정도)로 접시색이 다르고 제철 생선으로 만든 초밥은 할인 행사를 한다. 계산할 때는 접시 바코드를 기계로 스캔한 뒤 계산서를 준다.

¥ 3,000엔 JR 오사카역(JR大阪駅)에서 연결(에키 마르셰 206번) 11:00~23:00(마지막 주문 22:15) 06-4799-6811 大阪府大阪市北区梅田3-1-1 エキマルシェ大阪 www.gankofood.co.jp/cuisine/kaiten 34.701912, 135.494689

REAL GUIDE

미식 천국 우메다의 푸드홀

07

루쿠아 푸드홀 Lucua Food Hall

이탈리아를 그대로 옮겨 놓은 듯

루쿠아의 지하 식당가 옆에 새롭게 문을 연 푸드홀이다. 이탈리아 콘셉트로 꾸민 공간에서 이국적인 분위기를 느낄 수 있다. 다양한 이탈리아 요리와 와인 등을 맛볼 수 있고 식자재도 판매하니 둘러보는 것만으로도 즐겁다.

지하철 미도스지선 우메다역(梅田駅) 3A 출구 방향 도보 3분. 바루치카(バルチカ)를 통해 진입 11:00~23:00(부정기 휴무) 大阪市北区梅田3-1-3地下2階 34.702859, 135.494776

08

한큐삼번가 우메다 푸드홀 Umeda Food Hall

모든 음식이 다 있을 것 같은 미식 천국

한큐삼번가 지하 식당가 북관이 재단장했다. 전체적으로 넓은 공간에 많은 좌석이 있어 여유롭고, 원하는 메뉴는 거의 다 있을 정도로 다양한 음식점이 입점해 있으니 메뉴 선택을 고민하고 있다면 이곳으로 가자.

한큐 오사카우메다역(大阪梅田駅) 직결. 한큐삼번가 북관 지하 2층, 지하철 미도스지선 우메다역(梅田駅) 1번 출구 방향 직결 10:00~23:00 大阪市北区芝田1丁目2 34.705867, 135.497795

09

한신 다이쇼쿠도 阪神大食堂

최근 우메다의 푸드홀 경쟁이 치열한 가운데 한신 백화점도 9층 식당가를 전면 리뉴얼해 한신 다이쇼쿠도로 재탄생했다. 미쉐린 가이드 빕 그루망인 보타니카리, 기타신치의 유명 야키니쿠 가게의 분점인 기타신치 하라미 등 유명 음식점이 모여 있다. 더불어 지하 2층에는 술과 음식을 즐길 수 있는 실내 주점 한신 바루요코초, 지하 1층에는 서서 간단한 음식을 즐길 수 있는 한신 스낵파크가 있다.

지하철 타니마치선 히가시우메다역(東梅田駅) 1번 출구 직결 10:00~22:00(마지막 주문 21:30) 大阪市北区梅田1-13 13号 34.701341, 135.498324

10

오이시이모노 요코초 おいしいもの横丁

포장마차 거리 분위기에서 한 잔

우메다 링크스 지하 1층에 새로 생긴 야타이무라(포장마차 거리) 형태의 푸드홀이다. 가게들이 모두 오픈된 형태로 늘어서 마치 야시장에 온 듯한 느낌이 들며, 오사카 특유의 떠들썩한 분위기를 만끽할 수 있다. 입점한 가게들도 다양한데 술과 함께 하기 좋은 메뉴가 다 모여있다. 오뎅, 야키토리, 야키니쿠, 초밥, 야키교자는 물론이고 해장용 라멘과 우동도 있다.

지하철 미도스지센 우메다역 4번 출구에서 바로
大阪市北区大深町4-201 LINKS UMEDA B1
34.704309, 135.496713

11

우메키타 플로어 Umekita Floor

우메다의 야경을 내려다보며 즐기는 술 한잔

늦은 밤까지 술 한잔 즐길 곳을 찾는다면 늦은 밤까지 문을 여는 우메키타 플로어로 가자. 그랑 프런트 오사카 북관 6층에 있으며, 멋진 야경을 감상하며 여유로운 시간을 보내기에 최적인 도심 속 이자카야다. 총 16개 음식점과 술집이 있어 마음에 드는 요리와 술을 찾아 자리를 옮기며 2차를 즐기기에도 최고다.

지하철 미도스지선 우메다역(梅田駅) 5번 출구에서 도보 3분. 그랑 프런트 오사카 북관 6층 11:00~23:00 ¥3,000엔~ 大阪市北区大深町3-1 グランフロント大阪 北館6F 34.705172, 135.494640

01 로프트 우메다 ロフト梅田

생활을 바꾸는 아이디어 상품이 가득한 곳

아기자기한 디자인과 아이디어가 돋보이는 생활용품을 판매하며 오사카에서 가장 규모가 크고 취급하는 상품도 다양하다. 침대부터 필기구, 주방용품 등 일상생활에 필요한 물건은 거의 모두 갖췄다. 밸런타인데이, 화이트데이, 할로윈데이, 크리스마스에 열리는 특별전도 놓치기 아쉬울 만큼 상품이 다양하다.

한큐 오사카우메다역(大阪梅田駅) 차마야치 출구에서 누차야마치 방면으로 도보 5분 11:00~21:00(4층 면세 카운터 11:00~20:30) 大阪市北区茶屋町16-7 www.loft.co.jp 34.707960, 135.499633

02 요도바시 카메라 링크스 우메다 LINKS UMEDA ヨドバシカメラ

쇼핑, 식사, 숙박까지 모든 것이 다 되는 곳

우메다의 랜드마크 중 하나였던 요도바시 카메라가 종합 쇼핑몰과 고급 호텔을 겸비한 복합공간으로 다시 태어났다. 지하 2층 지상 8층까지 대규모의 상가에서 대형 수퍼마켓, 유니클로, 니토리 등 100여 개의 상점과 40개의 음식점을 만나볼 수 있다. 지하 1층~1층에서는 라멘 등 가벼운 식사와 술을, 8층에서는 야키니쿠, 오코노미야키 등 푸짐한 식사를 즐길 수 있다.

지하철 미도스지선 우메다역 5번 출구 직결 大阪市北区大深町1-1 09:30~22:00 links-umeda.jp 34.704633, 135.496201

03 루쿠아 & 루쿠아 1100

Lucua & Lucua 1100 ルクア & ルクアイレ

오사카의 최신 패션이 궁금하다면

20대가 즐겨 찾는 이곳은 이세탄 백화점의 계열사로, JR 오사카역 오사카시티 노스 게이트 빌딩에 들어서 있다. 2~7층에는 남녀 쇼핑 브랜드가 입점해 있고, 10층 다이닝에는 쿠시카츠 다루마, 미미우, 마루후쿠 커피점, 카무쿠라 라멘 등 유명 음식점도 입점해 있다. 루쿠아 1100은 오사카의 패션을 선도하는 전문 편집 숍으로, 루쿠아에서 새롭게 선보인 곳이다.

JR 오사카역(JR大阪駅)에서 연결/지하철 미도스지선 우메다역(梅田駅) 3-A 출구 상점가 10:30~20:30, 음식점 11:00~23:00 大阪市北区梅田3-1-3 www.lucua.jp 34.703829, 135.49676

04 키디랜드 Kiddy Land

어린이도 어른도 신나는 캐릭터용품 천국

한큐삼번가 지하 1층과 지상 1층에 자리하고 있으며, 캐릭터별로 공간이 구분되어 있어 원하는 캐릭터 상품을 쉽게 찾을 수 있다. 지상 1층에는 리락쿠마, 스미코구라시와 각종 미용 제품이 있고 지하 1층에는 스누피 타운, 헬로키티, 후나시랜드, 카피바라상, 네코마트 등 훨씬 다양한 캐릭터 상품이 입점해 있다.

한큐 오사카우메다역(大阪梅田駅) 차야마치 방면 출구에서 도보 3분/지하철 미도스지선 우메다역(梅田駅) 1번 출구에서 지상으로 올라와 좌측 유니클로 방면으로 직진하면 도보 5분
10:00~21:00 大阪市北区芝田1-1-3
www.kiddyland.co.jp/umeda
34.706025, 135.498389

05 포켓몬 센터 Pokemon Center

포켓몬스터의 모든 것

다이마루 백화점 우메다점 13층에서 다양한 포켓몬 관련 상품을 만나볼 수 있다. 오사카에서 가장 큰 규모를 자랑하는 매장답게 캐릭터 인형은 물론 학용품과 잡화까지 없는 것이 없을 정도로 다양한 상품을 갖췄다. 성인, 어린이, 내외국인 할 것 없이 항상 북적이는 곳.

JR 오사카역(JR大阪駅) 사우스 게이트 빌딩과 연결/지하철 미도스지선 우메다역(梅田駅) 3-A 출구(다이마루 백화점 13층) 10:00~20:00 06-6346-6002 大阪市北区梅田３丁目1-1大丸梅田店 13F www.pokemon.co.jp/shop/pokecen/osaka/ 34.701792, 135.496415

06 닌텐도 오사카 Nintendo OSAKA

닌텐도 상품의 천국

도쿄 시부야에 이은 닌텐도 직영 오프라인 매장으로, 2022년 11월에 오픈했다. 닌텐도를 대표하는 게임인 슈퍼 마리오는 물론 동물의 숲, 젤다의 전설, 스플래툰 등의 게임과 굿즈를 다양하게 판매하며 닌텐도 오사카 한정 캡슐 토이도 구비하고 있다. 도쿄 매장의 약 2배의 크기를 자랑하며 판매 상품도 2천 점이 넘는 만큼, 인기가 높아 번호표를 받아야 한다.

JR 오사카역(JR大阪駅) 사우스 게이트 빌딩과 연결/지하철 미도스지선 우메다역(梅田駅) 3-A 출구(다이마루 백화점 13층/포켓몬 센터 옆) 10:00~20:00 0570-088-210 www.nintendo.co.jp/officialstore 34.70238, 135.496404

신사이바시 & 난바

SHINSAIBASHI & NAMBA

心斎橋 & 難波

#신사이바시상점가 #도톤보리 #글리코러너 #아메리카무라

미나미의 대표 쇼핑가 신사이바시에는 최신 유행 의류부터 전통 의상, 화장품, 액세서리, 악기까지 없는 물건이 없다. 글리코러너가 있는 에비스바시 남쪽부터 동서로 이어진 도톤보리에서 눈길을 사로잡는 형형색색의 간판도 흥미롭다. 전통색 강한 신사이바시에서 서쪽으로 불과 7분 거리인 아메리카 무라에서 미국의 골목길에 온 듯한 분위기를 느껴보자.

ACCESS

주요 이용 패스

오사카 주유 패스, 엔조이 에코 카드

교토에서 가는 법

지하철 신사이바시역 도착

- 한큐 교토카와라마치역 京都河原町駅
  - 한큐 교토본선 특급 ⓒ43분 ¥410엔
- 한큐 오사카우메다역 大阪梅田駅

- 오사카 지하철 미도스지선 우메다역 梅田駅
  - 지하철 ⓒ8분 ¥240엔
- 신사이바시역 心斎橋駅

- 케이한 기온시조역 祇園四条駅
  - 케이한 본선 특급 ⓒ49분 ¥430엔
- 요도야바시역 淀屋橋駅

- 오사카 지하철 미도스지선 요도야바시역 淀屋橋駅
  - 지하철 ⓒ5분 ¥190엔
- 난바역 なんば駅

신사이바시 상세 지도

신사이바시

나가호리바시

호텔 닛코 오사카

04 메이지켄

04 아메리카 무라

01 신사이바시스지

01 돈키호테

03 러쉬

돈키호테 도톤보리 미도스지점

톤보리 리버 크루즈

02 에비스바시스지

글리코러너

이마이 06

03 도톤보리

01 카무쿠라

아지노야 02

05 살롱 드 테 알시온

03 카이텐즈시 초지로

오사카난바

난바

닛폰바시

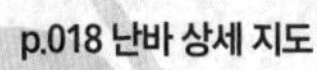
p.018 난바 상세 지도

난바 상세 지도

p.017 신사이바시 상세 지도

라운드원 스타디움

오사카난바

난바

닛폰바시

551 호라이 09

05 빅카메라

지유켄 10

12 리쿠로오지상 치즈케이크

07 후쿠타로

08 와나카

난바 플라자 호텔

06 타카시마야 백화점

츠루하시 시장

난바 센니치마에 공원

난카이 난바

에디온 아레나 오사카

난바파크스 05

04 빌리지 뱅가드

11 텐푸라 다이키치

덴덴타운

에비스초

01

신사이바시스지 心斎橋筋

에도 시대부터 이어진 일본 최대 아케이드

나가호리도리부터 소에몬초까지 580m 가까이 이어진 오사카 남부 최고의 아케이드 상점가. 백화점을 포함해 최신 트렌드를 이끄는 패션, 뷰티 브랜드 180여 개가 들어서 있다. 에도 시대부터 칠기점, 서점, 악기점, 표구사 등이 자리한 상업 지역이었던 이곳은 다이마루 백화점의 전신인 '신사이바시스지 포목점 마츠야'가 들어서면서 당대 최고의 번화가로 자리매김했다. 메이지 시대에 이르러 외래품을 취급하는 소매점과 시계점, 포목점, 백화점 등의 서양식 점포가 자리잡았고, 오늘날에는 쇼핑을 즐기는 젊은이들의 쇼핑 명소로 사랑받고 있다.

지하철 미도스지선·나가호리츠루미료쿠치선 신사이바시역(心斎橋駅) 5번 또는 6번 출구
10:00~21:00 大阪市中央区心斎橋筋2-2-22 shinsaibashi.or.jp
34.672957, 135.501355

02

에비스바시스지 戎橋筋

하루 20만 명이 찾는 도톤보리의 핫스폿

신사이바시와 도톤보리, 난바를 연결하는 다리로 평일 평균 20만 명, 휴일 평균 35만 명이 오가는 오사카 남쪽의 중심이다. 1925년 준공 당시에는 철근 콘크리트 아치교였으나 2007년 톤보리 리버워크가 만들어지면서 도톤보리강 양옆에 나무 데크와 선착장이 생겼고, 다리 위는 원형 광장으로 바뀌었다. 이 다리 위에서 제과업체 글리코의 대형 옥외 광고판이자 오사카의 명물 '글리코러너'가 잘 보여 인증 사진을 찍는 사람이 많다. 1935년부터 네온으로 불을 밝혀온 글리코러너는 오사카에서 도쿄, 로마에서 런던, 남아프리카에서 이집트, 이스터섬에서 미국 온타리오 호수, 호주에서 중국까지 매 2분 7초 주기로 배경이 바뀌며 달린다.

지하철 미도스지선·요츠바시선·센니치마에선 난바역(なんば駅) 14번 출구에서 도보 5분 大阪府大阪市中央区道頓堀1丁目6
34.669051, 135.501282

03

도톤보리 道頓堀

우리가 아는 오사카의 그 풍경

1980년대 일본 최고의 경제 호황기 당시 오사카의 중심지였으며 거대하고 재미있는 간판, 일본 최초의 네온사인 등 화려했던 일본의 모습을 그대로 간직한 거리다. 도톤보리 돈키호테 에비스 타워 앞에서는 총 9개의 다리를 통과하는 관광용 크루즈 톤보리 리버 크루즈를 탈 수 있다. 아름다운 강변 풍경에 승무원의 재미있는 설명이 더해져 탑승 시간 20분이 후딱 지나간다(일본어 설명).

난카이 난바역(難波駅), 지하철 미도스지선·요츠바시선·센니치마에선 난바역(なんば駅)에서 도보 5분 大阪府大阪市中央区道頓堀1丁目10 34.669051, 135.501282

04

아메리카 무라 アメリカ村

최신 유행을 선도하는 '서쪽의 하라주쿠'

패션, 음악, 예술, 쇼핑이 한데 어우러진 개성 만점 거리로 옛 창고를 개조해 미국에서 들여온 중고 레코드, 청바지, 티셔츠 같은 구제 제품을 벼룩시장 형식으로 판매하면서 '아메리카 무라'라는 이름이 붙었다. 골목 곳곳에 특색 있는 상점이 많고, 젊은 예술가와 젊은 개그맨들의 공연이 매일 열리는 일본 청년 문화의 산지, 삼각공원을 중심으로 둘러보는 재미가 크다.

지하철 미도스지선·나가호리츠루미료쿠치선 신사이바시역(心斎橋駅)에서 7번 출구에서 도보 3분/요츠바시선 요츠바시역(四ツ橋駅)에서 도보 3분 大阪市中央区西心斎橋1丁目~2丁目付近 americamura.jp 34.671963, 135.498262

05

난바파크스 なんばパークス

도심 속에서 즐기는 꿀 같은 휴식

'자연과의 공존'을 전면에 내세운 대형 쇼핑몰로 대협곡과 지층을 연상시키는 웅장한 외관으로 지구의 장대한 역사를 형상화했다고 한다. 1~5층은 패션, 뷰티, 인테리어 용품을 판매하는 숍, 6~8층은 유명 맛집이 즐비한 식당가, 8~9층은 극장 및 야외 예식장과 옥상 정원으로 구성되어 있다. '세계에서 가장 아름다운 공중정원 톱 10'에 선정된 파크스가든(Parks Garden)은 11,500m²의 거대한 면적에 나무 7만여 그루와 식물 300여 종이 서식하는 도심 속 휴식 공간이다.

난카이 난바역(難波駅) 중앙 개찰구 남쪽 출구와 연결/지하철 미도스지선 난바역(なんば駅) 남쪽 개찰구에서 도보 7분 상점가 11:00~21:00, 식당가 11:00~23:00, 파크스 가든 10:00~24:00 大阪市浪速区難波中2-10-70 06-6644-7100 nambaparks.com 34.661608, 135.502001

01

카무쿠라 센니치마에점 神座 千日前店

일본 전역으로 퍼져 나가는 오사카 라멘 체인

1986년 도톤보리에서 1호점을 시작해 현재 오사카 중부, 간토 지방에 분점을 둔 인기 라멘집. 기본 닭 육수에 배추를 많이 넣어 맛을 낸 국물이 깔끔하고 시원하다. 대표 메뉴는 간장으로 맛을 내 감칠맛을 더한 오이시이 라멘이다. 전반적으로 짠맛이 센 편이니 주문할 때 간 조절을 요청해도 좋다.

오이시이 라멘(おいしいラーメン) 770엔 지하철 미도스지선 난바역(なんば駅)에서 도보 6분 월~목 10:00~07:30, 금 10:00~08:30, 토 09:00~08:30, 일 09:00~07:30 大阪府大阪市中央区道頓堀1-7-3 kamukura.co.jp 34.668441, 135.503023

02

아지노야 味乃家

입에서 살살 녹는 오코노미야키와 야키 소바

미쉐린 가이드 빕 구르망에 선정된 오코노미야키 전문점. 양도 푸짐하고 해산물 속재료도 알차다. 소스가 조금 짜고 달아 주문 시 소스 양을 줄여달라고 부탁해도 좋다. 야키 소바는 상대적으로 간이 적당한 편. A 세트는 4인 이상, B 세트는 2~3인용이나 양이 꽤 많은 편이니 참고하자.

아지노야 특선 B세트(味乃家特選Bセット) 4,200엔, 아지노야 믹스 오코노미야키(味乃家ミックスお好み焼) 1,480엔 지하철 미도스지선 난바역(なんば駅) 14번 출구에서 도보 1분 화~목 & 일 & 공휴일 11:00~22:00, 금~토 11:00~22:30, 월 휴무 大阪市中央区難波1-7-16 ajinoya-okonomiyaki.com 34.668039, 135.500940

03

카이텐즈시 초지로 호젠지점 廻転寿司CHOJIRO 法善寺店

도심에서 즐기는 가성비 좋은 스시

도톤보리의 숨은 골목 호젠지 요코초에 있는 초지로는 교토에 본점을 두고 있는 회전초밥집으로 가성비가 뛰어나고 이용 편의성이 돋보이는 곳이다. 좌석에 비치된 태블릿으로 원하는 메뉴를 주문해 먹을 수 있으며 한국어도 지원되어 매우 편리하게 이용할 수 있다. 스시도 상당히 맛있는 편이고 가격도 저렴한 편이라서 만족도가 높다.

예산 3,000엔~ 지하철 미도스지선·센니치마에선 난바역(なんば駅) 14번 출구에서 도보 3분 월~금 11:00~15:00(마지막 주문 14:30), 17:00~22:30(마지막 주문 22:00), 토~일 11:00~22:30(마지막 주문 22:00) 大阪市中央区難波1-2-10 https://www.chojiro.jp/shop/detail?id=62 34.667820, 135.502377

04

메이지켄 明治軒

오사카스러운 메뉴가 가득한 경양식집

신사이바시에 있는 메이지켄은 오사카스러운 메뉴가 가득한 경양식집이다. 오무라이스를 주력으로 하는 곳이지만 쿠시카츠크로켓 정식, 오무라이스쿠시카츠 정식 같이 오사카를 대표하는 메뉴와 조합한 세트가 많이 있다. 오래된 경양식집답게 비후카츠 메뉴도 있는데 비후카츠는 조금 얇은 편이긴 하지만 바삭하면서도 촉촉하게 잘 튀겨져 나온다.

쿠시카츠 3본 세트(串カツ3本セット) 1,130엔, 특상규비후카츠(特上牛ビフカツ) 2,300엔 목~화 11:00~15:00, 17:00~20:30, 수 휴무 大阪市中央区心斎橋筋1-5-32 savorjapan.com/0003015681

05

살롱 드 테 알시온 サロン・ド・テ アルション

호젠지 요코초 입구 근처 골목에 있는 살롱 드 테 알시온은 프랑스 디저트와 티 살롱이다. 1층은 맛있는 프랑스 케이크와 쿠키, 마카롱, 그리고 '조르주 캐논'사의 홍차 등을 구입할 수 있다. 2층에는 깔끔하고 멋진 티룸이 마련되어 있는데, 화려한 접시에 담긴 디저트와 홍차, 중국차, 오리지널 블렌드 허브티 등의 차를 조합하여 애프터눈 티 세트를 여유롭게 즐길 수 있다.

디저트 세트(デセールセット) 1,750엔 월~금 11:30~20:30, 토·일, 공휴일 11:00~20:00 大阪市中央区難波1-6-20 www.anjou.co.jp/shop/saronhouzenji 34.668233, 135.501901

06

이마이 본점 道頓堀 今井 本店

가장 오사카다운 우동

오사카 최고의 우동 국물로 인정받는 곳으로, 다시마와 멸치 등 해산물로 우려낸 맑은 육수를 사용한다. 대표 메뉴는 오사카 우동의 기본이라 할 수 있는 키츠네 우동. 깊은 맛의 국물과 달콤하고 고소한 유부의 조화가 일품인 데다 면도 국물이 잘 스며들도록 가늘고 부드러운 면을 사용한다.

키츠네 우동(きつねうどん) 930엔 지하철 미도스지선 난바역(なんば駅) 14번 출구에서 도보 3분 목~화 11:30~21:30, 수 휴무 050-5570-5507(예약), 06-6211-0319(문의) 大阪市中央区道頓堀1-7-22 d-imai.com 34.66864, 135.50271

07

후쿠타로 福太郎

오사카 최고로 꼽히는 오코노미야키

오사카의 수많은 오코노미야키점 중에서도 가장 평가가 좋고 미쉐린 빕 구르망에도 오른 곳. '돼지고기와 파'라는 극강의 조합을 선보이는 부타네기야키가 가장 유명하지만 기본 오코노미야키도 맛있다. 좌석은 'ㄷ'자 모양의 카운터석으로 되어 있고 주문하면 직원이 음식을 자리 앞 철판에 올려준다. 테이블석은 별관에 있다.

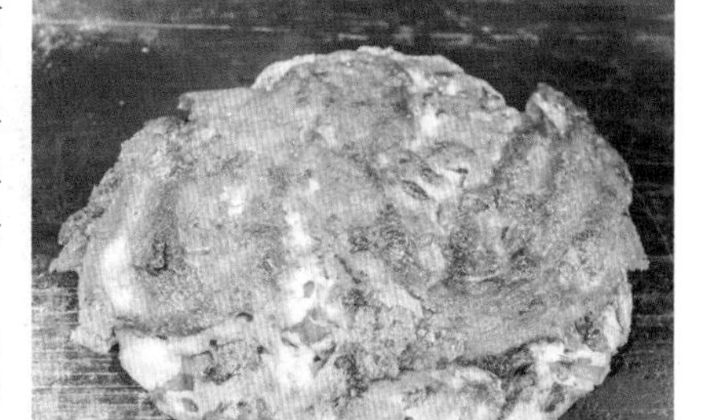

부타네기야키(豚ねぎ焼き) 1,080엔 지하철 미도스지선 난바역(なんば駅)에서 도보 5분 월~금 17:00~24:30(마지막 주문 23:30), 토~일 12:00~24:00(마지막 주문 23:00) 06-6634-2951 大阪市中央区千日前2-3-17 2951.jp 34.665524, 135.504490

08

와나카 본점 わなか 本店

미쉐린 가이드 빕 구르망 타코야키

재료로 들어간 문어가 크고 구운 정도도 알맞아 현지인에게 인기가 높은 타코야키 전문점. 다양한 메뉴가 있지만 그중에서도 기본 타코야키에 소스와 마요네즈를 뿌리고 파를 추가해서 먹어보자. 바삭한 전병 사이에 타코야키 두 개를 넣어주는 타코센도 인기 메뉴. 1~2층에 좁지만 먹고갈 수 있는 실내 좌석도 마련되어 있다.

타코야키(たこ焼き)600엔+네기(ねぎ, 파) 50엔, 타코센(たこせん) 200엔 지하철 미도스지선 난바역(なんば駅)에서 도보 5분 월~금 10:30~21:00, 토~일 09:30~21:00 大阪市中央区難波千日前11-19 1-2F takoyaki-wanaka.com 34.665197, 135.503351

09

551 호라이 본점 551 蓬莱 本店

입맛을 사로잡는 돼지고기 왕만두

'맛도 서비스도 이곳이 최고(ここが一番)'라는 뜻의 551 호라이는 난바에서 시작해 간사이 곳곳에 체인점을 낸 오사카 대표 교자 전문점이다. 대표 메뉴는 오사카 사람들의 솔푸드나 다름없는 돼지고기 왕만두(부타망)와 교자. 부타망은 피가 아주 두꺼운 편이라 겨자를 발라 먹어야만 참맛을 느낄 수 있다.

부타망(豚まん) 420엔(2개) 지하철 미도스지선 난바역(なんば駅) 11번 출구에서 도보 1분 가판 10:00~21:30, 레스토랑 11:00~21:30, 첫째 & 셋째 화 & 공휴일 휴무 大阪市中央区難波3丁目6-3 www.551horai.co.jp 34.666431, 135.501271

10

지유켄 自由軒

오사카 최초의 양식집

1910년 문을 연 오사카 최초 양식 전문점. 보온 밥솥이 없던 시절, 손님에게 따뜻한 밥을 대접하고 싶은 마음으로 고안한 명물 카레가 유명해지며 오늘날까지 이어지고 있다. 이곳의 카레라이스는 특이하게 밥과 카레를 완전히 섞은 다음, 위에 날달걀을 얹어 낸다. 꼭 달걀을 잘 섞은 다음에 소스를 뿌려 맛을 조절하자.

명물 카레(名物カレー) 900엔 지하철 미도스지선 난바역(なんば駅) 11번 출구에서 도보 2분 11:00~20:00, 월 휴무 大阪市中央区難波3-1-34 34.666327, 135.502398

11

텐푸라 다이키치 난바점 天ぷら 大吉 なんば店

현지인이 즐겨 찾는 이자카야

활기찬 분위기에서 튀김과 텐동, 술까지 즐길 수 있는 이자카야. 술도 다양하고 튀김도 상당히 훌륭한 현지인들의 집합소다. 바닥에 여기저기 흩어진 바지락 껍데기에 놀랄 수 있지만, 된장국에 들어있는 바지락 껍데기를 바닥에 던지고 밟아 스트레스 해소까지 제공하는 것이 가게의 콘셉트니 함께 즐겨 보자.

코요시모리7품(小吉盛り7品) 1,300엔, 런치 다이키치세트(ランチ大吉セット) 1,000엔 지하철 미도스지선 난바역(なんば駅) 직결 화~일, 공휴일 11:00~23:00, 월 휴무 大阪府大阪市浪速区難波中2-10-25 なんばCITY なんばこめじるし1F 34.660456, 135.502966

12

리쿠로오지상 치즈케이크 본점 りくろーおじさんの店

보들보들 매끄러운 치즈케이크

1956년 난바에서 처음 문을 열고 10개 지점까지 확장한 오사카 토종 치즈케이크 전문점. 부드럽고 매끄러운 독특한 식감이 최고인 케이크와 롤케이크, 푸딩, 애플파이, 도넛 등 다른 메뉴도 다양하다.

야키타테 치즈케이크(焼き立てチーズケーキ) 965엔 지하철 미도스지선 난바역(なんば駅) 11번 출구에서 도보 1분 1층 09:00~20:00, 2층 11:30~17:30(마지막 주문 16:30) 0120-57-2132 大阪市中央区難波3-2-28 rikuro.co.jp 34.666118, 135.501567

01

돈키호테 ドンキホーテ

도톤보리의 필수 쇼핑 스폿

애견용품부터 명품에 이르기까지 다양한 물품을 저렴한 가격에 구매할 수 있는 만물 잡화 할인점이다. 여행자가 즐겨 찾는 생활용품, 화장품, 식품, 과자, 주류 등을 모두 갖췄고, 유행 아이템은 가장 잘 보이는 곳에 진열되어 있어 일본어를 몰라도 제품을 쉽게 찾을 수 있다. 10,000엔 이상 구입 시에는 면세 외 5% 추가 할인도 받을 수 있으므로 돈키호테 홈페이지에서 쿠폰을 미리 다운받고 쇼핑하자. 도톤보리점은 면세 대기줄이 늘 길기 때문에 미도스지점이나 센니치마에점도 같이 살펴보는 것이 좋다.

지하철 미도스지선·요츠바시선·센니치마에선 난바역(なんば駅) 14번 출구에서 도보 5분 09:00~04:00 大阪市中央区宗右衛門町7-13 06-470-1411 donki.com 34.669272, 135.502678

02

도큐 핸즈 신사이바시점 東急ハンズ心斎橋店

내 손으로 만드는 생활용품

모든 생활용품이 총망라된 잡화 및 DIY 백화점. 9층은 생활용품, 10층은 건강·목욕용품, 11층은 문구, 주방용품, DIY 코너로 구성되어 있다. 편의성, 디자인 면에서 독특한 아이디어가 돋보이는 상품들로 가득하고, DIY를 위한 편리한 도구도 많이 있으니 '손으로 만드는 기쁨'을 즐긴다면 꼭 찾아보자.

미도스지선·나가호리츠루미료쿠치선 신사이바시역(心斎橋駅) 5번 출구에서 도보 1분 10:00~20:00
大阪府大阪市中央区心斎橋筋1-8-3 心斎橋パルコ 9~11階
06-6243-3111 shinsaibashi.hands.net
34.673888, 135.500959

03

러쉬 신사이바시점 LUSH 心斎橋店

천연 재료로 만드는 화장품

동물실험을 하지 않고, 자연에서 얻은 천연재료를 사용하여 만드는 영국의 핸드메이드 화장품 브랜드. 보디, 페이스, 헤어 제품, 입욕제, 향수 등 다양한 제품들을 선보이며 한국에서도 인기가 높다. 일본에서 직접 생산되기 때문에 한국에 비해 최대 30% 저렴하게 구매 가능하며, 일본에서만 선보이는 한정 상품도 있으니 러쉬 제품을 좋아하는 사람이라면 일본 여행에서 꼭 방문할 것을 추천한다.

지하철 미도스지선 신사이바시역(心斎 橋駅) 6번 출구에서 도보 5분 11:00~21:00 大阪市中央区心斎橋筋2-3-20 www.lush.com/jp 34.669776, 135.501444

04

빌리지 뱅가드 ヴィレッジヴァンガード

시간을 잊어버리고 싶다면

서적, 문구는 물론 잡화, 수입 식품, 화장품, 인테리어 소품, 빈티지 제품까지, 광범위한 아이템을 취급하는 이색 서점으로 유명한 빌리지 뱅가드. 독특하고 재미있는 캐릭터 상품 및 아이디어 제품이 규칙적으로 훌륭하게 진열되어 있어 원하는 물건을 쉽게 찾을 수 있다. 구경만 해도 시간이 금방 흘러가고 쇼핑 자체를 즐기기에도 좋아 남녀노소 누구에게나 사랑받는 곳.

지하철 미도스지선 난바역 5번 출구에서 도보 7분 11:00~21:00 大阪市浪速区難波中2-10-70 なんばパークス 5F 06-6636-8258 village-v.co.jp 34.661518, 135.501483

05

빅카메라 ビックカメラ

미나미 최대의 전자 백화점

덴덴타운과 미나미를 통틀어 가장 큰 전자 제품 판매점. 우메다에 요도바시 카메라가 있다면, 난바에는 빅카메라가 있다. 제품 대부분을 시험 작동해볼 수 있으며, 7층에는 다양한 장난감과 게임 관련 상품이 한곳에 모여 있어 아이들과 함께 구경하기 좋다. 층과 종류에 상관없이 5,500엔 이상 구매하면 면세 혜택을 받을 수 있다.

난카이 난바역(難波駅) 북쪽 출구 도보 8분/지하철 미도스지선·센니치마에선 난바역(なんば駅) 난바워크 B17·B19·B21 출구에서 도보 5분 10:00~21:00 大阪市中央区千日前2-10-1 www.biccamera.com 34.666703, 135.502661

06

타카시마야 백화점 미나미점 大阪 高島屋 タカシマヤ

미나미를 대표하는 전통 쇼핑 명소

1831년 교토에 문 연 타카시마야 포목점에서 출발해 미나미를 대표하는 백화점이 되었다. 쇼윈도와 냉난방 시설을 갖춘 일본 최초의 건물로도 유명하다. 7~9층의 난바 다이닝 메종 또한 백화점 식당가 중 최고로 꼽힌다. 당일 구매 금액 합산 5,500엔 이상이면 면세 혜택을 받을 수 있다.

지하철 미도스지선·요츠바시선·센니치마에선 난바역(なんば駅)과 연결 매장 10:00~20:00, 카페 & 식당가 & 일부 매장 07:00~22:30 大阪府大阪市中央区難波5丁目1-5 takashimaya.co.jp 34.664829, 135.501649

오사카성

OSAKA CASTLE 大阪城

#오사카성 #오사카성벚꽃 #오사카성단풍 #오사카역사박물관 #조폐박물관

웅장한 규모와 특유의 풍경이 마음을 단숨에 사로잡는 오사카성. 일본 전국 시대를 통일한 도요토미 히데요시가 자신의 막강한 힘을 이용해 건설한 건축물로, 오사카는 물론 일본 역사 전체를 상징한다. 잔디밭과 벚나무 길이 어우러진 입구 공원은 벚꽃과 단풍 명소로도 사랑받는다.

ACCESS

주요 이용 패스

오사카 주유 패스, 엔조이 에코 카드

교토에서 가는 법

JR 오사카성공원역 도착

- JR 교토역 京都駅
  - 신쾌속 ⏲28분
- JR 오사카역 大阪駅
  - 오사카순환선 ⏲9분 ¥820엔
- 오사카성공원역 大阪城公園駅

- 케이한 기온시조역 祇園四条駅
  - 케이한 본선 특급 ⏲46분 ¥420엔
- JR 교바시역 京橋駅
  - 오사카순환선 ⏲1분 ¥140엔
- 오사카성공원역 大阪城公園駅

01

오사카성 大阪城

일본 전국 시대, 그 화려한 흥망성쇠의 기억

일본 전국을 통일한 도요토미 히데요시(豊臣秀吉)가 막강한 권력과 재력을 자랑하고 수도인 교토를 견제하기 위해 세운 성이다. 건설 당시 다이묘(大名, 지방 영주)들은 도요토미 히데요시에게 자신들의 문장을 새긴 거석을 바치며 충성을 맹세했고, 지금도 성벽 곳곳에서 그 흔적을 쉽게 찾아볼 수 있다. 11m가 넘는 크기의 거석도 볼 수 있는데, 그 거대한 돌을 어떻게 운반하고 쌓아올렸는지는 오늘날까지 미스터리로 남아 있다. 여러 번의 화재로 소실과 재건을 반복해온 천수각은 현재 콘크리트 구조물로 복원되어 있다. 대부분 금으로 덮여 있던 원래의 모습은 역사에만 남아 있지만, 일본의 최고 권력자가 기거하던 곳답게 화려하고 웅장하다. 일본의 성은 철저히 공격과 방어를 염두에 두고 짓는다. 점령하려는 입장이라고 상상하고 성을 바라보면 성의 구조를 더욱 흥미롭게 감상할 수 있을 것이다.

지하철 타니마치선 타니마치욘초메역(谷町四丁目駅) 1-B번 출구에서 도보 5분
09:00~17:00(마지막 입장 16:30, 12월 28일~다음 해 1월 1일 휴관) 大阪城中央区大阪市1-1
¥ 공원 지역 무료, 천수각 성인 600엔, 중학생 이하 무료, 주유 패스 소지자 무료
osakacastle.net 34.687394, 135.525963

02

니시노마루 정원 大阪城西の丸庭園

아름다운 벚꽃 사이로 보이는 천수각

1965년 오사카성 초입에 약 64,000㎡ 면적으로 조성된 잔디 정원이다. 왕벚나무를 비롯한 벚나무 300여 그루에서 꽃이 만개하는 봄철에는 벚꽃 라이트업, 천수각 조명쇼 등의 행사가 열려 아름다운 야경을 즐길 수 있다. 가을에도 아름다운 단풍과 멋지게 어우러진 천수각을 볼 수 있어 가을에 방문하기에도 좋다. 천수각이 가장 잘 보이는 곳이기도 해 우리나라 여행자가 포토존으로 특히 많이 찾는 포인트다. 정원 끝자락에 위치한 전통다실 '호쇼안(豊松庵)'에서는 소박한 분위기를 한껏 느낄 수 있다.

JR 오사카칸조선 오사카조코엔역(大阪城公園駅)에서 도보 5분/지하철 타니마치선 타니마치욘초메역(谷町四丁目駅)에서 도보 10분
3~10월 09:00~17:00, 11~2월 09:00~16:30(벚꽃 개화기 20:00까지), 월 & 12/28~1/4 휴무 ¥ 200엔, 주유 패스 소지자 무료
34.68682, 135.52339

일본 역사의 중심
오사카성 둘러보기

벚꽃과 단풍이 아름답기로 유명한 오사카성은 역사적으로도 깊은 의미를 간직하고 있다.
그 속에 담긴 이야기를 알고 나면 비석 하나도 다르게 보일 것이다.

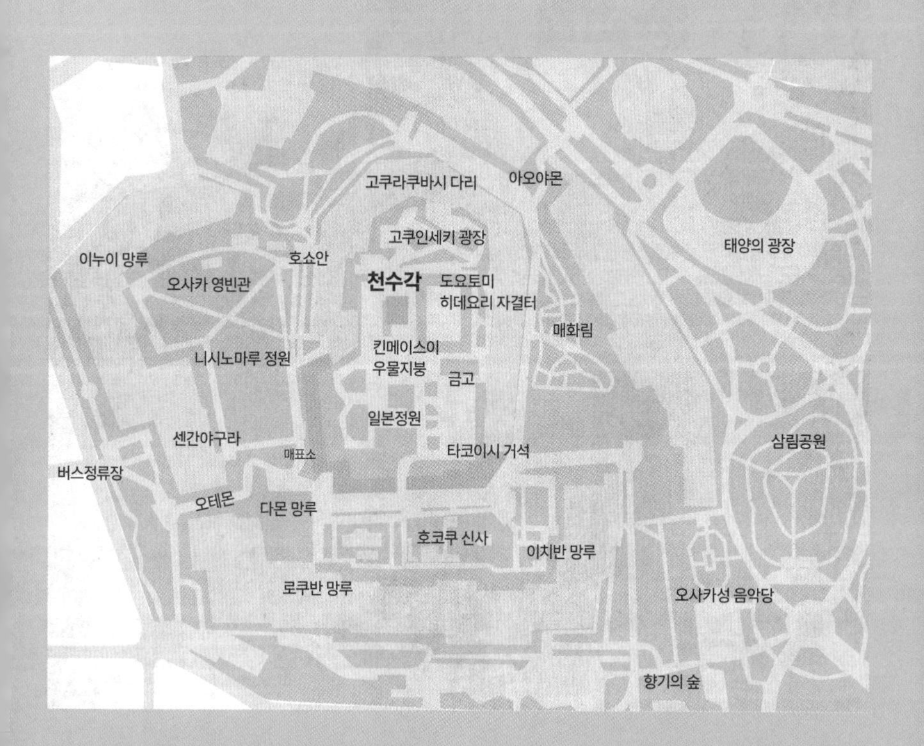

❶ 오테몬 大手門

1628년 건립한 오사카성의 정문. '코라이몬(고려문)'으로도 불리는데, 고려 시대에 일본으로 전해진 건축 양식으로 지었기 때문이다. 이를 통해 한일 교류의 오랜 역사를 짐작해볼 수 있다.

❷ 타코이시 蛸石

사쿠라몬(벚꽃 문) 안쪽에 있는 거대한 돌이다. 오사카성에는 현대에도 운반하기 어려운 거석이 여럿 있는데, 타코이시가 그중 가장 크다. 가로 11.7m, 세로 5.5m에 무게가 130톤에 이르는 이 돌의 산지는 오카야마의 테시마섬 또는 마에시마섬으로 추정된다. 이동 거리만 해도 약 170~180km로 추정되는데, 오늘날까지도 이 큰 돌을 어떻게 옮겨와 건축 자재로 사용했는지 미스터리로 남아 있다. '타코이시(문어 돌)'라는 이름은 돌 표면 좌측에 산화제이철에 의해 생긴 문어 머리 모양 자국 때문에 붙었다고 한다.

❸ 센간야구라 千貫櫓

1620년 지어올린 망루로, 니시노마루 정원 서남쪽에 있다. 정원 북쪽에 자리한 이누이야구라와 함께 오사카성에서 가장 오래된 건물로 꼽힌다. 옛날 화폐였던 간(貫)을 천 개 주고서라도 사고 싶은 망루라는 뜻에서 이러한 이름이 붙었다고 한다.

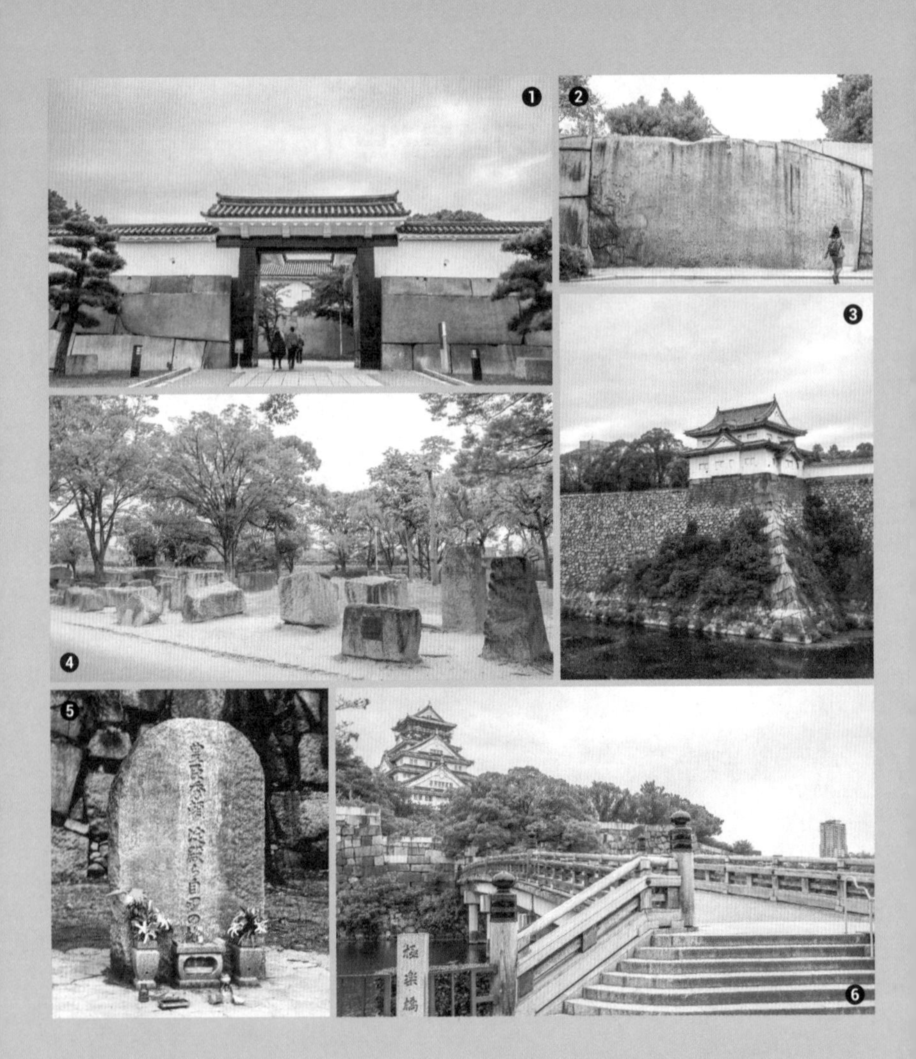

❹ 각인석 광장 刻印と刻印広場

돌담에 새겨진 다양한 문양이나 기호를 가리켜 '각인'이라고 한다. 이곳 돌담의 각인에는 다이묘 가문의 문장을 새긴 것, 돌의 산지를 나타낸 것, 다이묘의 성명을 기재한 것 등 여러 종류가 있는데, 이에 대한 연구도 다방면으로 진행되고 있다. 오사카성 혼마루(本丸) 북쪽에는 다양한 각인이 새겨진 출토석이 모여 있는 각인석 광장이 있다.

❺ 도요토미 히데요리, 요도의 자결터

豊臣秀頼淀殿ら自刃の地

천수각 북쪽에는 도요토미 히데요시의 부인 요도와 그의 아들 도요토미 히데요리가 도쿠가와 이에야스에게 패하면서 자결한 장소를 가리키는 작은 비석이 있다. 천민 출신으로 오다 노부나가의 시종이었던 도요토미 히데요시는 전국 시대를 통일하고 난공불락의 오사카성을 지으며 일본 열도를 호령했지만, 조선 침략에 실패하는 등 많은 적이 생겼고 결국 아들 대에서 멸문지화를 당했다.

❻ 고쿠라쿠바시 極楽橋

천수각 북쪽에 있는 다리로, 오사카 홀 방면에 있는 공원과 이어져 있다. 다리와 어우러진 풍경이 아름다워 사진 찍기 좋은 장소로 꼽힌다. 원래 나무 다리였으나 화재로 소실되었다. 현재는 1965년 콘크리트와 석재, 나무로 재건한 다리를 볼 수 있다.

텐노지

TENNOJI 天王寺

#야경 #아베노하루카스
#츠텐카쿠 #츠루하시

신세카이는 과거의 화려한 모습을 고스란히 간직하고 있는 텐노지의 랜드마크다. 최근 아베노 하루카스가 들어서면서 일대가 빠르게 발전하며, 과거의 영광을 되찾아가고 있다. 쿠시카츠는 텐노지에서 탄생한 음식으로 오늘날 오사카의 대표 먹거리 중 하나다.

ACCESS

교토에서 가는 법

지하철 텐노지역 도착

- **한큐 교토카와라마치역** 京都河原町駅
- 한큐교토본선 특급 🕒43분 ¥410엔
- **한큐 오사카우메다역** 大阪梅田駅

- **지하철 미도스지선 우메다역** 梅田駅
- 지하철 미도스지선 🕒22분 ¥290엔
- **지하철 텐노지역** 天王寺駅

or

- **케이한 기온시조역** 祇園四条駅
- 케이한 본선 특급 🕒49분 ¥430엔
- **지하철 미도스지선 요도야바시역** 淀屋橋駅
- 지하철 미도스지선 🕒22분 ¥240엔
- **지하철 텐노지역** 天王寺駅

JR 텐노지역 도착

- **JR 교토역** 京都駅
- 신쾌속 🕒28분
- **JR 오사카역** 大阪駅
- 오사카순환선 🕒19분 ¥950엔
- **JR 텐노지역**

01

아베노 하루카스 あべのハルカス

일본에서 가장 높은 빌딩

60층, 300m 높이로 빌딩으로는 일본에서 가장 높고, 건축물로는 도쿄 스카이트리, 도쿄 타워에 이어 세 번째로 높다. 지하 2층~지상 14층에는 일본 최대 규모를 자랑하는 킨테츠 백화점의 본점, 16층에는 국보와 중요 문화재 등 다채로운 전시가 열리는 도시형 미술관인 아베노 하루카스 미술관이 자리한다. 건물 가장 꼭대기인 58~60층에는 최고 높이의 전망대인 하루카스 300이 있다. 360도 조망이 가능하며, 맑은 날에는 롯코 산과 아카시 대교까지 볼 수 있다.

미도스지선·타니마치선 텐노지역(天王寺駅) 9번 출구에서 연결 아베노 하루카스 미술관 10:00~17:00, 하루카스 300 전망대 09:00~22:00 ¥ 하루카스 300 전망대 2,000엔 06-6624-1111 大阪市阿倍野区阿倍野筋1-1-43 www.abenoharukas-300.jp 34.645846, 135.514087

02

신세카이 新世界

소박하고 정겨운 서민 유흥가

오사카의 대표적인 서민 유흥가로, 메이지 시대에는 황무지였다가 1903년 내국권업박람회(内国勧業博覧会)가 개최되면서 발전하기 시작했는데 그 모습이 '신세계'가 열리는 듯하다고 이름 붙었다. 지금은 중장년층 대상의 서민 명소로, 오사카 명물인 쿠시카츠의 본고장으로도 유명하다. 상점가가 만나는 한가운데에 서있는 츠텐카쿠(通天閣)는 에펠탑을 본떠 만든 신세카이의 랜드마크로, 무게 25kg에 길이 3.2m의 바늘이 달린 일본 제일의 대형 시계가 달려 있다. 5층의 전망대에는 발바닥을 만지면 행운이 온다는 '빌리켄상(ビリケン)', 실외 전망대에서 바람을 맞으며 전망을 감상할 수 있는 외부 전망대 '팁 더 츠텐카쿠'가 있으며 지상 3층에서 지하 1층까지 10초만에 미끄러져 내려올 수 있는 타워 슬라이드도 즐길거리다.

지하철 사카이스지선 에비스초역(恵美須町駅) 3번 출구에서 도보 5분/미도스지선 도부츠엔마에역(動物園前駅) 1번 출구에서 도보 7분 츠텐카쿠 전망대 10:00~20:00 ¥ 츠텐카쿠 전망대 1,000엔 大阪市浪速区恵美須 shinsekai.net 34.652410, 135.506131

01

쿠시카츠 다루마 신세카이 총본점 串かつだるま 新世界総本店

맥주 도둑 쿠시카츠의 원조

2차 대전이 끝난 후 일본 경제가 엄청나게 빠른 속도로 회복되 던 시절 바쁘게 일하던 노동자가 빠르고 간단하게 먹을 수 있도록 만들었던 음식이 쿠시카츠이며, 원조가 이곳 쿠시카츠 다루마다. 고기와 채소 같은 재료를 꼬치에 꽂아 기름에 튀긴 인기 간식이자 안주인 쿠시카츠는 맥주와 환상 궁합을 자랑한다. 한국어 메뉴판도 준비되어 있다.

총본점 세트(総本店セット, 15개) 2,695엔, 도부츠엔마에세트(動物園前セット, 12개) 2,200엔, 신세카이세트(新世界セット, 9개) 1,760엔 지하철 미도스지선 도부츠엔마에역(動物園前駅) 1번 출구에서 도보 5분 11:00~22:30 大阪市浪速区恵美須東 2-3-9 34.651604, 135.506195

02

야마짱 본점 やまちゃん本店

오사카 최고의 타코야키 명가

텐노지 후프(Hoop) 근처에 있는 야마짱 본점은 오사카의 타코야키 전문점 중에서도 최고로 평가받는다. 기본에 충실한 곳이라 소스 없이 먹어도 충분히 맛있다. 반죽에 과일과 닭 뼈 육수를 섞어서 구워내기 때문에 소스를 바르지 않아도 맛이 훌륭하다. 잘 구운 타코야키는 겉은 바삭하고 속은 반숙으로 익힌 것이 정석인데, 이곳에서 바로 그 식감을 경험할 수 있다. 가격도 정말 저렴해 예산이 빠듯한 여행자도 부담 없이 즐길 수 있다.

베스트(ベスト) 8개 720엔 지하철 미도스지선 텐노지역(天王寺駅) 8번 출구 왼편 월~토 11:00~23:00, 일 11:00~22:00, 셋째 목 휴무 06-6622-5307(포장 예약 가능) 大阪市阿倍野区阿倍野筋 1-2-34 34.645349, 135.514149

03

톤테이 とん亭

즉석 조리 돈카츠와 크로켓이 별미

가격 대비 푸짐한 양과 맛으로 인기가 높은 돈카츠 전문점. 이곳의 명물인 로스믹스 정식은 밥과 된장국, 돈카츠를 기본으로 게살, 새우, 오징어 크로켓 중 1개를 선택할 수 있으며 계절에 따라 굴튀김이 나온다. 어느 메뉴를 주문해도 후회 없는 맛과 양을 보장하는 집으로 일본 최고의 돈카츠집 만제와 비교해도 손색이 없다.

로스믹스 정식(ロースミックス定食) 1,600엔 JR 오사카칸조선 테라다초역(寺田町駅)에서 도보 2분/지하철 미도스지선 텐노지역(天王寺駅)에서 도보 12분 화~일 11:30~15:00 & 17:30~20:00, 월 & 둘째·셋째 화 휴무 大阪市天王寺区大道4丁目1-2 34.649948, 135.522103

04 그릴 본 グリル梵

60년 전통의 경양식집

1961년에 창업해 3대째 가게를 이어오고 있는 그릴 본은 신세카이 경양식집의 터줏대감으로 옛 맛을 잘 보존하며 지금도 성업 중인 가게다. 대표 메뉴는 두툼한 비후카츠가 들어간 비후카츠샌드위치로 도쿄 긴자에도 진출했을 정도로 유명하다. 하지만 기왕 본점에 방문했으니 샌드위치보다 안심비후카츠나 카레안심비후카츠를 먹어보자.

헤레비후카츠레츠(ヘレビフカツレツ) 2,200엔
지하철 사카이스지선 에비스초역(恵美須町駅) 3번 출구에서 도보 3분 12:00~14:30, 17:00~19:30, 매월 6, 16, 26일 휴무, 월1회 부정기 휴무 大阪市浪速区恵美須東1-17-17 34.653558, 135.506369

05 신세카이 칸칸 新世界 かんかん

싸고 푸짐하고 맛도 좋은 타코야키

신세카이에서 싸고 맛있기로 유명한 타코야키집이다. 잘 구운 타코야키 8개에 소스와 마요네즈를 뿌리고 가다랑어포를 듬뿍 얹어서 주는데 가격은 450엔이다. 다진 파 같은 추가 옵션이 없어 주문이 쉽고 빨리 나온다. 맛도 상당히 좋아서 인기 만점인 곳.

타코야키 8개(一盛) 450엔 지하철 미도스지선·사카이스지선 도부츠엔마에역(動物園前駅) 1번 출구에서 도보 5분 수~일 09:30~18:00, 월~화 휴무 大阪市浪速区恵美須東3-5-16 34.651190, 135.505937

06 후프 다이닝 코트 フープ ダイニングトコート

쾌적한 분위기의 푸드홀에서 맛있는 음식을!

젊은 세대의 감성에 맞춘 쇼핑몰, 후프 지하 1층에 푸드홀 후프 다이닝 코트가 새롭게 문을 열었다. 텐동, 스파이스 카레, 라멘, 경양식, 버블티 등 젊은이들의 취향에 맞춘 가게들이 대거 입점해 있는데, 그 중 가장 눈에 띄는 가게는 나라현의 최고 인기 라멘집 미츠바. 나라까지 찾아갈 시간이 없다면 여기서 맛봐도 좋다.

지하철 미도스지선·타니마치선 텐노지역(天王寺駅) 10번 출구에서 도보 5분 11:00~23:00 大阪市阿倍野区阿倍野筋12-30 B1 34.645249, 135.513767

01

메가 돈키호테 신세카이점 MEGA ドン・キホーテ

돈키호테 이상의 돈키호테

돈키호테 그룹에서 만든 대형 쇼핑몰로 일반 돈키호테보다 규모가 더 크고, 취급하는 품목도 더 다양하다. 특히 눈에 띄는 차이점은 일반 돈키호테와는 달리 도시락, 닭튀김 등 조리 음식도 취급한다는 것. 도톤보리 돈키호테의 경우 좁은 건물에 물건이 빼곡하게 진열되어 있지만 이곳은 부지 자체가 넓기 때문에 한결 여유롭게 쇼핑할 수 있다.

JR 오사카칸조선 신이마미야역(新今宮駅)에서 도보 1분/미도스지선 도부츠엔마에역(動物前駅) 5번 출구에서 도보 1분 09:00~05:00, 의약품 코너 09:00~03:00 06-6630-9511 大阪市浪速区恵美須東3-4-36 www.donki.com 34.649820, 135.504582

02

후프 Hoop

젊은 세대를 타깃으로 한 쇼핑몰로 GAP, 리복, 아디다스, 닥터 마틴, 디젤 등 여러 패션 브랜드들이 모여있다. 최근 오사카 쇼핑몰의 트렌드에 맞춰 현대적인 분위기의 다이닝 코트가 지하에 개장했는데, 젊은 세대를 타깃으로 한 곳답게 최근 인기를 끌고 있는 가게들의 지점들이 입점해 있다. 6층에는 매월 여러 애니메이션과 컬래버레이션 해 컨셉트 카페를 개최하는 '오사카 바이 스위츠 파라다이스'가 위치한다.

지하철 미도스지선·타니마치선 텐노지역(天王寺駅) 10번 출구에서 도보 5분 11:00~21:00 大阪市阿倍野区阿倍野筋1-2-30 34.645162, 135.513780

03

아베노 큐즈 몰 あべのキューズモール

잡화, 캐릭터 상품, 전자제품까지 모두 있는 곳

아베노 큐즈 몰은 오사카 최대 규모의 매장 면적을 자랑하는 초대형 쇼핑몰이다. 10대와 20대에게 인기 있는 브랜드를 모아놓은 쇼핑몰인 '시부야 109 아베노'부터 유명 브랜드의 옷, 잡화, 전자제품 등 수많은 상점이 입점해 없는 것을 찾는 것이 더 쉬울 정도다. 음식점 역시 60여 개나 들어와 있어 메뉴 선택의 폭이 넓다.

지하철 미도스지선·타니마치선 텐노지역(天王寺駅) 12번 출구 직결 10:00~21:00 大阪市阿倍野区阿倍野筋1-6-1 34.645412, 135.511668

고베 **BEST 3**

01 하버랜드에서 고베항의 멋진 야경 감상

02 고베규와 규카츠의 원조 비후카츠 먹기

03 유명 파티셰의 케이크와 초콜릿 먹기

동서양의 매력이 공존하는 도시

고베

KOBE 神戸

ACCESS

교토에서 가는 법

고베산노미야역 도착

- 한큐 교토카와라마치역 京都河原町駅
  - 한큐 교토본선 특급 ⓞ40분
- 주소역 十三駅
  - 한큐 고베본선 특급 ⓞ24분 ￥640엔
- 고베산노미야역 神戸三宮駅

산노미야역 도착

- JR 교토역 京都駅
  - 신쾌속 히메지행 ⓞ51분 ￥1,110엔
- JR 산노미야역 三ノ宮駅

히메지역 도착

- JR 교토역 京都駅
  - 신쾌속 히메지행 ⓞ93분 ￥2,310엔 또는 신칸센 노조미 히로시마행 ⓞ44분 ￥자유석 4,840엔, 지정석 6,000엔
- JR 히메지역 姫路駅

고베
KOBE 神戸

일본과 서양의 분위기가 절묘한 조화를 이루는 고베는 간사이에서 가장 세련된 도시로 꼽힌다. 아름다운 고베항 야경을 비롯해 고베규, 빵과 케이크 등 동서양을 아우르는 다양한 먹거리는 물론 아리마 온천 같은 일본 최고의 휴양 시설과 일본에서 가장 아름다운 히메지성까지, 다채로운 즐길 거리가 기다린다. 보통 고베는 오사카에서 당일 여행으로 다녀오는 경우가 많은데, 교토를 기점으로 여행하는 것도 가능하다. 교토에서 고베 시내 여행을 할 때는 JR선을 이용하는 것이 편리하며, 아리마 온천을 여행할 때는 교토역 하치조 출구에서 한큐 버스를 이용해 이동하는 것이 빠르고 편하다.

대중교통과 패스 이용 TIP

시티루프 버스 City Loop Bus

고베의 주요 명소를 순회하는 관광버스다. 정류장은 총 16곳이며 모토마치 상점가, 키타노이진칸, 하버랜드 등을 지난다. 산노미야와 키타노이진칸이나 하버랜드 사이는 도보로도 충분히 이동할 수 있으니 참고하자.

교통 패스 구입

❶ 도시 간 이동을 위해 구입할 티켓

간사이 레일웨이 패스 2일권

어른 5,600엔, 어린이 2,800엔(일본 현지 판매 가격)

한국 여행 예약 사이트나 여행사, 간사이 공항 인포메이션 센터(1터미널), 간사이 투어리스트 인포메이션 센터 교토(교토 타워 3층), 교토역 앞 버스 종합 안내소(교토역 카라스마 출구)에서 구매

❷ 시내 이동을 위해 구입할 티켓

시티루프 버스 1일 승차권

한신 투어리스트 패스를 구입하지 않고 1일 3회 이상 시티루프 버스를 이용할 경우 구입하는 것이 유리하다. 가격은 700엔, 차 내(고액권 불가)에서 구입할 수 있다. 그 외 판매처와 노선 등은 홈페이지(kobeloop.bus-japan.net/ko)를 참고하자.

산노미야, 모토마치 상점가, 고베 하버랜드 상세 지도

본문에 표시한 각 스폿의 GPS 번호로 검색하면 보다 빠르게 정확한 위치를 찾을 수 있습니다.

고베 1일 추천 코스

교토에서 고베를 여행하기 위해서는 JR선을 이용하는 것이 가장 빠르고 편리하다. 히메지성과 고베를 저렴하게 여행하고 싶다면 JR 웨스트 레일 패스의 간사이 패스 1일권을 이용하자. 시간을 최소화하면서 고베의 필수 명소를 모두 돌아볼 수 있는 1일 코스를 소개한다.

06:50 JR 교토역

- JR 교토역 京都駅(신쾌속 히메지행 93분, 2,310엔)
- JR 히메지역 姬路駅
- 도보 13분

09:00 25 히메지성

도보 9분

11:10 27 야마사 카마보코

도보 6분

11:20 28 세키신

- JR 히메지역 姬路駅
- 산노미야역 三ノ宮駅 39분, 990엔
- 도보 15분

14:00 01 키타노이진칸 03 스타벅스 이진칸점

도보 6분

15:30 08 파티스리 그레고리코레

도보 20분

17:00 12 모토마치 상점가 13 난킨마치

도보 8분

18:00 17 사카에마치도리

도보 11분

19:00 20 스타벅스 메리켄파크점

도보 16분

20:00 22 빅쿠리동키 or 23 에그스 앤드 싱즈

도보 1분

21:00 18 하버랜드 야경 감상

도보 9분

22:30 고베역

- JR 신쾌속 야스행 56분, 1,110엔

23:30 교토역

교통비 약 4,800엔 [JR 웨스트 레일 패스의 간사이 패스 1일권 (2,800엔) 이용 시 무료]

입장료 약 1,650엔 **식비** 약 3,500엔

총 예산 **약 7,200~9,500엔**

산노미야

SANNOMIYA 三宮

#키타노이진칸 #풍향계의 집 #누노비키허브엔 #고베규

JR, 한큐, 한신, 지하철이 모두 운행하는 고베의 교통 허브다. 포트라이너를 이용하면 고베 공항과도 직접 연결되며, 효고현 곳곳은 물론 여러 외곽 지역과 연결되는 고속버스 터미널도 있다. 산노미야역을 중심으로 고베규 전문점을 비롯한 수많은 음식점과 상점이 늘어서 있으며, 산노미야 북쪽에는 메이지 시대의 교역항으로 외국인이 모여 살던 마을 키타노이진칸이 있다.

ACCESS

주요 이용 패스

간사이 레일웨이 패스, 시티루프 버스 1일 승차권, JR 간사이 미니 패스

간사이 국제공항에서 가는 법

- 간사이 국제공항
  - 1층 리무진 정류장 6번
  - 공항 리무진 약 65분 ¥2,200엔
- 산노미야역 三ノ宮駅

교토에서 가는 법

산노미야역 도착

- JR 교토역 京都駅
  - 신쾌속 히메지행 51분 ¥1,110엔
- JR 산노미야역 三ノ宮駅

고베산노미야역 도착

- 한큐 교토카와라마치역 京都河原町駅
  - 한큐 교토본선 특급 40분
- 주소역 十三駅
  - 한큐 고베본선 특급 24분 ¥640엔
- 고베산노미야역 神戸三宮駅

TIP

- 시티루프 버스의 이용객이 많을 경우 다음 차를 기다리기보다 도보로 이동하는 것이 더 빠르다.
- 키타노이진칸 매표소에서는 마을 내 대표 건물 8곳에 입장할 수 있는 세트권을 판매한다.
- 스타벅스 이진칸점이 유명하지만 니시무라 커피 키타노자카점 역시 놓치기 아쉬운 곳.

01

키타노이진칸 神戸北野異人館

고베 속 작은 유럽

메이지 시대 개항 후 외국인이 모여 살던 곳으로, 말 그대로 '북쪽 언덕에 있는 외국인의 집'이라는 뜻이다. 한때 유럽풍 건물 200여 채가 모여 있어 '작은 유럽'이라 불렸지만 제2차 세계 대전과 태평양 전쟁으로 사람들이 떠나면서 지금은 30여 채만 남아 있다. 건물은 박물관, 미술관, 바 등으로 개조해 활용하고 있지만 외관, 내부 모두 예전 모습을 간직하고 있어 무척 근사하다. 마음에 드는 건물만 골라 입장료를 내고 관람하거나, 입구 안내소에서 여러 건물 입장권이 묶여 있는 통합 티켓(세트권)을 구입해 둘러볼 수 있다.

한큐 고베산노미야역(神戸三宮駅)에서 도보 10분/시티루프 버스 키타노이진칸(北野異人館) 정류장에서 하차 09:00~18:00(건물마다 다름) 兵庫県神戸市中央区山本通2丁目3 www.ijinkan.net 34.700737, 135.190790

02

누노비키 허브엔 布引ハーブ園

일본 최대의 허브 공원

200여 종 75,000가지 허브를 감상할 수 있는 초대형 공원으로 일본 최대 규모를 자랑한다. 계절별로 얼굴을 달리하는 허브와 꽃을 만날 수 있으며 다양한 이벤트도 열린다. 일반적인 관람 코스는 신고베역 근처에서 로프웨이를 타고 정상으로 올라가 허브 정원을 구경하면서 내려오는 것이다. 박물관, 온실, 상점, 레스토랑을 갖췄으며 주말에는 늦은 시간까지 개장해 야경을 즐기기에도 좋다. 연인의 데이트와 가족 나들이 장소로도 많은 사랑을 받는 곳이다.

한큐 고베산노미야역(神戸三宮駅)에서 도보 20분/JR 신고베역(新神戸駅)에서 도보 2분 10:00~17:00(여름 야간 개장, 17:00 이후 왕복권만 판매) ¥ **성인** 주간 왕복 2,000엔, 편도 1,400엔, 야간 왕복 1,500엔/**아동** 주간 왕복 1,000엔, 편도 700엔, 야간 왕복 950엔 078-271-1160 兵庫県神戸市中央区北野町1-4-3 kobeherb.com/kr/ 34.704667, 135.193833

03

스타벅스 이진칸점 スターバックス 神戸北野異人館店

고풍스러운 건물에서 커피 한잔의 여유

1907년 건설된 미국인 소유의 2층짜리 목조 주택에 자리한 스타벅스 지점이다. 1995년 고베 대지진으로 피해를 입은 후 철거될 예정이었으나 고베시가 기증받아 2001년 현재 위치로 옮겼다. 오늘날에는 많은 관광객에게 필수 방문 코스로 알려져 고풍스럽게 꾸민 실내 공간에서 커피를 마시는 이들로 붐빈다. 1층은 대형 홀이고 2층에는 개성 넘치게 장식한 방이 여러 개 있다. 인기가 높아 자리를 잡기는 다소 어렵지만 거리가 내려다보이는 테라스석도 있다.

한큐 고베산노미야역(神戸三宮駅) 동쪽 출구에서 키타노이진칸 방향으로 도보 11분 08:00~22:00 ¥ 아메리카노 475엔(TALL) 078-230-6302
神戸市中央区北野町3-1-31
34.699806, 135.190222

04

이쿠타로드 生田ロード

진짜 고베의 맛이 궁금하다면

이쿠타로드는 오사카의 도톤보리에 비견되는 고베의 대표 먹자골목이다. 좁은 도로 양옆으로 수많은 상점이 늘어서 있으며 골목마다 음식점이 빼곡히 들어서 있다. 도큐핸즈, 돈키호테와도 가까워 쇼핑을 즐기기에도 좋다. 이쿠타로드 우측에 위치한 이쿠타 신사(生田神社)는 일본 신토에서 가장 높은 신으로 통하는 태양신 아마테라스를 모시는 신사로 201년에 건축되었다. 이곳은 부활의 신사로도 유명한데, 창건 이후 홍수, 전쟁, 지진을 겪을 때마다 재건되었기 때문이다. 현재는 고베 시민의 기도 장소이자 고베 민속예술단의 공연이 펼쳐지는 전통 문화의 장으로 이용된다.

한큐 고베산노미야역(神戸三宮駅) 서쪽 출구에서 도보 7분 상점마다 다름
神戸市中央区下山手通2丁目-10-2
34.693417, 135.191167

05

그릴 잇페이 グリル一平

원조 규카츠의 참맛

신카이치에 본점을 둔 유서 깊은 경양식점. 한신 아와지 지진 당시 큰 피해를 입어 폐점 위기였을 때 단골손님이 사비로 가게를 다시 지어준 사연으로도 유명하다. 대표 메뉴는 두꺼운 안심을 튀긴 헤레비후카츠로, 도쿄에서 인기를 모으는 규카츠의 원조로 꼽힌다. 미디엄 레어로 익힌 고기와 소스의 궁합이 최고!

헤레비후카츠(ヘレビフカツ) 100g 2,400엔 한큐·한신 고베산노미야역((神戸三宮駅)/JR 산노미야역(三ノ宮駅) 동쪽 출구에서 도보 4~6분 11:00~15:00, 17:00~20:30(수 휴무) 兵庫県神戸市中央区琴ノ緒町5-5-26 サンハイツ三宮 1F 34.695935, 135.194957

06

고베규 스테키 이시다 神戸牛ステーキishida

철판 스테이크를 저렴하게

고급 고베규에서부터 타지마규 스테이크와 햄버그 런치 코스를 저렴하게 판매하는 철판 스테이크 전문점. 타지마규와 고베규는 같은 소이고 마블링의 상태에 따라서 분류되는 것이므로 상대적으로 저렴한 타지마규를 선택하는 것도 괜찮다.

고베규 런치 등심 세트(神戸牛コース) 110g 11,770엔 한큐·한신 고베산노미야역(神戸三宮駅), JR 산노미야역(三ノ宮駅) 서쪽 출구에서 도보 2분 11:30~15:00 & 17:00~21:30(화 휴무) 兵庫県神戸市中央区北長狭通1-21-2 3F 078-599-7779 www.kobe-ishidaya.com 34.694504, 135.192453

07

라브뉘 L'Avenue ラヴニュー

세계 최고 수준의 초콜릿과 케이크

토아로드 북쪽의 인기 케이크 전문점. 3가지 초콜릿을 섞어 만든 '모드'가 대표 메뉴인데, 한두 시간 안에 완판될 정도이며 다른 인기 케이크도 보통 전날 예약해야 하는 경우가 많다. 2009년 세계 초콜릿 마스터 대회 우승자가 만든 세계 최고 수준의 초콜릿도 꼭 맛보자.

모드(モード) 840엔 한큐·한신 고베산노미야역(神戸三宮駅) 서쪽 출구에서 도보 10분 10:30~18:00(화, 수 부정기 휴무) 78-252-0766(예약 가능) 神戸市中央区山本通3-7-3 ユートピア·トーア1F lavenue-hirai.com 34.695889, 135.186806

08

파티스리 그레고리코레

パティスリー グレゴリー・コレ

프랑스인 파티셰의 케이크

모토마치 상점가에서 2018년 키타노자카로 이전해 케이크와 차를 즐기는 공간으로 다시 태어났다. 대표 케이크인 앱솔루는 정통 초콜릿 케이크의 맛, 아방가르드는 화이트 초콜릿에 상큼한 맛을 더한 것이다.

아방가르드(アヴァンギャルド) 732엔, 앱솔루(アブソリュ) 732엔 한큐·한신 고베산노미야역(神戸三宮駅) 동쪽 출구에서 도보 10분 1층 숍 10:30~18:30(수 휴무), 2층 카페 12:00~18:00 078-200-4351 神戸市中央区山本通2-3-5 gregory-collet.com 34.697573, 135.190187

09
니시무라 커피
키타노자카점 にしむら珈琲店 北野坂店

일본 최초 회원제 커피숍
니시무라 커피 키타노자카점은 원래 회원제로만 운영하던 고급 커피숍이었다. 일반 커피숍과 다르게 조용한 분위기에서 차별화된 서비스를 받고 싶어 하던 고베 상류층을 사로잡기 위해서였다. 내부 공간에는 옛 모습이 그대로 남아 있고, 메뉴판부터 찻잔과 식기까지도 궁전에 와 있는 듯 화려함이 묻어난다. 1층은 카페, 2층은 프렌치 레스토랑으로 운영한다. 2층에만 휴식 시간이 있으니 참고하자.

케이크 세트(ケーキセット) 1,550엔 한신·한큐 고베산노미야역(神戸三宮駅) 서쪽/동쪽 출구에서 도보 12/7분 1층 10:00~22:00, 2층 11:00~15:30(마지막 주문 14:30) & 17:00~21:00(마지막 주문 20:30) 078-242-2467 兵庫県神戸市中央区山本通2-1-20 34.698339, 135.191122

10
후로인도리브 フロインドリーブ

옛 교회에서 즐기는 독일식 빵과 커피
1929년에 건축한 고베 유니언 교회 건물을 1층은 베이커리로, 2층은 카페로 개조해 1997년 문을 열었다. 1층에서는 정통 독일식 빵과 쿠키를 구입할 수 있고, 2층에서는 로스트 비프 샌드위치 같은 브런치 메뉴를 즐길 수 있다. 런치에는 한정 수량으로 판매하는 샌드위치 세트가 있어 대기표를 뽑고 기다려야 한다. 2층으로 올라가는 입구에 있으니 미리 표를 받아놓자.

런치 세트(ランチ) 1,650엔(월~금 한정 판매), 클럽하우스 샌드위치 1,650엔, 프리미엄 커피 550엔 한큐 고베산노미야역(神戸三宮駅) 동쪽 출구에서 도보 19분/지하철 세이신야마테선 신고베역(新神戸駅) 남쪽 출구에서 도보 6분/시티루프 버스 신고베(新神戸) 정류장에서 도보 10분 10:00~18:00(런치 메뉴 11:30~14:00), 수 휴무 078-231-6051(평일에만 예약 가능) 兵庫県神戸市中央区生田町4-6-15 2F freundlieb.jp 34.700805, 135.195157

11
토아웨스트 トーアウエスト

간사이에서 가장 세련된 고베 패션
간사이에서 가장 세련된 패션을 추구하는 것으로 알려진 고베 사람들이 즐겨 찾는 패션 거리다. 행정 구역으로 따로 나뉘어 있진 않지만 통상적으로 토아로드 서쪽으로 의류 상점과 개성 넘치는 편집 숍이 몰려 있는 구역을 토아웨스트로 부른다. 트렌드를 이끄는 거리 패션을 구경하고 상점을 둘러보는 것만으로도 즐거운 곳.

한신 모토마치역(元町駅) 동쪽 출구에서 도보 4분/한큐 고베산노미야역(神戸三宮駅) 서쪽 출구에서 도보 6분 10:00~22:00(상점마다 다름) 兵庫県神戸市中央区北長狭通3丁目11 34.691934, 135.188639

모토마치 상점가

MOTOMACHI SHOPPING STREET
元町商店街

#고베최대상점가 #브런치
#차이나타운 #카페골목산책

고베의 베이 에어리어는 모토마치역에서 하버랜드가 있는 고베역까지 이어진 남쪽 항구 지역을 가리키는데, 그중에서도 모토마치 상점가는 고베의 최대 상점 구역이다. 일본에서 가장 오래된 차이나타운 중 하나인 난킨마치와 카페 골목인 사카에마치도리에 들러 길거리 음식과 호젓한 산책을 즐겨보자.

ACCESS

주요 이용 패스

간사이 레일웨이 패스, 시티루프 버스 1일 승차권, JR 간사이 미니 패스

간사이 국제공항에서 가는 법

- **간사이 국제공항**
  - 1층 리무진 정류장 6번, 공항 리무진 ⓒ약 65분 ¥2,200엔
- **산노미야역 三ノ宮駅**

교토에서 가는 법

- **JR 교토역 京都駅**
  - 신쾌속 히메지행 ⓒ54분
- **JR 산노미야역 三ノ宮駅**
  - 보통 니시아카시행 ⓒ2분 ¥1,110엔
- **JR 모토마치역 元町駅**

- **한큐 교토카와라마치역 京都河原町駅**
  - 한큐 교토본선 특급 ⓒ40분
- **주소역 十三駅**
  - 한큐 고베본선 특급 ⓒ29분
- **고소쿠고베역 高速神戸**
  - 한신 본선 ⓒ4분 ¥790엔
- **모토마치역 元町駅**

고베 시내에서 가는 법

- **고베산노미야역 神戸三宮駅**
  - 한신 본선 ⓒ2분 ¥130엔
- **모토마치역 元町駅**

- **JR 산노미야역 JR 三ノ宮駅**
  - JR ⓒ2분 ¥140엔
- **모토마치역 元町駅**

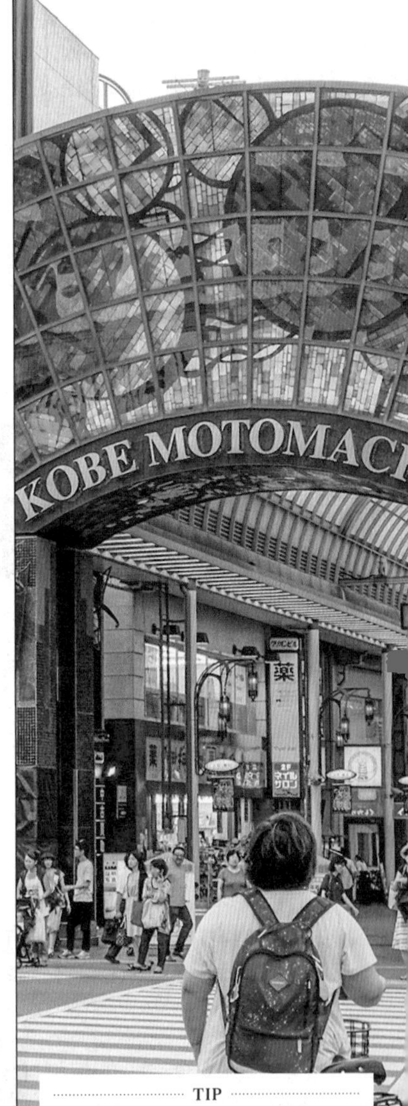

TIP

- 모토마치 상점가 아래쪽, 항구 주변에 맛있는 브런치 가게와 케이크점이 많다.
- 모토마치에서 야경 명소인 모자이크까지 걸어서 갈 수 있다. 모토마치 상점가, 지진 메모리얼 파크, 메리켄파크, 해양 박물관, 고베 포트타워, 모자이크 순으로 가는 것이 가장 효율적이다.

12

모토마치 상점가 元町商店街

베이 에어리어를 대표하는 상점가

센터 스트리트와 대로를 사이에 두고 마주 보고 있는 베이 에어리어의 대표적인 번화가로, 에도 시대부터 간사이 최대의 관문으로서 명성을 이어왔다. 센터 스트리트가 생활 밀착형 상점 위주로 구성되어 있다면 이곳은 식당가, 케이크점, 카페는 물론 다수의 브랜드 상점이 들어서 있으므로 좀 더 세련된 분위기를 원한다면 이 구역으로 가보자. 오랜 역사를 지닌 상점도 많아 과거와 현재가 공존하는 고베 특유의 분위기를 제대로 느낄 수 있다.

JR·한신 모토마치역(元町駅)에서 도보 1분 상점마다 다름 神戸市中央区元町通6丁目2-17
kobe-motomachi.or.jp 34.688861, 135.189361

13

난킨마치 南京街

일본의 3대 차이나타운

규슈의 나가사키, 간토의 요코하마와 더불어 일본에서 가장 오랜 역사를 지닌 차이나타운으로 꼽힌다. 규모 면에서는 셋 중 가장 작지만 차이나타운의 활기찬 분위기를 느끼기에는 충분하다. 모토마치 상점가 바로 아래쪽 블록에 길게 형성되어 있어 찾아가기도 쉽다. 수많은 상점 가운데에서도 만두 전문점 료쇼키(老祥記)는 꼭 들러보자. 551 호라이 만두의 원조로 꼽히는 곳으로 일대에서 가장 긴 줄이 늘어서 있어 금방 찾을 수 있을 것이다. 만두 외에도 다양한 길거리 음식을 접할 수 있는 곳인 만큼 식사를 하지 않고 방문하기를 권한다.

JR·한신 모토마치역(元町駅)에서 도보 5분 상점마다 다름 神戸市中央区元町通1丁目3-18
nankinmachi.or.jp 34.688210, 135.18811

14

요쇼쿠노 아사히 洋食の朝日

고베에서 가장 유명한 경양식

개점 전부터 줄이 늘어서는 인기 경양식집으로, 주메뉴는 비후카츠다. 모토무라 규카츠 같은 유명 전문점과는 달리 화로가 따로 없고 데미글라스 소스를 뿌려주는데, 질 좋은 소고기를 사용해 씹을 때마다 고소한 향이 퍼지는 맛이 일품이다.

비후카츠(ビフカツ) 1,700엔, 치킨카츠(チキンカツ) 1,100엔, 크림 크로켓(クリームコロッケ) 1,100엔 한큐 코소쿠고베선 니시모토마치역(西元町駅) 서쪽 우지가와 출입구(宇治川出入口)에서 도보 4분 월~금 11:00~15:00(주말 휴무) 神戸市中央区下山手通8-7-7 34.685083, 135.178833

15

파티스리 몽푸류 パティスリー モンプリュ

부드럽고 상큼한 케이크

아기자기하고 편안한 분위기의 케이크점. 대표 메뉴인 퓌 다무르(Puits d'amour, ピュイ·ダムル)는 구운 설탕 아래 부드러운 크림을 듬뿍 얹은 크림 케이크로, 단맛이 조금 강하지만 빵 안에 든 오렌지가 상큼하게 맛의 균형을 잡아준다. 모토마치와 난킨마치를 구경하다 잠시 쉬고 싶을 때 들러보자.

퓌 다무르(ピュイ・ダムール) 550엔 한신 모토마치역(元町駅) 서쪽 출구에서 도보 5분 10:00~18:00(화, 부정기 수 휴무) 078-321-1048 神戸市中央区海岸通3丁目1-17 www.montplus.com 34.686222, 135.186806

16

모리야쇼텐 森谷商店 本神戸肉

최고의 정육점에서 만든 명물 크로켓

143년 역사를 자랑하는 고베 최고의 정육점으로, 직영 농장이 있고, 일본 왕실에도 납품했던 만큼 최고 품질의 고기를 자랑한다. 이곳의 유명세를 더욱 키운 것이 바로 최상급 소고기로 만든 크로켓인데, 반드시 맛봐야 할 명물이니 놓치지 말자.

크로켓(コロッケ) 110엔, 민치카츠(ミンチカツ) 170엔, 에비카츠(エビカツ) 200엔 한신 모토마치역(元町駅) 동쪽 출구에서 도보 3분 10:00~20:00(튀김 10:30~19:30) 078-391-4129 神戸市中央区元町通1丁目7番2号 34.689167, 135.189361

17

사카에마치도리 栄町通

유서 깊은 건물이 즐비한 카페 골목

1868년 최초의 미국 영사관이 있던 고베유센 빌딩, 1929년 지은 구 거류지 38번관 등 근현대 건축물이 즐비한 색다른 분위기의 카페 골목이다. 비스트로, 갤러리 등 골목마다 개성 만점 상점이 가득하고 아기자기한 고베의 일상까지 엿볼 수 있으니 여유롭게 산책하고 싶다면 이곳으로! 이 거리 옆으로 이어지는 유명 패션 거리 오츠나카도리(乙仲通)도 함께 돌아보자.

한신 모토마치역(元町駅) 동쪽 출구에서 도보 10분 兵庫県神戸市中央区栄町通 34.686016, 135.184175

KOBE HARBORLAND
神戸ハーバーランド

#고베대표야경 #모자이크 #모토마치상점가 #브런치

고베항 일대를 일컫는 하버랜드는 비교적 넓지 않은 구역에 음식점, 쇼핑가, 볼거리가 밀집해 있어 고베에 머무는 시간이 짧은 여행자가 방문하면 좋다. 고베항과 고베 포트타워, 해양 박물관 같은 다양한 명소가 있고 밤이 되면 고베를 대표하는 야경까지 감상할 수 있다.

ACCESS

주요 이용 패스

JR 간사이 미니 패스, 간사이 레일웨이 패스, 시티루프 버스 1일 승차권

간사이 국제공항에서 가는 법

- 간사이 국제공항
  - 1층 리무진 정류장 6번
  - 공항 리무진 약 65분 ¥2,200엔
- 산노미야역 三ノ宮駅

교토에서 가는 법

- JR 교토역 京都駅
  - 신쾌속 히메지행 57분 ¥1,110엔
- JR 고베역 神戸駅

- 한큐 교토카와라마치역 京都河原町駅
  - 한큐 교토본선 특급 40분
- 주소역 十三駅
  - 한큐 고베본선 특급(신카이치행) 28분 ¥770엔
- 고소쿠고베역 高速神戸駅

고베 시내에서 가는 법

- 고베산노미야역 神戸三宮駅
  - 한신 본선 2분 ¥130엔
- 모토마치역 元町駅

- JR 산노미야역 JR 三ノ宮駅
  - JR 2분 ¥140엔
- JR 고베역 神戸駅

TIP

- 모토마치에서 야경 명소인 모자이크까지 걸어서 갈 수 있다. 모토마치 상점가, 지진 메모리얼파크, 메리켄파크, 해양 박물관, 고베 포트타워, 모자이크 순으로 가는 것이 가장 효율적이다.
- 해양 박물관이나 고베 포트타워를 관람한다면 두 곳 모두 이용 가능한 할인권을 구입하는 것이 이득!
- 모자이크 2층에 있는 빅쿠리동키 또는 에그스 앤드 싱즈에서 식사를 하며 야경을 감상하는 것도 좋은 방법.
- 예산이 여유롭다면 유람선을 타고 고베항 야경을 감상해보자.

18

우미에 모자이크 umieモザイク

야경 명소에서 즐기는 쇼핑

고베 하버랜드에 자리한 대형 쇼핑센터로, 노스몰과 사우스몰로 구성되어 있다. 여유로운 실내 공간과 유럽풍 야외 공간에 다양한 상점과 음식점이 입점해 있고, 특히 2층 식당가는 고베항 방면으로 나 있어 야경 감상 장소로 활용해볼 만하다. 저렴하면서 실용성 있는 상점 3coins plus, 다양한 캐릭터 상품을 만날 수 있는 키디랜드(Kiddyland), 산리오 기프트 게이트(Sanrio Gift Gate), 스누피 타운 숍(Snoopy town shop), 동구리 공화국(どんぐり共和国) 등이 모여 있어 상점을 둘러보기만 해도 즐겁다.

JR 고베역(神戸駅) 중앙 출구에서 도보 5분/지하철 하버랜드역(ハーバーランド駅) 3번 출구에서 도보 5분/한신·한큐 코소쿠고베역(高速神戸駅) 동쪽 개찰구에서 도보 10분 10:00~22:00(매장마다 다름) 兵庫県神戸市中央区東川崎町1丁目6-1 umie.jp 34.680250, 135.184250

19

메리켄파크 メリケンパーク

고베 시민의 휴식처

하버랜드 오른쪽에 자리한 메리켄파크는 고베 개항 120주년인 1987년 방파제 매립지에 조성한 해양공원이다. 낮에는 시원한 바닷바람을 쐬며 산책과 운동을 즐길 수 있고, 밤에는 아름다운 고베항 야경을 감상할 수 있어 현지인과 여행자 모두에게 사랑받는 공원이다. 유람선 선착장인 포트터미널, 고베 포트타워, 고베 해양 박물관과 지진 메모리얼 파크에서도 가까워 일대를 수월하게 둘러볼 수 있다. 최근 'BE KOBE' 조형물과 스타벅스 메리켄파크점이 생기면서 사진 촬영 포인트로도 인기다.

한큐 하나쿠마역(花隈駅) 동쪽 출구에서 도보 12분/JR·한신 모토마치역(元町駅) 서쪽 출구에서 도보 15분/지하철 카이간선 미나토모토마치역(みなと元町駅) 2번 출구에서 도보 5분 神戸市中央区波止場町2 34.682111, 135.188639

20

스타벅스 메리켄파크점 スターバックスコーヒー 神戸メリケンパーク店

야경과 함께 즐기는 커피 한잔

2017년 간사이에 문을 연 스타벅스 두 곳이 화제가 되었는데 하나는 교토의 니넨자카점, 다른 하나는 바로 이곳 고베 메리켄파크점이다. 야경 명소로 유명한 하버랜드의 맞은편, 고베 포트타워와 고베 해양 박물관 옆에 문을 열어 모자이크 방면 야경을 감상하기에 훌륭한 위치이기 때문이다. 세련되고 현대적인 외부 디자인도 인상적이고 대형 통유리로 조성되어 있어 고베항의 모습을 감상하기에 이보다 더 완벽한 장소는 없다. 특히 모자이크가 보이는 2층 창가 자리는 만석인 경우가 많다.

¥ 아메리카노 톨 사이즈 475엔 🚶 한신 모토마치역(元町駅) 서쪽 출구에서 도보 15분/고베 시티루프 버스 메리켄파크(メリケンパーク) 정류장에서 도보 1분 🕓 07:30~22:00 📍 兵庫県神戸市中央区波止場町2-4 34.681622, 135.188482

21

고베 포트타워 神戸ポートタワー

강렬한 자태를 뽐내는 고베의 랜드마크

고베항의 대표 상징물로 꼽히는 고베 포트타워는 1963년에 건립한 108m 높이 전망탑이다. 일본의 전통 북을 연상시키는 형태로 '철탑의 미녀'라는 별명을 얻었다. 낮에는 강렬한 붉은색이 시선을 사로잡고 밤에는 7,040개의 LED 조명이 빛을 발하며 매력을 더한다. 내부에는 20분마다 한 바퀴씩 회전하는 카페와 음식점, 전망대가 있다. 광섬유 별자리가 반짝이는 5층 내부의 천장도 찾아보자. 옥상 야외 데크를 신설해 2024년 4월 26일 리뉴얼 오픈했다.

🚶 한큐 하나쿠마역(花隈駅) 동쪽 출구에서 도보 12분/JR·한신 모토마치역(元町駅) 서쪽 출구에서 도보 15분/지하철 카이간선 미나토모토마치역(みなと元町駅) 2번 출구에서 도보 5분 🕓 09:00~23:00(마지막 입장 22:30)
¥ 전망 플로어 성인 1,000엔, 중학생 이하 400엔/전망 플로어+옥상 데크 성인 1,200엔, 중학생 이하 500엔
📞 078-391-6751 📍 神戸市中央区波止場町5-5
🏠 www.kobe-port-tower.com
34.682583, 135.186694

22

빅쿠리동키 びっくりドンキー

최고의 야경 명소로 꼽히는 레스토랑

일본 전역에 퍼져 있는 햄버그스테이크 전문 체인 레스토랑. 오래된 자동차, 농기구, 가전제품 등 개성 있는 소품으로 장식한 실내 공간이 유쾌한 분위기를 선사한다. 햄버그스테이크와 사이드 메뉴도 다양하게 갖췄고 가격 또한 적당해 메리켄파크와 고베 해양 박물관, 고베 포트타워로 이어지는 하버랜드 전망을 감상하며 느긋한 식사를 즐기기에 완벽한 공간이다.

치즈바그디쉬(チーズバーグディシュ) 950엔, 퐁듀풍 치즈바그스테이크(フォンデュ風チーズバーグステーキ) 1,110엔 JR 고베역(神戸駅) 중앙 출구에서 도보 5분/지하철 하버랜드역(ハーバーランド駅) 3번 출구에서 도보 5분/한큐·한신 코소쿠고베역(高速神戸駅) 동쪽 개찰구에서 도보 10분 09:00~23:00(마지막 주문 22:30) 078-366-6808 兵庫県神戸市中央区東川崎町1丁目6-1 神戸ハーバーランドモザイク2F www.bikkuri-donkey.com 34.679412, 135.184987

23

에그스 앤드 싱즈 하버랜드점 エッグスンシングス

고베에서 만나는 하와이 No.1 카페

팬케이크, 오믈렛, 크레이프를 선보이는 브런치 카페. 하와이를 여행한 사람이라면 가보지 않은 이가 없을 만큼 유명한 브랜드 카페로, 일본 전역에 지점이 있다. 목재로 모던하고 깔끔하게 꾸민 실내 공간과 바닷바람을 맞으며 휴식할 수 있는 야외 테라스 테이블을 갖췄다. 빅쿠리동키 바로 옆에 위치한 모자이크의 또 다른 야경 명소로 꼽힌다.

에그베네딕트(エッグスベネディクト) 1,518엔~, 오믈렛(オムレツ) 1,353엔~ JR 고베역(神戸駅) 중앙 출구에서 도보 5분/지하철 하버랜드역(ハーバーランド駅) 3번 출구에서 도보 5분/한신·한큐 코소쿠고베역(高速神戸駅) 동쪽 개찰구에서 도보 10분 09:00~22:00 078-351-2661 神戸市中央区東川崎町1-6-1 umieモザイク 2F eggsnthingsjapan.com 34.679889, 135.184778

24

고베 하버랜드 우미에 神戸ハーバーランド umie

넓고 쾌적한 공간에서 쇼핑도 하고 야경도 보고

2013년 문을 연 고베의 최대 규모 쇼핑몰로, 고베항의 야경 명소인 모자이크와 이어져 있다. '바다, 도시, 사람'을 콘셉트로 패스트패션 매장과 레스토랑 등 약 225개점이 들어서 있다. 북관과 남관 둘로 나뉜 각 몰의 중앙은 넓은 통로와 유리 천장 덕분에 아주 시원하고 쾌적하다. 프랑프랑, 유니클로, 자라, H&M, GU, GAP, 무인양품, ABC-MART, 토이저러스 등 세계적으로 유명한 브랜드 매장이 많아 취향대로 골라 쇼핑을 즐기기에도 최고다.

JR 고베역(神戸駅) 중앙 출구에서 도보 3분/지하철 하버랜드역(ハーバーランド駅) 3번 출구에서 도보 3분/한큐·한신 코소쿠고베역(高速神戸駅) 동쪽 개찰구에서 도보 8분 10:00~22:00(상점마다 다름) 神戸市中央区東川崎町1丁目7番2号 34.679524, 135.182257

히메지성

WHITE HERON CASTLE
姫路城

#히메지성 #코코엔 #백로의성

히메지의 대표 관광지인 히메지성은 JR 히메지역과 산요 히메지역에서 도보로 20분이면 갈 수 있지만, 천수각까지 가파른 계단을 쉴 새 없이 올라야 하기 때문에 시티루프(190엔) 또는 택시(약 800엔)를 이용해 성으로 이동하는 것이 좋다. 히메지성 일대를 순환하는 시티루프를 1일간 무제한 탑승할 수 있는 히메지성 루프 1일권(400엔)을 구입하면 천수각 입장료를 20% 할인받을 수 있다. 하루 동안 히메지와 고베를 모두 여행하는 경우에는 히메지를 오전에 보고, 고베는 오후 및 야경 위주 일정으로 구성하는 것이 좋다. 교토에서 출발해 히메지와 고베를 하루 동안 여행할 예정이라면 JR 웨스트 레일 패스의 간사이 패스 1일권(2,800엔, www.westjr.co.jp/global/kr/ticket/pass/kansai/)을 구입하면 유리하다.

ACCESS

주요 이용 패스

JR 웨스트 레일 패스(간사이 패스), 간사이 레일웨이 패스

교토에서 가는 법

- JR 교토역 京都駅
  - 신쾌속 히메지행 93분 ¥2,310엔
- JR 히메지역 姫路駅

- JR 교토역 京都駅
  - 신칸센 노조미 히로시마행 44분 ¥자유석 4,840엔, 지정석 6,000엔
- JR 히메지역 姫路駅

TIP

- 히메지성은 한나절이면 충분히 돌아볼 수 있으므로 가능하면 오전에 방문하는 것이 좋다.
- 천수각 내부가 매우 가파르므로 계단을 오르내릴 때 주의하고 짐은 최대한 가볍게 하자.
- 히메지성과 함께 효고 현립 박물관, 시립 미술관을 방문할 계획이라면 천수각에서 내려와 히메지성 공원과 히메지 동물원 사이에 있는 신토 신사 방면 지름길을 이용하자.

25

히메지성 姫路城

일본에서 가장 아름다운 성

히메지성은 새하얀 천수각이 백로가 날아가는 모습을 닮았다고 하여 '백로의 성'으로도 불린다. 400년 동안 피해를 전혀 받지 않은 덕분에 옛 모습이 그대로 보존되어 있어 역사적 가치 또한 매우 높다. 일본에서 가장 아름다운 성으로 꼽히며, 벚꽃이 피는 4월과 단풍이 지는 11월에 방문하면 더욱 기억에 남는 절경을 만끽할 수 있다. 가파르고 좁은 계단과 천장이 낮은 공간을 돌아다녀야 하기 때문에 편한 복장은 필수다. '히메지성 대발견(姫路城大発見)'이라는 애플리케이션을 이용하면 성 곳곳에 설치된 AR 간판을 통해 히메지성에 얽힌 다양한 역사와 전설을 애니메이션과 동영상으로 볼 수 있다.

JR 히메지역(姫路駅) 히메지성 출구에서 도보 20분/한신 산요 히메지역(山陽姫路駅)에서 도보 20분/히메지성 시티루프 또는 신키버스 히메지조오오테몬마에(姫路城大手門前) 정류장에서 하차
09:00~17:00(마지막 입장 16:00, 12월 29~30일 휴무)
¥ 성인/초·중·고등생 1000/300엔, 히메지성+코코엔 자유 이용권 1,050/360엔 兵庫県姫路市本町68 079-285-1146
www.himejicastle.jp 34.839459, 134.693906

26

코코엔 好古園

에도 시대 정취를 간직한 정원

히메지성 서쪽, 영주의 저택에 조성한 1만 평 규모의 정원으로 발굴 당시의 모습을 그대로 살려 1992년 개원했다. 세토나이카이(瀬戸内海, 혼슈 서부와 규슈, 시코쿠에 둘러싸인 내해)의 풍경을 표현한 오야시키 정원(御屋敷の庭)을 비롯해 좌우의 전망이 인상적인 와타리로카(渡り廊下), 단풍이 아름다운 나츠키 정원(夏木の庭), 근사한 겨울 풍경을 자아내는 츠키야마치센 정원(山池泉の庭) 등 총 9개 정원으로 조성되어 있으며, 에도 시대 건축 양식이 보존되어 있어 사극 촬영지로도 인기가 높다. 천수각 입장료에 40엔만 추가하면 이곳까지 함께 돌아볼 수 있다.

JR 히메지역(姫路駅) 히메지성 출구에서 도보 20분/한신 산요히메지역(山陽姫路駅)에서 도보 20분/히메지 시티루프 히메지조오오테몬마에(姫路城大手門前) 정류장에서 하차, 도보 5분
09:00~17:00, 12월 29~30일 휴무
¥ **코코엔** 성인 310엔, 고등학생 이하 150엔, **히메지성 천수각+코코엔 통합 입장권** 성인 1,050엔, 고등학생 이하 360엔 079-289-4120 兵庫県姫路市本町68 himeji-machishin.jp/ryokka/kokoen
34.837936, 134.689745

27

야마사 카마보코 오테마에점
ヤマサ蒲鉾 大手前店

히메지의 명물! 치즈 가득 조카마치 도그

카마보코는 어묵과 비슷한 음식으로, 이곳에서 핫도그 안에 여러 치즈를 혼합해 넣고 튀겨 선보인 것이 인기를 얻으며 히메지의 명물로 자리 잡았다. 현지인은 누구나 좋아한다는 대표 간식이니 성으로 가는 길에 꼭 맛보자. 고소한 핫도그 반죽과 녹은 치즈 맛의 조화가 기가 막히다.

조카마치 도그(城下町どっぐ) 200엔 한신 산요히메지역(山陽姫路駅)에서 도보 7분 09:30~19:00 079-225-0033 兵庫県姫路市二階町60 1F 34.831936, 134.692031

28

세키신 본점 赤心 本店

일본의 집밥은 이런 것?

70년 역사를 간직한 이 아담한 공간에서는 집밥의 맛을 느낄 수 있다. 대표 메뉴는 돈카츠, 톤지루(국), 밥으로 구성된 A세트. 돈카츠와 비법 소스의 맛이 아주 훌륭하고, 고기를 듬뿍 넣은 톤지루까지 맛보면 그 인심과 맛에 놀랄 것이다. 정성스럽고 훌륭하게 맛을 낸 오므라이스도 추천!

A세트(돈카츠, 밥, 톤지루) 1,430엔, 오므라이스(オムライス) 870엔 JR 히메지역(姫路駅) 히메지성 출구에서 도보 3분/한신 산요 히메지역(山陽姫路駅)에서 도보 4분 11:00~15:00(월, 목 휴무) 兵庫県姫路市駅前町301 079-222-3842 34.828946, 134.692502

29

돈카츠 이와시로 とんかつ いわしろ

푸짐한 돈카츠 정식집

1,000엔이면 든든하게 배를 채울 수 있는 메뉴와 정감 넘치는 분위기를 자랑하는 돈카츠 전문점. 특히 재치 있는 메뉴명이 독특한데, 새우튀김, 돈카츠, 치킨카츠에 달걀 간장 소스를 얹은 '삼각관계 이야기 정식'이 최고의 명물이자 인기 메뉴다.

삼각관계 이야기 정식(三角物語定食) 900엔, 시어머니 vs 며느리 이야기 정식(嫁vs姑物語定食, 돈카츠+김치) 1,000엔 JR 히메지역(姫路駅) 히메지성 출구에서 도보 4분/한신 산요히메지역(山陽姫路駅)에서 도보 4분 11:30~15:00(토 휴무) 079-222-6516 兵庫県姫路市駅前町303 34.828962, 134.692258

30

히메지멘테츠 姫路麵哲

하루 종일 줄이 늘어서는

유명 라멘 체인점 멘테츠의 히메지 1호점으로, 2015년 7월에 문을 열었다. 쇼유 라멘, 차슈쇼유 라멘, 쇼유 완탕, 차슈쇼유 완탕이 기본 메뉴다. 닭 뼈로 우려 담백하고 감칠맛 나는 국물에 직접 반죽해 쫄깃하고 매끈한 면발, 두툼하고 질 좋은 차슈가 조화를 이룬 훌륭한 맛을 자랑한다.

쇼유 라멘(醤油ラーメン) 1,100엔, 니쿠쇼유(肉醤油) 1,200엔 JR 히메지역(姫路駅) 히메지성 출구에서 도보 6분/한신 산요히메지역(山陽姫路駅)에서 도보 7분 11:30~15:00 & 17:30~21:00(월 휴무) 兵庫県姫路市呉服町18 079-287-6909 34.830816, 134.693205

나라
BEST 3
01
자유로이 거니는 사슴과 인생사진 남기기
02
세계에서 가장 큰 불상 다이부츠 구경
03
호류지에서 백제의 흔적 찾아보기

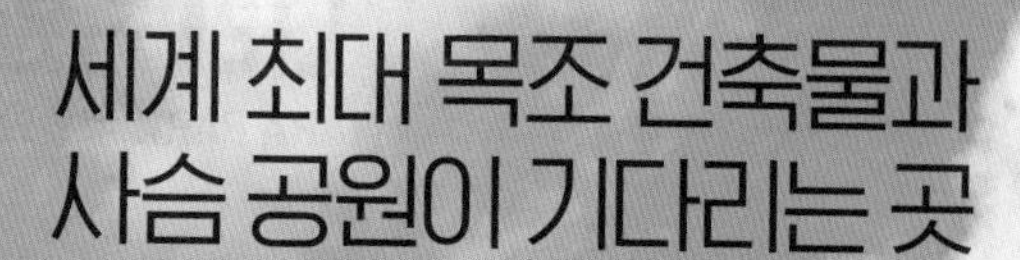

세계 최대 목조 건축물과
사슴 공원이 기다리는 곳

나라

NARA 奈良

ACCESS

교토에서 가는 법

- JR 교토역 京都駅
- ⏱45분 ¥720엔
- JR 나라역 奈良駅

- 킨테츠 교토역 京都駅
- 킨테츠교토선 급행 ⏱42분
- 야마토사이다이지역 大和西大寺
- 킨테츠나라선 ⏱6분 ¥760엔
- 킨테츠 나라역 近鉄奈良駅

나라 공원

NARA PARK 奈良公園

#사슴 #나라8경
#일본3대국립박물관 #불교미술

JR 나라역과 킨테츠 나라역 주변에 위치한 나라 공원, 코후쿠지, 사루사와이케는 걸어서 돌아볼 수 있다. 카스가타이샤를 시작으로 토다이지, 국립 박물관, 나라현청 전망대, 코후쿠지, 사루사와이케, 산조도리, 나라마치 순으로 이동하면 나라 공원 일대를 완벽하게 둘러볼 수 있을 것이다.

주요 이용 패스

간사이 레일웨이 패스, JR 간사이 미니 패스

TIP

- 나라 공원 주변 명소는 도보로도 충분히 돌아볼 수 있지만, 걷는 것이 부담스럽다면 JR 나라역 동쪽 출구에 있는 대여소에서 자전거를 빌리거나(1일 700엔) 시내버스를 이용하자.
- 나라역과 떨어져 있는 카스가타이샤, 토다이지에 갈 예정이라면 JR 나라역 맞은편이나 킨테츠 나라역 맞은편 정류장에서 카스가타이샤혼덴(春日大社本殿)행 버스를 이용하자.

나라 1일 추천 코스

교토에서 당일 여행으로 다녀올 수 있는 나라의 핵심 명소는 나라 공원 일대와 호류지다. 필수 명소만으로 구성한 1일 추천 코스를 소개한다.

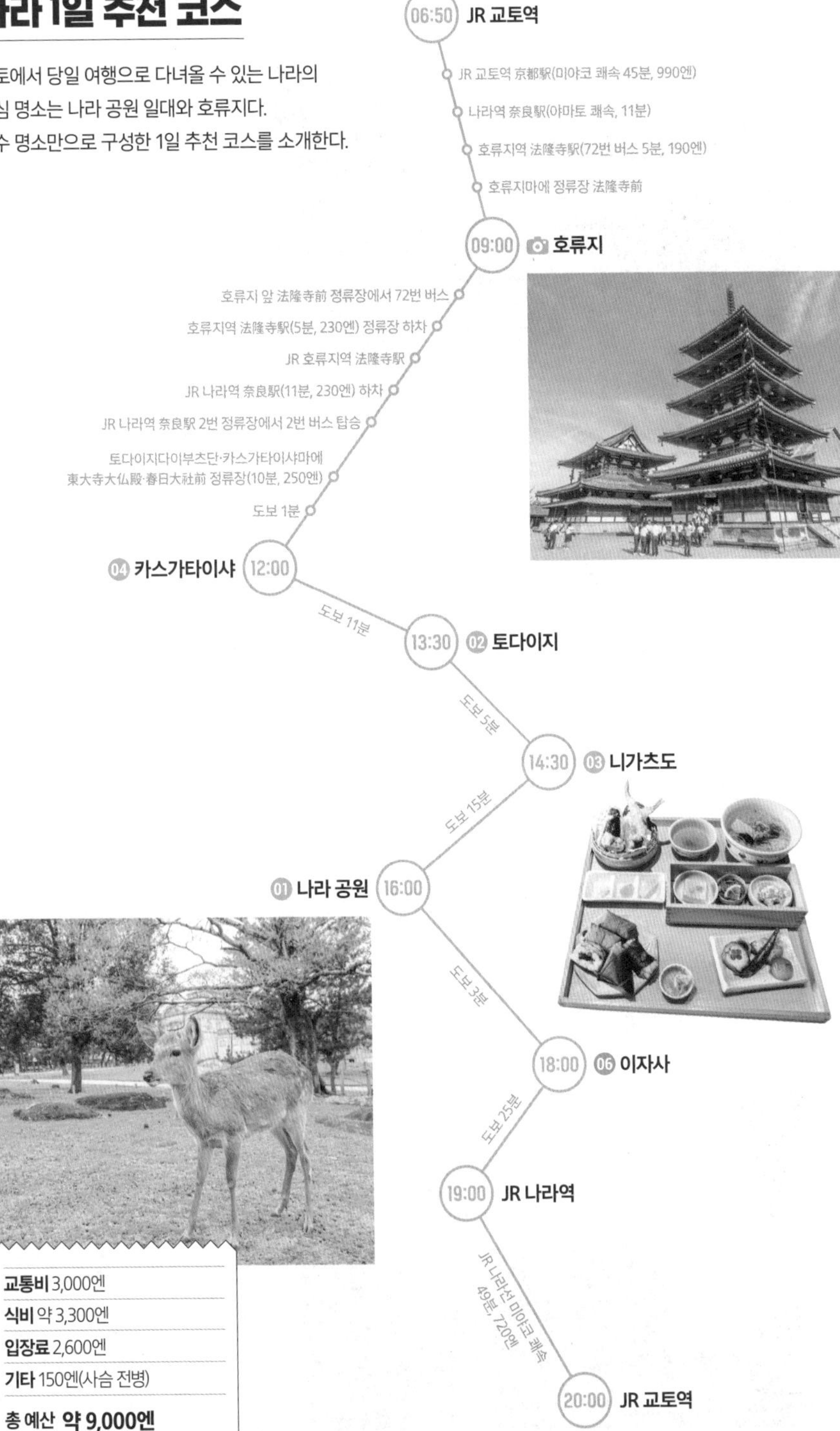

교통비 3,000엔
식비 약 3,300엔
입장료 2,600엔
기타 150엔(사슴 전병)
총 예산 약 9,000엔

01

나라 공원 奈良公園

사슴과 사람이 공존하는 곳

원래 코후쿠지의 부지였으나 메이지 시대 폐불훼석(廃仏毀釈) 정책으로 인해 절을 파괴하고 1880년 공원으로 조성됐다. 코후쿠지 와카쿠사산까지 동서로 4km, 남북으로 2km에 달하는 드넓은 부지에 사슴 1,200여 마리가 울타리 없이 자유롭게 서식하고 있어 '사슴 공원'으로도 불린다. 이곳의 사슴은 천연기념물로 지정되어 있는데, 예로부터 일본에서는 사슴을 신이 타고 온 동물로 여겨 귀하게 대접했다. 공원 곳곳에서 사슴이 좋아하는 전병(鹿せんべい, 150엔)을 판매하고 있으며, 수익금은 사슴 보호에 사용된다. 전병을 사면 손에 들고만 있어도 사슴이 졸졸 따라오는 진풍경을 볼 수 있다. 이 공원에서는 사슴뿐 아니라 봄에는 벚꽃, 여름엔 신록, 가을에는 아름다운 단풍이 펼쳐지는 풍경도 감상할 수 있어 연간 1,300만 명이 방문할 정도로 인기가 높다.

¥ 킨테츠 나라역(近鉄奈良駅) 2번 출구에서 도보 5분/JR 나라역(奈良駅) 동쪽 출구에서 도보 20분
24시간 0742-22-0375 奈良県奈良市芝辻町 543 nara-park.com
34.685047, 135.843010

02

토다이지 東大寺

세계 최대 목조 건물과 청동 불상

세계 최대의 목조 건축물 다이부츠덴을 품고 있는 일본 화엄종의 본산으로, '도다이지'라고도 표기한다. 다이부츠덴(大佛殿, 대불전)은 쇼무 왕이 4년에 걸쳐 260만 명이라는 어마어마한 인력과 청동 500t, 황금 40kg을 동원해 건축했다. 1180년 타이라 가문의 병화로 소실돼 재건했지만 1567년 전란에 휘말려 또다시 잿더미가 되었다. 현재의 건물은 건립 비용 4,657억 엔(약 4조 7억 원)을 투자해 원래의 3분의 1 규모로 1709년에 다시 지은 것이다. 세계에서 가장 큰 불상인 다이부츠의 전체 높이는 15m로, 머리 6.7m, 귀 길이 2.5m, 대좌 높이 3m라는 엄청난 규모를 자랑한다. 다이부츠의 오른쪽에 있는 구멍 뚫린 기둥을 기어서 통과하면 한 해 동안 액운이 사라진다고 하니 찾아보자.

킨테츠 나라역(近鉄奈良駅) 2번 출구에서 도보 25분/JR 나라역(奈良駅) 동쪽 출구에서 도보 45분/JR 나라역(奈良駅) 동쪽 출구 2번 승강장 또는 킨테츠 나라역(近鉄奈良駅) 맞은편 2번 승강장에서 시내 순환버스 탑승 후 다이부츠덴카스가타이샤마에(大仏殿春日大社前)에서 하차, 도보 5분 11~3월 08:00~17:00, 4~10월 07:30 ~17:30(시설마다 다름) ¥ **다이부츠덴+박물관** 성인 1,200엔, 초등생 600엔, **다이부츠덴** 성인 800엔, 초등생 400엔 奈良市雑司町406-1
0742-22-5511 www.todaiji.or.jp
34.689016, 135.839961

03

니가츠도 二月堂

나라의 환상적인 일몰을 볼 수 있는 곳

'니가츠도'라는 이름은 음력 2월에 '오미즈토리(お水取り)'라는 행사가 열리던 데서 유래했다. 안쪽에는 '대관음, 소관음'으로 불리는 11면 관음상이 있지만 볼 수는 없다. 2005년에 국보로 지정되었으며 토다이지를 보고 길을 따라가는 도중에 발견할 수 있다.

🚶 킨테츠 나라역(近鉄奈良駅) 2번 출구에서 도보 25분/JR 나라역(奈良駅) 동쪽 출구에서 도보 45분/JR 나라역(奈良駅) 동쪽 출구 2번 정류장 또는 킨테츠 나라역(近鉄奈良駅) 맞은편 2번 정류장에서 시내 순환버스 탑승 후 다이부츠덴카스가타이샤마에(大仏殿春日大社前)에서 하차, 도보 13분
🕒 24시간 ¥ 무료 📍 奈良県奈良市雑司町406-1 二月堂 34.689386, 135.844266

04

카스가타이샤 春日大社

주홍빛 신전과 3,000개의 등롱

1,300년 전 후지와라 가문이 고장의 신(氏神)을 모시기 위해 세운 신사다. 멀리 가시마 신궁(鹿島神宮)에서 '타케미가즈치(武甕槌命)'라는 신을 이곳으로 모셔왔는데, 이때 신이 하얀 사슴을 타고 왔다고 해 사슴을 신성시하는 풍습이 생겨났다. 전국 3,000여 곳에 달하는 카스가 신사의 총본산인 카스가타이샤는 아름다운 주홍빛 신전과 참배로, 내부를 수놓은 3,000여 개의 등롱이 백미로 꼽힌다. 경내에는 중요 문화재 520점 및 보물 3,000여 점을 소장한 보물전과 시가집 〈만요슈(万葉集)〉에 등장하는 만요슈 식물원이 있다.

🚶 JR 나라역(奈良駅) 동쪽 출구 2·3번 정류장 또는 킨테츠 나라역(近鉄奈良駅) 맞은편 2번 정류장에서 시내 순환버스 탑승 후 카스가타이샤오모테산도(春日大社表参道) 정류장에서 하차 후 도보 10분/동일 정류장에서 카스가타이샤혼덴행 버스 탑승 후 카스가타이샤혼덴(春日大社本殿) 정류장에서 하차 🕒 3~10월 06:30~17:30, 11~2월 07:00~17:00, 보물전 10:00~17:00, 만요슈 식물원 09:00~16:30(월 휴무, 식물원 6~3월 화요일 휴무) ¥ **본전 특별 참배** 500엔, **보물전** 성인/대학생·고등학생/초중생 500/300/200엔, **만요슈 식물원** 성인/소인 500/200엔
📞 0742-22-7788 📍 奈良市春日野町160
🏠 kasugataisha.or.jp
34.681386, 135.848385

05

나라마치 ならまち

새롭게 떠오르는 옛 상인촌

710년 헤이조쿄(平城京) 천도 후 수많은 사찰이 건립되면서 각종 문구와 술, 간장 등을 사찰에 공급하던 장인이 모여 살던 구역으로, 에도 시대에는 유력 상공업 지역으로 번성했다. 제2차 세계 대전의 공습을 피한 덕분에 옛 거리의 모습이 잘 보존되어 있다. 지금은 사찰, 문화 시설은 물론 음식점, 갤러리 등이 들어서 나라의 새로운 관광지로 떠올랐다.

킨테츠 나라역(近鉄奈良駅) 2번 출구에서 도보 15분/JR 나라역(奈良駅) 동쪽 출구에서 도보 25분 10:00~18:00(상점마다 다름) 奈良市中院町21 0742-26-8610 naramachiinfo.jp 34.676891, 135.829952

06

이자사 유메카제히로바점 ゐざさ 夢風ひろば店

카키노하 스시의 대표점

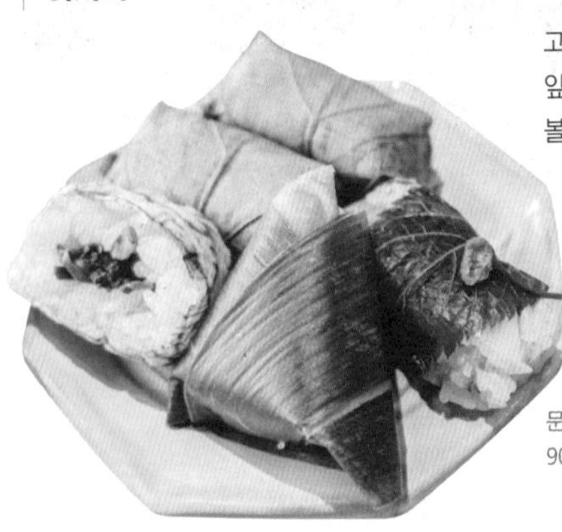

고등어, 연어 등을 올린 한입 크기의 초밥을 소금에 절인 감잎에 말아 숙성시킨 나라의 향토 요리 카키노하 스시를 맛볼 수 있는 전문점이다. 감잎은 살균 효과를 지니고 있어 보존 기간이 길고 비린내가 거의 없다는 특징이 있다. 그 외 댓잎으로 감싼 이자사 스시와 구운 고등어로 만든 야키사바스시도 맛있다.

이자사세트 1,480엔 킨테츠 나라역(近鉄奈良駅) 2번 출구에서 도보 16분/JR 나라역(奈良駅) 동쪽 출구에서 도보 25분 1층 판매점 10:00~17:00, 2층 식당 11:00~17:00(마지막 주문 16:00), 월 휴무 奈良県奈良市春日野町16 050-5834-9070 izasa.co.jp 34.683805, 135.839055

07

호우세키바코 ほうせき箱

과학 실험처럼 재미있는 리트머스 빙수

어릴 적 해봤던 리트머스 종이 실험처럼, 시럽을 부으면 색이 변하는 빙수로 인기를 얻어 지금은 줄을 서지 않으면 먹을 수 없는 빙수 가게. 최근에는 제철 과일과 요거트를 이용한 계절 맞춤 빙수가 주력이다. 계절에 상관없이 맛볼 수 있는 메뉴는 오토나노 말차 DX. 나라현 특산 야마토 녹차의 맛과 향에 밀크 에스푸마와 시럽을 더했다. 웹사이트에서 전날 오후 9시부터 당일 아침 7시까지 예약이 가능하다.

오토나노말차DX(大人の抹茶DX) 1,320엔 킨테츠 나라역(近鉄奈良駅) 2번 출구에서 도보 8분 10:00~12:50 & 14:00~17:00(목 휴무) 0742-93-4260 奈良県奈良市餅飯殿町47 airrsv.net/housekibaco-sousuke/calendar 34.680165, 135.828931

REAL GUIDE

아스카 시대의 모습을 간직하다

호류지

HORYUJI 法隆寺

#호류지 #세계문화유산 #금당벽화 #불교미술 #5층목탑

1,400여 년 역사를 자랑하는 호류지는 나라에서 반드시 방문해야 하는 명소이자 일본을 대표하는 사찰로 꼽힌다. 이곳이 중요한 유산으로 평가받는 이유는 훌륭한 문화재를 품고 있는 데다 백제의 흔적을 뚜렷이 확인할 수 있는 사찰이기 때문이다. 일본 불교가 싹트기 시작한 아스카 시대, 그 장엄한 분위기를 만끽해보자.

ACCESS

교토에서 가는 법

JR 교토역 京都駅 → 미야코 쾌속 45분 ¥990엔 → **나라역** 奈良駅 → 야마토 쾌속 11분 → **호류지역** 法隆寺駅 → 72번 버스 5분 ¥220엔 → **호류지마에 정류장** 法隆寺前

나라에서 가는 법

JR 나라역 奈良駅 → 야마토지선 쾌속 11분 ¥230엔 → **JR 호류지역** 法隆寺駅 → 72번 버스 5분 ¥220엔 → **호류지마에 정류장** 法隆寺前

TIP

- 교토에서 호류지로 갈 때에는 JR선을 이용하는 것이 가장 편하고 빠르다.
- 호류지역에서 호류지까지 걸어서 가면 20분 정도 소요된다.

호류지 法隆寺

세계 최고(最古)의 목조 건축물이자 일본 최초의 유네스코 세계 문화유산으로, 요메이 일왕(用明天皇)이 자신의 병을 치유하기 위해 착공해 쇼토쿠 태자(聖徳太子)가 607년에 완공했다. 호류지는 오중탑과 금당을 중심으로 한 사이인 가람과 유메도노 불당을 중심으로 한 토인 가람으로 나뉘고 무려 2,300여 점의 국보와 중요 문화재가 있다. 호류지의 역사적 가치는 우리나라와도 관련이 많다. 백제의 기술이 반영된 건축 양식, 백제인이 일본으로 건너가 만든 것으로 추정되는 백제관음상, 금당벽화 등 경내 곳곳에서 교류의 흔적을 발견할 수 있다.

JR 호류지역(法隆寺駅) 남쪽 출구에서 72번 버스 탑승 후 호류지마에(法隆寺前) 정류장에서 하차, 도보 5분 2월 22일~11월 3일 08:00~17:00, 11월 4일~2월 21일 08:00~16:30 ¥ 중학생 이상 1,500엔, 초등학생 이하 750엔 奈良県生駒郡斑鳩町法隆寺山内1-1 horyuji.or.jp 34.614221, 135.734109

오중탑 五重塔

1,500년 전 석존의 사리를 봉안하기 위해 지은 탑으로, 일본의 목조 탑 가운데 가장 오랜 역사를 자랑하며 유네스코 세계 문화유산에 등재되어 있다. 높이가 32.5m에 이를 정도로 웅대하지만 부여의 정림사지 오층 석탑과 유사한 모습 때문에 꽤 친숙하게 느껴진다. 탑의 내전에는 나라 시대 초기에 점토로 빚은 불상이 다수 안치되어 있다.

중문 中門

사이인 가람의 입구로 지붕을 깊숙이 덮은 처마, 아름답게 휜 난간과 배흘림기둥까지, 아스카 양식의 진수를 간직하고 있다. 이곳에서도 백제의 영향을 확인할 수 있는데, 특히 삼국 시대에 시작된 우리나라의 기둥 양식인 배흘림이 대표적이다.

금당 金堂

본전이 안치된 곳으로, 중심 건물이다. 쇼토쿠 태자를 위해 건조한 금동석가삼존상, 태자의 부왕인 요메이 일왕을 위해 건조한 금동여사여래좌상 등 여러 국보가 있다. 천장과 벽면에서는 서역 문화의 영향을 받은 천인과 비상하는 봉황 등을 발견할 수 있다. 원 작품은 고구려의 담징 일행이 그린 것으로 알려져 있으나 아쉽게도 1949년 화재로 소실되었다.

와카타케 若竹

평범함 속 대반전의 맛

JR 호류지역에서 호류지로 올라가는 길 안쪽에 자리한 경양식집으로, 모든 것이 평범해 보이지만 음식을 맛보는 순간 엄청난 반전을 선사하는 곳이다. 멘치카츠 정식은 이곳의 대표 메뉴로, 멘치카츠(5개)가 작은 콘 수프, 밥과 함께 나온다. 적당한 간, 육즙 가득한 부드러운 고기소와 바삭한 식감이 절묘하게 어우러져 최고의 맛을 선사하는 멘치카츠를 놓치지 말자.

민치카츠 정식(ミンチカツ定食) 900엔 JR 호류지역(法隆寺駅) 북쪽 출구에서 도보 1분 11:00~14:30 & 17:00~20:30(수 휴무) 奈良県生駒郡斑鳩町興留7-3-38 34.602625, 135.739031

카키노하즈시 히라소우 호류지점 柿の葉ずし 平宗 法隆寺店

155년 전통의 감잎 초밥 전문점

1861년 문을 열고 나라의 명물인 감잎 초밥을 선보였던 전문점이다. 호류지로 들어가는 입구에 위치한 데다 2개 층으로 나뉜 넓은 공간 덕분에 여유 있게 식사와 휴식을 즐길 수 있다. 감잎 초밥과 소바로 구성된 저렴한 런치 세트를 맛볼 수 있으며, 아이스크림과 쿠키도 별도 메뉴로 즐길 수 있다.

나라런치(奈良ランチ) 1,900엔 JR 호류지역(法隆寺駅) 남쪽 출구에서 72번 버스 탑승 후 호류지마에(法隆寺前) 정류장에서 하차, 도보 2분 매점 10:00~16:00(주말 ~17:00), 식당 11:00~15:00 0745-75-1110(예약 가능) 奈良県生駒郡斑鳩町法隆寺1-8-40 34.610333, 135.735295

리얼

교토

오사카 고베 나라

여행 정보 기준

이 책은 2024년 7월까지 수집한 정보를 바탕으로 만들었습니다.
정확한 정보를 싣고자 노력했지만, 여행 가이드북의 특성상
책에서 소개한 정보는 현지 사정에 따라 수시로 변경될 수 있습니다.
변경된 정보는 개정판에 반영해 더욱 실용적인 가이드북을 만들겠습니다.

한빛라이프 여행팀 ask_life@hanbit.co.kr

리얼 교토 오사카 고베 나라

초판 발행 2018년 3월 27일
개정2판 2쇄 2024년 8월 2일

지은이 황성민, 정현미 / **펴낸이** 김태헌
총괄 임규근 / **팀장** 고현진 / **책임편집** 정은영 / **기획** 박지영 / **디자인** 천승훈 / **지도·일러스트** 이예연
영업 문윤식, 신희용, 조유미 / **마케팅** 신우섭, 손희정, 박수미, 송수현 / **제작** 박성우, 김정우 / **전자책** 김선아

펴낸곳 한빛라이프 / **주소** 서울시 서대문구 연희로2길 62 한빛빌딩
전화 02-336-7129 / **팩스** 02-325-6300
등록 2013년 11월 14일 제25100-2017-000059호
ISBN 979-11-93080-30-6 14980, 979-11-85933-52-8 14980(세트)

한빛라이프는 한빛미디어(주)의 실용 브랜드로 우리의 일상을 환히 비추는 책을 펴냅니다.

이 책에 대한 의견이나 오탈자 및 잘못된 내용은 출판사 홈페이지나 아래 이메일로 알려주십시오.
파본은 구매처에서 교환하실 수 있습니다. 책값은 뒤표지에 표시되어 있습니다.
한빛미디어 홈페이지 www.hanbit.co.kr / 이메일 ask_life@hanbit.co.kr
블로그 blog.naver.com/real_guide_ / 인스타그램 @real_guide_

Published by HANBIT Media, Inc. Printed in Korea

지금 하지 않으면 할 수 없는 일이 있습니다.
책으로 펴내고 싶은 아이디어나 원고를 메일(writer@hanbit.co.kr)로 보내주세요.
한빛라이프는 여러분의 소중한 경험과 지식을 기다리고 있습니다.

교토를 가장 멋지게 여행하는 방법

리얼 교토

오사카
고베 나라

황성민·정현미 지음

HB 한빛라이프

PROLOGUE
작가의 말

진짜 교토의 모습 그대로

'진짜 교토의 참모습을 알리고 싶다.' 제가 일본에서 생활할 때 가지고 있던 이 생각이 이번 〈리얼 교토〉 개정판을 통해서 드디어 현실이 된 것 같습니다. 천년 고도 교토는 일본에서 가장 일본다움을 느낄 수 있는 곳이며, 아름다운 자연이 잘 보존된 벚꽃과 단풍의 명소입니다. 교토 하면 보통 예스러움을 떠올리기 쉬운데, 사실 리얼한 교토의 모습은 가장 오래된 모습과 최첨단의 유행이 공존하는 곳입니다. 오래된 도시이니 교토 사람들은 정갈한 오반자이, 소바, 카이세키 요리 같은 것들을 주로 먹을 것 같지만, 진짜 교토 사람들은 브런치로 빵과 커피를 즐기며, 아주 기름진 국물의 라멘과 쇠고기도 즐겨 먹죠. 또 패션에도 민감해 일본에서 옷을 구입하는 데 가장 많은 돈을 지출하는 곳이기도 합니다.
"교토는 오래된 전통 도시"라는 생각을 가지고 여행을 하면 교토의 진짜 매력을 반밖에 느낄 수 없습니다. 그래서 교토의 반전 매력까지 모두 담기 위해 열심히 발로 뛰었습니다. 특히 집중적으로 보강한 부분은 교토의 빵집과 카페입니다. 일본 전국의 빵 소비량에서 압도적인 차이로 1위를 달리고 있는 교토에서 최근 핫한 빵집을 엄선했습니다. 새벽부터 줄을 서서 빵을 사가는 포장 전문 빵집부터, 멋진 실내에서 바로 구워낸 빵을 맛볼 수 있는 곳, 프랑스인이 맛보고 고향을 느꼈다는 빵집까지 골고루 소개했습니다. 빵이 있는 곳에 커피가 빠질 수 없겠죠? 최근 주목받는 카페부터 교토 커피의 역사를 느낄 있는 곳, 커피 맛으로 승부하는 곳, 맛있는 커피는 물론 로스팅이 잘된 원두도 살 수 있는 카페까지 모두 담았습니다. 마지막으로 이번 개정판에서는 오사카 주유 패스를 이용해서 오사카를 짧게 여행할때 유용한 일정과 여행 정보를 부록에 추가했습니다. 교토를 주로 여행하지만 오사카도 잠시 즐기고 싶은 분들께 유용하게 활용되기를 바랍니다.

Special thanks to

일본에 대해 잘 알 수 있도록 도와주신 한국어 교실의 후쿠이 선생님, 하즈에 상, 스기무라 상, 하마구치 상, 오사카 대학교 공공정책대학원의 사토 교수님, 마츠노 교수님, 취재할 때 함께 먹고 마셔준 친구들 미나, 세자르, 옥사나, 순, 가야 상, 아다치 상, 후쿠다 상, 핫 짱, 저의 부족한 부분을 잘 채워 함께 책을 만들어주시는 정현미 작가님, 사랑하는 아내와 아들, 어머니와 동생, 그리고 오랜 투병 끝에 하늘로 가신 아버지께 감사드립니다. 마지막으로 말 많고 까다로운 작가의 투정을 받아주며 멋지게 편집해주신 정은영 편집자님과 한빛라이프 여행팀의 모든 분께 감사드립니다.

황성민 오사카 대학원에서 석사 과정을 밟으며 스트레스 해소를 위해 여행하고 먹었던 것들에 대한 글을 쓰다 여행작가가 되었다. 일본 여행 국내 최대 카페인 '네일동'과 '오사카 홀릭'에 오사카 및 간사이 지역 현지인 맛집과 여행지를 지속적으로 소개하고 있으며, 일본에서 생활할 때는 현지인들이 맛집을 추천받아 찾아갔을 정도로 오사카, 교토의 진짜 맛집을 잘 알고 있다. 저서로는 〈리얼 오사카〉, 〈리얼 교토〉가 있다.

블로그 blog.naver.com/haram4th **인스타그램** @haram4th

PROLOGUE
작가의 말

따뜻한 여행의 기억을 위해

갓 스무 살이 되었던 제게 좋아하는 일본 록 그룹의 해체 소식은 정말 세상이 무너지는 일이었습니다. 동시에 그들의 마지막 콘서트 소식을 이유를 듣고는, 망설일 시간이 없었습니다. 좋아하는 그룹의 공연을 보자! 그렇게 저의 무궁무진(?)한 일본 여행은 그렇게 시작되었습니다. 일본어라고는 히라가나 한 자 적지 못했던 시절, 무작정 공연을 보겠다는 팬심 하나로 공항에 내렸습니다. 하지만 가장 먼저 맞닥뜨린 것은, 수능 시험지보다 어렵게 느껴지고, 아침 드라마 인간관계보다 더 꼬이고 꼬인 전철 노선도였습니다. 12월 말의 한겨울이었음에도 온몸이 젖을 정도로 진땀을 흘리던 제게, 한 중년 여성이 수줍게 다가와 도움의 손길을 내밀어 주었습니다. 저는 손짓 발짓 다 섞어 겨우 목적지를 물어볼 수 있었고, 그분은 티켓을 직접 산 다음 탑승구까지 함께 가주었습니다. 그제야 벤치에 털썩 주저앉은 제게 수줍은 표정으로 그분이 건네준 생수 한 병, 저는 지금도 그때 마셨던 그 물맛을 잊을 수 없습니다. 엉망진창이었던 첫 일본 여행이 지금까지도 따뜻한 온기로 남아있는 이유입니다.

"패스 하나면 다 되는 줄 알고 샀는데 사철은 뭐고, JR과 지하철은 도대체 무슨 차이인가요?" "어떤 패스를 사야 제약 없이 모든 노선을 다 탈 수 있나요?" "같은 노선인데 표를 다시 사야 한다는 건 무슨 말이죠?" 제가 활발히 활동하는 일본 여행 커뮤니티에 가장 많이 올라오는 질문들입니다. 일본의 교통과 교통패스는 알면 알수록 더 복잡해지는 것으로 악명 높습니다. 초심자라면 당연히 무슨 노선인지도 헷갈리는 마당에 이렇게 많은 노선과 패스가 두둥 나타나니……. 더 머리가 아픈 것이 당연합니다. 여행을 준비하는 분들의 질문을 받을 때마다 늘 첫 여행 때 혼란스러웠던 제 모습을 떠올립니다. 물론 책 한 권이 여행에서 일어나는 모든 상황을 해결해줄 수는 없겠지만, 처음 여행이라면 막막할 수 있는 상황에 이 책이 제가 그때 마셨던 시원한 물 같은 존재가 되었으면 하는 마음입니다.

Special thanks to

내가 열심히 살게 하는 원동력, 우리 가족(엄마, 동생, 우리 냥이들)과 나의 제2의 가족인 사모임 '덩거리회', 30년 이상의 오랜 친구 이은혜, 20여 년이 된 우리 박카스J 친구들, 책을 집필할 수 있도록 응원해주시는 네일동 스태프 분들, 모자란 저를 잘 이끌어주시고 큰 도움 주시는 황성민 작가님과 항상 같이 마음고생 많이 하며 멋진 책을 만들어주시는 한빛라이프 여행팀 감사합니다!!

정현미 여행사에서 근무하며 100번 이상 일본을 오가다 쌓은 경험을 일본 여행 커뮤니티에서 닉네임 '꼬꼬'로 공유하기 시작했다. 이후 지금까지 19년째 간사이와 규슈 등 각 지역의 교통과 패스, 여행 일정과 정보에 대한 고민을 함께 풀어주는 스태프로 활동 중이다.

이메일 jungcoco81@gmail.com **인스타그램** www.instagram.com/jungcoco0929

〈리얼 교토〉 사용법

BOOK 01
리얼 교토

BOOK 01 〈리얼 교토〉로 알차게! 여행 준비

- 교토는 어떤 곳이지? 여행 기본 정보
- 교토에서는 무얼 해야 할까? 교토 여행 키워드
- 교토, 얼마나, 어디를 여행해야 할까? 추천 여행 코스
- 꼭 가야 할 곳, 먹어야 할 것, 사야 할 것 총정리
- 미리 겁먹지 말자. 한눈에 들어오는 교토의 교통
- 교토를 가장 멋지게 여행하는 방법! 각 지역의 추천 스폿 소개
- 일본 여행 고수가 추천하는 '교토를 즐기는 방법' REAL GUIDE
- 번거로운 여행 준비, 책 보며 따라 하기만 하자.

특별한 부록 두 가지!

BOOK 02
오사카·고베·나라
Plus Book

오사카, 고베, 나라로 당일 여행을 떠나보자. 1일 핵심 코스와 관광지, 음식점, 상점 정보를 모아 플러스북에 담았다. 가는 방법, 모바일 지도 서비스까지 꼼꼼히 제공한다.

교토 여행을 쉼 없이 연구하는 두 저자가 엄선한 애플리케이션 활용법을 담은 App Book과 현지에서 가볍게 들고 다닐 수 있는 Map Book을 함께 엮었다.

아이콘

명소	음식점, 카페, 바	상점	주소
찾아가는 법	요금 및 가격	운영 시간	전화번호
홈페이지	구글 맵스 GPS	기차, 사철 및 JR 역	지하철역

CONTENTS
목차

004 작가의 말
006 〈리얼 교토〉 사용법

PART 01

한눈에 보는 교토

012 이토록 가까운 교토
014 숫자로 보는 교토
016 교토의 각 지역 들여다보기
018 단숨에 읽는 교토 여행 키워드 5
020 교토에 가면 꼭! 교토 필수 체험 10
024 알아두면 좋은 교토 여행 정보

추천 여행 코스

026 교토 2박 3일 기본 코스
028 교토 2박 3일 실속 코스
030 교토 집중 탐구 4박 5일
032 박물관 및 미술관 1일 코스
033 벚꽃놀이 1일 코스
034 단풍 구경 1일 코스

PART 02

교토를 가장 멋지게 여행하는 방법

교토에서 꼭 해야 할 것들

039 체험 여행
040 박물관 & 미술관 여행
041 야경 여행
042 서점 여행
044 라이트업 여행지

교토에서 꼭 먹어야 할 것들

047 라멘
048 우동
049 소바, 일본 가정식
050 돈부리, 돈카츠
051 스시, 전통 화과자
052 베이커리
054 카페 & 로스터리
057 차와 디저트
058 일본 음식 메뉴판

교토에서 꼭 사야 할 것들

061 백화점, 복합 쇼핑몰
062 편집 숍
064 교토의 노포(老舗)
066 잡화 몰
067 드러그스토어, 슈퍼마켓
068 교토 한정 핫 쇼핑 아이템
070 드러그스토어 쇼핑 아이템 Best!
072 슈퍼마켓 쇼핑 아이템 Best!
075 일본 3대 편의점 쇼핑 아이템 Best!
078 일본 술 Best!
080 일본 면세 제도

CONTENTS
목차

PART 03

진짜 교토를 만나는 시간

시내 이동부터 대중교통까지

084 공항에서 교토 시내로 이동하기
088 교토-주요 도시 간 이동하기
090 교토 시내에서 이동하기
094 교토에키마에·시조카와라마치 버스 정류장
096 교토 여행 시 필요한 주요 패스
098 구역별로 보는 교토

REAL GUIDE
097 교통도 쇼핑도 한 장으로 다 되는 교통카드 이코카 ICOCA

교토의 관문
교토역

101 교토역 교통
102 상세 지도
104 추천 스폿
114 교토역 여행 정보 Q&A

REAL PLUS
115 후시미이나리 신사

교토의 진짜 매력을 느끼다
키요미즈데라, 기온

SECTION Ⓐ 키요미즈데라
118 키요미즈데라 교통
119 상세 지도
120 추천 스폿
130 키요미즈데라 여행 정보 Q&A

SECTION Ⓑ 기온
131 기온 교통
132 상세 지도
134 추천 스폿
161 기온 여행 정보 Q&A

REAL GUIDE
138 니시키 시장 즐기기
140 가장 일본다운 축제 기온 마츠리
152 여행 고수가 추천하는 다이마루 백화점 식품관 인기 매장 BEST 6

천천히 걷는 여행의 즐거움
긴카쿠지

163 긴카쿠지 교통
164 상세 지도
165 추천 스폿
173 긴카쿠지 여행 정보 Q&A

일본 역사의 중심
니조성 & 교토 고쇼

175 니조성 & 교토 고쇼 교통
176 상세 지도
178 추천 스폿
191 니조성 & 교토 고쇼 여행 정보 Q&A

REAL GUIDE
180 도쿠가와 권력의 상징, 니조성 둘러보기

교토의 숨은 보석
교토 북부

193 교토 북부 교통
194 상세 지도
195 추천 스폿

CONTENTS
목차

REAL PLUS

200 키부네·쿠라마
206 오하라

눈부신 금빛 누각
킨카쿠지

209 킨카쿠지 교통
210 상세 지도
212 추천 스폿
217 킨카쿠지 여행 정보 Q&A

REAL PLUS

218 아마노하시다테
220 후나야

귀족들이 사랑한 아름다운 풍경
아라시야마

223 아라시야마 교통
224 상세 지도
225 추천 스폿
239 아라시야마 여행 정보 Q&A

REAL GUIDE

235 아라시야마 속으로 깊숙이! 자전거 & 버스 이용하기
237 아라시야마를 즐기는 가장 멋진 방법! 호즈강

녹차와 〈겐지 이야기〉를 만나는 곳
우지

241 우지 교통
242 상세 지도
244 추천 스폿
249 우지 여행 정보 Q&A

PART 04

즐겁고 설레는
여행 준비하기

252 여행 준비 캘린더
255 교토로 입국하기
256 간사이 국제공항 입국 절차
257 기내에서 신고서 작성하기
258 인포메이션 센터 알아두기
259 여행 중 인터넷을 사용하려면?
260 교토의 인기 숙박 구역
262 항공권 저렴하게 구입하는 노하우
263 긴급 상황 발생 시 필요한 정보
264 일본의 공휴일
265 교토의 축제
266 리얼 일본어 여행 회화
270 INDEX

PART 01

한눈에 보는 교토

KYOTO

이토록 가까운 교토

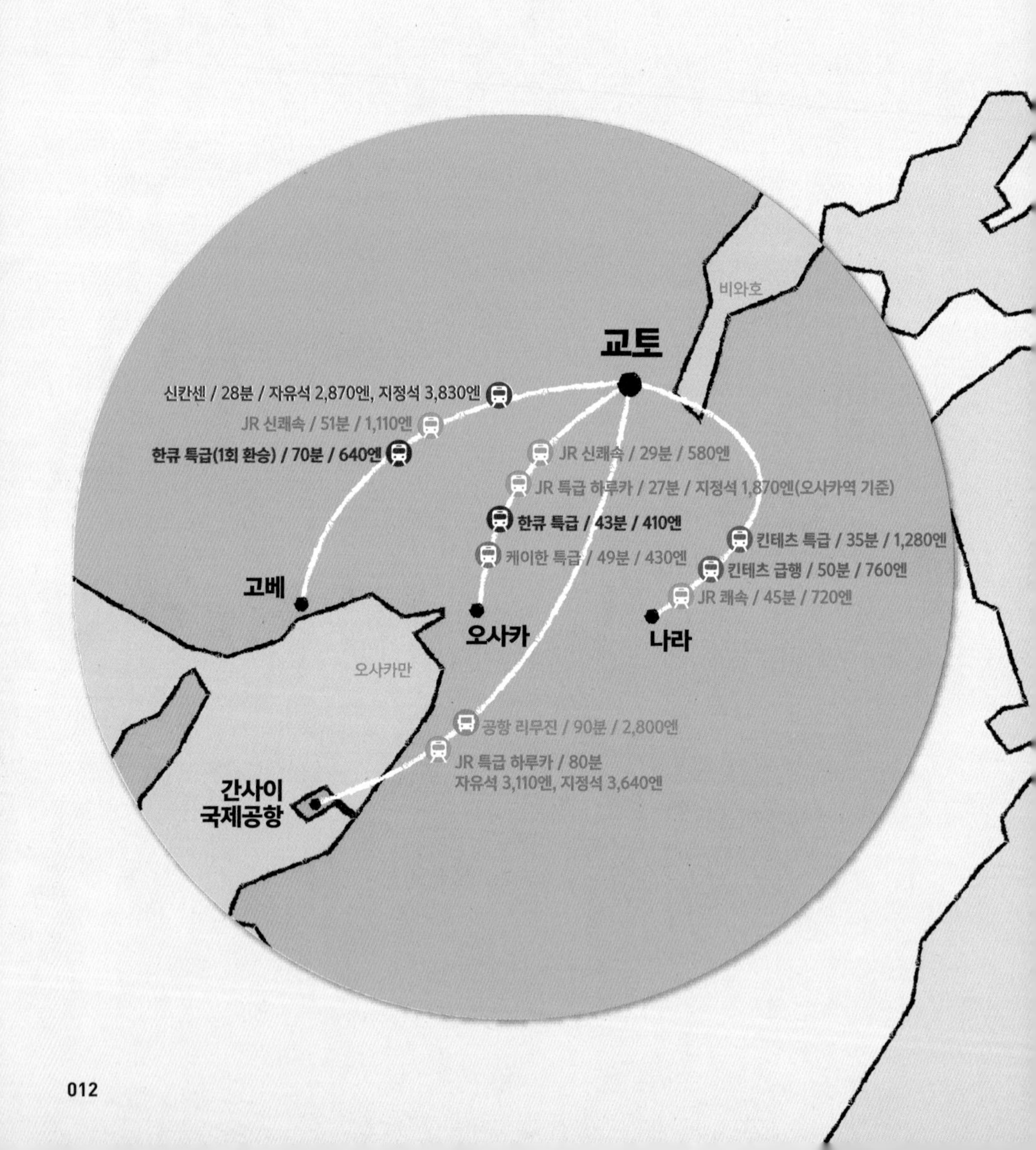

비와호
교토
신칸센 / 28분 / 자유석 2,870엔, 지정석 3,830엔
JR 신쾌속 / 51분 / 1,110엔
한큐 특급(1회 환승) / 70분 / 640엔
JR 신쾌속 / 29분 / 580엔
JR 특급 하루카 / 27분 / 지정석 1,870엔(오사카역 기준)
한큐 특급 / 43분 / 410엔
케이한 특급 / 49분 / 430엔
킨테츠 특급 / 35분 / 1,280엔
킨테츠 급행 / 50분 / 760엔
JR 쾌속 / 45분 / 720엔
고베
오사카
나라
오사카만
공항 리무진 / 90분 / 2,800엔
JR 특급 하루카 / 80분
자유석 3,110엔, 지정석 3,640엔
간사이
국제공항

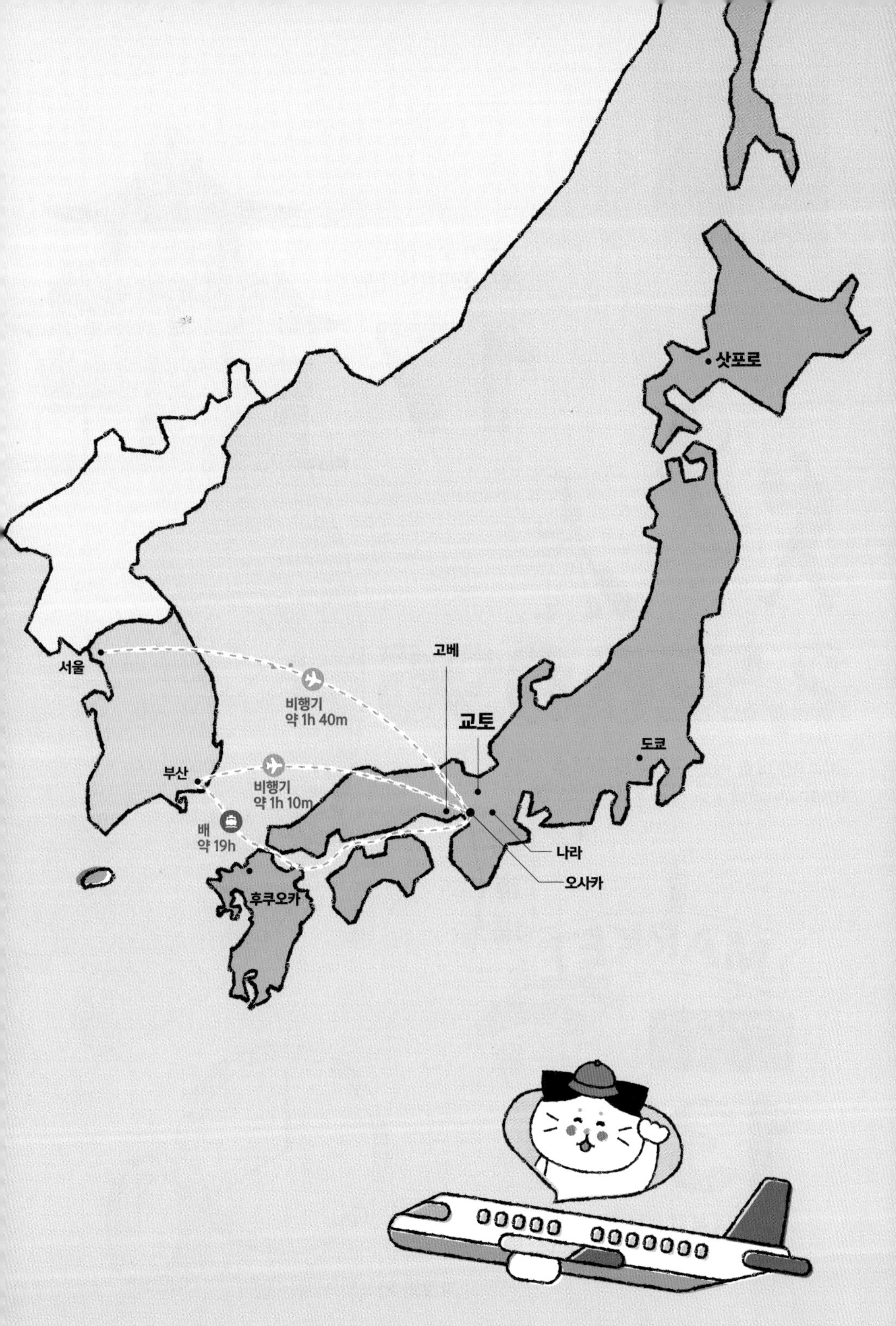

삿포로
서울
비행기
약 1h 40m
고베
교토
도쿄
부산
비행기
약 1h 10m
배
약 19h
나라
오사카
후쿠오카

숫자로 보는 교토

교토가 보유한
세계 문화유산의 수

17

2,526,096

2023년 12월 기준 교토부의 인구수
(서울 2024년 2월 기준 9,417,469명)

1300

'교토의 부엌'으로 불리는
니시키 시장의 역사 1,300년

0

교토와 한국의 시차는 없다.

827
교토시 면적 827㎢
(서울시 면적 605.21㎢)
TO
230
교토 시내버스
1회 탑승 요금 230엔
475
스타벅스 아메리카노 Tall 사이즈 가격

교토의 각 지역 **들여다보기**

교토 여행의 관문 **교토역**

과거와 현재가 조화를 이루고 있는 교토 여행의 시작점이자 종착점.

대표 명소 교토역, 교토 타워, 교토 아쿠아리움, 토지, 귀무덤, 산주산겐도

천년 고도를 간직한 **키요미즈데라 & 기온**

교토를 처음 방문한다면 반드시 가봐야 할 키요미즈데라, 에도 시대로 타임 슬립을 원한다면 전통 거리 산넨자카&니넨자카로!

대표 명소 키요미즈데라, 산넨자카, 니넨자카, 야사카 신사, 기온 거리, 니시키 시장

천천히 걷는 즐거움 **긴카쿠지**

긴카쿠지에서 철학의 길을 따라 걸어보자. 계절마다 벚꽃, 단풍으로 뒤덮인 교토 최고의 포토 스폿은 바로 여기.

대표 명소 긴카쿠지, 철학의 길, 헤이안 신궁, 에이칸도, 난젠지

일본 역사의 중심 **니조성 & 교토 고쇼**

교토의 화려한 과거 니조성과 벚꽃과 단풍으로 유명한 왕궁 교토 고쇼. 윤동주와 정지용의 시비가 있는 도시샤 대학도 들러보자.

대표 명소 니조성, 교토 고쇼, 도시샤 대학

“

과거와 현재가 오묘한 조화를 이루고 있는 도심부터
아름다운 자연이 선사하는 풍경까지, 교토 각 지역의 매력을 들여다보자.

”

교토의 숨은 보석

교토 북부

교토의 북부는 숨겨진 명소들이 가득한 곳. 타카노강을 중심으로 벚꽃과 단풍의 아름다움을 느껴보자.

대표 명소 슈가쿠인리큐, 세키잔젠인, 타카노강, 시모가모 신사, 카미가모 신사

눈부신 금빛 누각

킨카쿠지

킨카쿠지를 시작으로 세계 문화유산이 나란히 이어지는 키누카케의 길을 통해 료안지와 닌나니까지 걸어보자.

대표 명소 킨카쿠지, 료안지, 닌나지, 키타노텐만구

귀족들이 사랑한 풍경

아라시야마

호즈강을 가로지르는 도게츠교, 세계 문화유산 텐류지, 대나무 숲길 치쿠린 등 일본 귀족들의 별장지를 엿볼 수 있는 곳.

대표 명소 도게츠교, 텐류지, 노노미야 신사, 치쿠린, 조잣코지

일본 최고의 녹차를 만나고 싶다면

우지

10엔 동전과 10,000엔 지폐에 새겨진 뵤도인과 세계적으로 손꼽히는 녹차를 만나고 싶다면 우지로!

대표 명소 뵤도인, 우지가미 신사, 우지바시, 〈겐지 이야기〉 박물관

단숨에 읽는 교토

여행 키워드 5

1 옛 모습과 현대적인 풍경을 동시에

9세기에 창건한 사찰 산젠인부터 4,000장의 유리로 뒤덮인 현대 디자인의 교토역까지, 천년 역사가 고스란히 녹아 있는 과거와 세련된 현재를 동시에 경험해보자.

2 아기자기한 골목 감성

정갈하게 정리된 고택들, 사람들을 반기는 너구리 동상 등 정감 어린 교토의 골목골목에서 소박한 교토만의 감성을 발견하자.

3
230엔 균일가 버스로 편하게 관광지 이동

교토의 주요 관광지는 시내 버스로도 충분히 다닐 수 있으며 시내의 웬만한 곳은 균일가 230엔 버스로 이동할 수 있다. 하루에 5회 이상 버스를 타는 일정이라면 지하철·버스 1일권(1,100엔)의 혜택을 누릴 수도 있다.

4
정갈한 음식의 향연

신선하고 맛있는 교야사이(교토 채소), 건어물과 콩을 재료로 정갈한 맛을 내고 세련된 모양새로 오감을 만족시킨다.

5
17개의 세계 문화유산

키요미즈데라, 킨카쿠지, 긴카쿠지, 료안지, 니조성, 뵤도인 등 17개의 세계 문화유산을 자랑하는 교토에서 역사 도시의 면모를 느껴보자.

교토에 가면 꼭!
교토 필수 체험 10

1 에도 시대로 타임슬립! 기온 골목 여행

교토 최대의 번화가! 하지만 골목으로 들어가면 유서 깊은 음식점과 목조 가옥이 흡사 에도 시대로 온 듯한 착각을 불러일으킨다. 이곳에서 옛 교토의 매력에 흠뻑 빠져보자. P.134

2 철도 마니아를 위한 일본 최대의 철도 박물관

교토 철도 박물관은 31,000㎡의 규모의 일본 최대의 철도 박물관이다. 1/80 크기로 주행하는 디오라마 철도와 1904년 지은 현존 최고(最古)의 목조 건물 니조 역사, 실제 운행했던 증기기관차 20대도 만날 수 있다. P.107

“

교토에서는 뭘 해야 할까? 여행 고수들이 추린 '교토에 가면 꼭 해야 할 것들'을 소개한다.

”

3 우리나라 역사의 흔적을 찾는 의미 있는 시간

임진왜란 때 일본군에게 죽임을 당한 조선인들의 코가 묻힌 '귀무덤' P.108, 일제 강점기에 유학했던 윤동주와 정지용을 기리는 시비(詩碑)가 있는 '도시샤 대학교' P.179 등 곳곳에서 우리나라 역사의 흔적을 찾아볼 수 있다.

정지용 시비

4 노면 전차로 계절의 아름다움을 극대화

케이후쿠 전철의 나루타키역~우타노역 구간 약 200m의 벚꽃 터널은 봄철에 절정을 이룬다. 에이잔 전철의 이치하라~니노세역 구간 약 250m의 단풍 터널은 교토 최고 단풍 명소다. 두 구간 모두 벚꽃&단풍 시즌에 야간 라이트업 행사도 열린다. P.203

5

축제의 나라 일본의 대표 '마츠리'

과거의 풍속과 문화를 집대성한 흥겨운 축제도 일본 여행에서 빼놓을 수 없다. 천년 고도답게 교토에는 여러 축제가 열리는데, 특히 7월에 개최되는 '기온 마츠리'는 일본 3대 마츠리 중 하나다. 30여 개의 화려하고 거대한 수레, 야마보코 행진은 꼭 구경하자. P.140

6

교토의 부엌 니시키 시장에서 먹방

1,300년 역사의 니시키 시장에서 싱싱한 생선회 꼬치, 빨간 식초에 절인 주꾸미, 달콤한 장어가 들어 있는 포실한 달걀말이 등 다양한 먹거리로 먹방 투어 시작! 알록달록 귀여운 동전 지갑이나 거울 등 저렴한 기념품도 놓치지 말자. P.137, 138

7

3,000여 개의 토리이에서 인생샷!

우리에게는 영화 〈게이샤의 추억〉과 〈나는 내일, 어제의 너와 만난다〉 속 한 장면으로 익숙한 '여우 신사' 후시미이나리. 붉은 토리이를 배경으로 인생샷을 남겨보자. P.115

8
일본의 여름 정취를 느낄 수 있는 키부네 신사

사계절의 아름다움을 오롯이 간직하고 있는 키부네 신사, 텐구(일본 도깨비)의 본거지이자 거대한 고목에 둘러싸여 신비로운 분위기를 뽐내는 쿠라마. 여름엔 서늘한 키부네가와 계곡에서 더위를 식히자. P.202

9
신선, 정갈, 건강한 음식 교토 요리 (오반자이&두부 요리)

'즐겨 먹는 집 반찬'이라는 의미의 오반자이는 교토에서 재배한 제철 채소를 사용해 재료 자체의 맛을 살리는 향토 요리다. 더불어 물 좋기로 소문난 교토에서 발달한 두부 요리도 놓칠 수 없는 즐거움!

10
눈으로도 맛보는 화과자

일본의 녹차 문화를 선도한다는 교토의 명성에 걸맞는 녹차와 영원한 단짝 화과자 역시 떼려야 뗄 수 없다. 눈으로 보는 즐거움까지 보장하니 꼭 맛볼 것.

알아두면 좋은
교토 여행 정보

01 버스 요금은 하차 시 지불, 거스름돈은 반환되지 않는다.

요금은 하차 시 지불하며, 거스름돈은 반환되지 않으니 반드시 정액을 통에 넣자. 잔돈이 없다면 요금통 옆의 지폐 & 동전 교환기를 이용하면 된다.(교환 가능한 화폐는 1,000엔, 500엔, 100엔)

02 카드 사용, 웬만큼 가능하다.

최근 일본에서도 신용카드, 모바일 페이의 사용처가 대폭 늘어났다. 교토의 노포의 경우 아직도 현금을 고집하는 가게도 많지만 웬만한 가게에서는 카드를 사용할 수 있다. 해외 결제 가능한 카드를 꼭 챙겨가자.

03 한화 소지 시 간편하게 외화 환전기를 이용하자.

현지에서 급하게 환전할 경우 외화 환전기를 이용하자. 원화→엔화 버튼 선택 후 지폐만 투입하면 자동 환전된다.

- **교토역 주변** 교토 타워 3층 간사이 투어리스트 인포메이션센터, 교토 아반티
- **카와라마치(기온) 지역** 케이한 기온시조역, 카와라마치 OPA

04 교토 시내버스는 뒷문으로 승차하고, 앞문으로 하차한다.

05 하루카 티켓은 국내에서 사는 것이 저렴하다.

간사이 국제공항-교토 이동 시 이용하는 하루카 열차 티켓은 국내 여행사나 여행 준비 사이트에서 미리 구매하자. 국내에서 사면 약 2만 원으로 저렴하다(현지 정가 자유석 3,110엔, 지정석 3,640엔).

06 ATM 이용, 어렵지 않다.

현금이 필요한 경우 ATM기기를 이용하자. 편의점 세븐일레븐과 우체국 ATM이 찾기 쉽다. VISA, MASTERCARD, UNIONPAY, AMERICAN EXPRESS, JCB 등의 마크가 부착된 신용카드, 체크카드라면 출금이 가능하다. 특히 세븐일레븐 ATM은 한글 지원도 된다.

- **수수료** 1건당 대략 3$+(인출액의) 1%

교토 월별 기온과 강수량

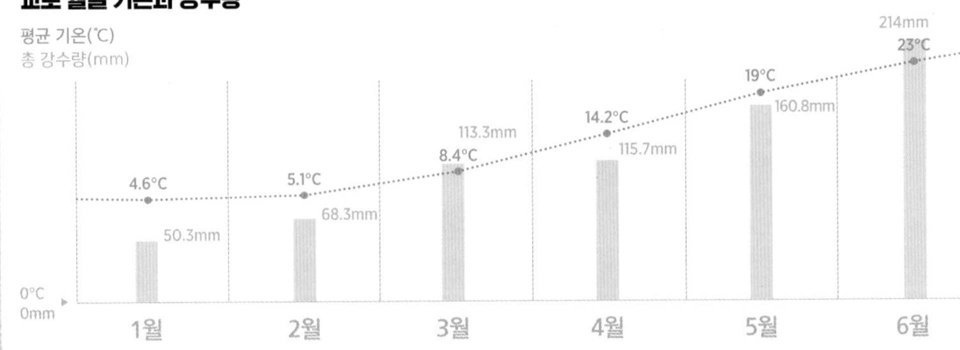

07 놓치지 말자, 면세 혜택!

외국인 대상 일본의 면세 제도는 소모품이나 일반 물품을 5,000엔 이상(세금 제외) 구매 시 10%의 소비세를 감면해준다. 다만 매장마다 다르니 반드시 확인하자.

08 전압은 100V

플러그 변환 콘센트를 미리 준비해가자. 미리 챙기지 못했다면 공항에 있는 통신사에서 무료로 빌릴 수 있고, 현지에서 급하게 필요하다면 100엔 숍에서 100V용 USB 콘센트(약 200엔대)를 구매하자.

09 교토 야경 감상 스폿은 미리 알아보자.

교토의 주요 관광지는 16~17시경 문을 닫아 밤에 둘러볼 곳은 많지 않다. 그나마 교토역 주변, 교토 타워, 교토역 빌딩 스카이 가든 정도다. 하지만 관광 시즌인 4월(벚꽃 시즌)과 11월(단풍 시즌)에는 밤에도 운치를 즐길 수 있는 라이트업 행사를 하는 곳이 많으므로 관련 정보를 미리 확인하자.

10 급히 아플 때는 병원으로! 영어 가능한 병원 알아두기

교토시립병원 **京都市立病院**
京都府京都市中京区壬生東高田町1-2
www.kch-org.jp/english/about

교토부립의과대학부속병원 **京都府立医科大学附属病院**
京都府京都市上京区河原町通広小路上る梶井町46
www.h.kpu-m.ac.jp/en/

타케다병원 **武田病院**
京都府京都市下京区塩小路通西洞院東入東塩小路町841-5 www.takedahp.or.jp/koseikai/english/

TIP
일본의 병원비는 매우 비싸다. 보험 가입자라도 병원비를 지불한 다음 추후 영수증을 첨부해야 보험금을 받을 수 있다는 것을 명심하자. 특히 아동 동반 가족은 보험에 꼭 가입하자. 의외로 급하게 열이 올라 병원을 찾는 아동 여행객이 많다.

11 팁은 신경 쓰지 않아도 된다.

기본적으로 일본에는 팁 문화가 없다.

12 금연 구역 위반 시 벌금 2,000엔!

거리에서 흡연 시 벌금 2,000엔이 부과되므로 지정된 장소에서만 담배를 피워야 한다. 걸어 다니며 피우거나 서서 피우는 행위 등도 포함되므로 반드시 주의하자.

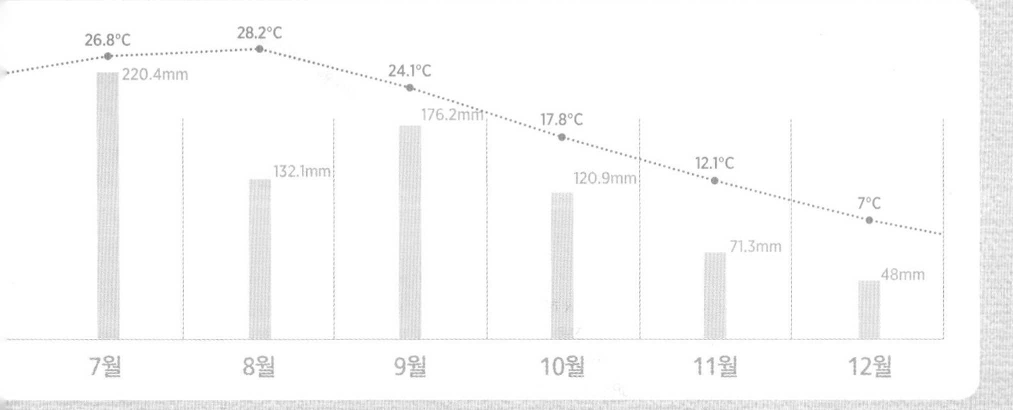

COURSE 01

교토 2박 3일 기본 코스

교토 여행이 처음이라면 교토 동부

교토 동부를 집중적으로 돌아보는 코스다. 첫날은 공항에서 JR 하루카로 이동 후 교토역에서 JR로 이동할 수 있는 여행지를, 둘째 날은 교토 지하철·버스 1일권으로 둘러볼 수 있는 여행지 위주로 제안한다.

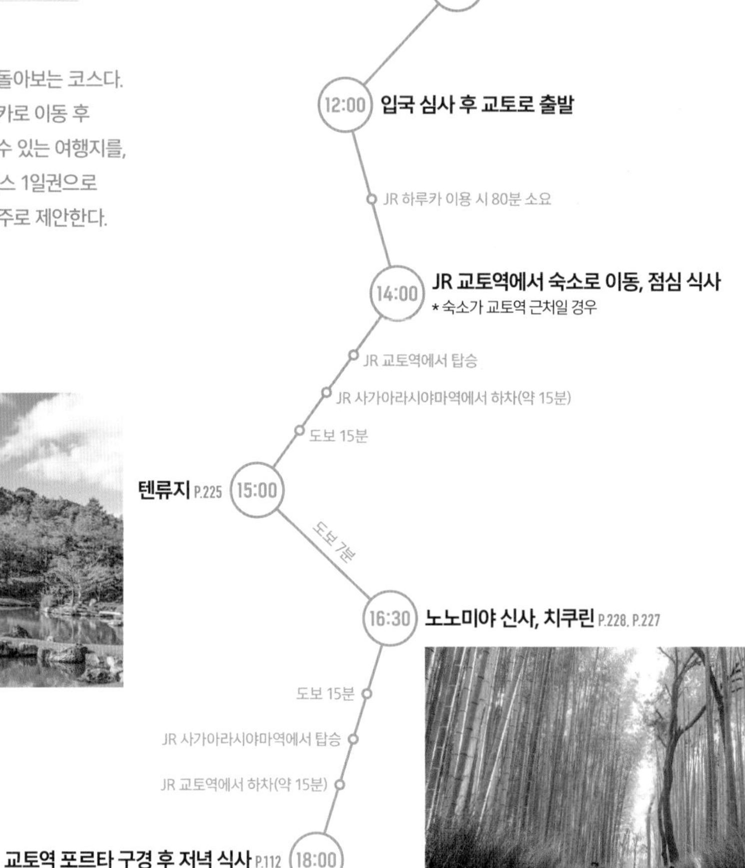

DAY 01

11:00 간사이 국제공항 도착

12:00 입국 심사 후 교토로 출발

- JR 하루카 이용 시 80분 소요

14:00 JR 교토역에서 숙소로 이동, 점심 식사
* 숙소가 교토역 근처일 경우

- JR 교토역에서 탑승
- JR 사가아라시야마역에서 하차(약 15분)
- 도보 15분

15:00 텐류지 P.225

- 도보 7분

16:30 노노미야 신사, 치쿠린 P.228, P.227

- 도보 15분
- JR 사가아라시야마역에서 탑승
- JR 교토역에서 하차(약 15분)

18:00 교토역 포르타 구경 후 저녁 식사 P.112

- 도보 5분

20:00 JR 교토역 스카이웨이에서 야경 감상

예상 경비

교통비	7,200엔
입장료	1,900엔
식비	15,000엔
기타	25,000엔

총액 **약 49,100엔**

TIP

간사이 국제공항에서 JR 하루카를 이용해 교토역까지 한 번에 이동한다. JR 교토역에서 숙소로 이동해 체크인하거나 짐을 맡긴 후 아라시야마로 이동해 일대를 둘러본다. JR 교토역에서 아라시야마까지는 JR(사가노)선으로 15분 정도 걸릴 만큼 가까우니 역 근처에 숙소를 잡는 것이 좋다. 아라시야마 대신 JR선으로 쉽게 이동 가능하며 반나절 일정이 가능한 우지 지역으로 대체해도 좋다.

DAY 02

08:00 교토역 출발

- 교토에키마에 정류장에서 시영 버스 86·88·206·208번 탑승
- 하쿠부쓰칸·산주산겐도마에 정류장에서 하차(약 8분)

08:30 산주산겐도, 귀무덤 P.106, P.108
* 산주산겐도에서 귀무덤까지 도보 7분

- 하쿠부쓰칸·산주산겐도마에 정류장에서 시영 버스 202·206번 버스 탑승 후 기온에서 203번 버스로 환승
- 긴카쿠지마에 정류장에서 하차(약 30분)

11:30 긴카쿠지, 철학의 길, 점심 식사 P.165, P.166

- 도보 30분

14:00 난젠지 P.167

- 히가시텐노초 정류장에서 시영 버스 203번 버스 탑승, 기온에서 206·207번 버스로 환승
- 키요미즈미치 정류장에서 하차(약 18분)
- 도보 15분

15:00 키요미즈데라, 산넨자카, 니넨자카 P.120, P.121

- 도보 15분

17:00 야사카 신사, 마루야마 공원, 기온, 하나미코지도리, 저녁 식사 P.136, P.134, P.135

20:30 숙소 복귀

TIP

JR 교토역에서 가깝고 아침 일찍 개장하는 산주산겐도, 귀무덤, 교토 국립 박물관으로 일정을 시작한다. 이 세 곳에 관심이 없다면 긴카쿠지를 시작으로 주변의 에이칸도, 헤이안 신궁을 둘러보자. 둘째 날은 교토 시내버스를 5회 이상 이용한다면 지하철·버스 1일권(1,100엔)을 구매하는 것이 좋다.

DAY 03

10:00 숙소 체크아웃 후 JR 교토역에서 JR 이나리역으로 출발

- JR 나라선(약 5분)
- 도보 5분

10:10 후시미이나리 신사 P.115

- 도보 5분
- JR 이나리역에서 탑승
- JR 교토역에서 하차(약 5분)

12:00 JR 교토역으로 돌아와 점심 식사

14:00 JR 교토역에서 간사이 국제공항으로 출발

- JR 하루카 이용 시 80분 소요

15:30 간사이 국제공항 도착

TIP

마지막 날은 JR 교토역에서 가까운 JR 이나리역으로 이동해 후시미이나리 신사를 구경하는 것으로 일정을 시작한다. 후시미이나리 신사는 24시간 개방이기 때문에 아침 일찍 방문할 수 있다. 더욱이 JR 나라선을 이용하면 교토역에서 5분이면 갈 수 있어 시간 활용이 효율적이다. 공항 이동 시간까지 여유가 있다면 후시미이나리 신사 인근의 토후쿠지를 함께 둘러보는 것도 좋다.

COURSE 02

교토 2박 3일 실속 코스

리피터를 위한 교토역 일대와 교토 서부

교토를 처음 방문한 게 아니라면 교토역 일대와 서부 지역으로 여행을 떠나보자. 첫날은 공항에서 JR 하루카를 이용해 이동 후 교토역에서 도보로 쉽게 돌아볼 수 있는 여행지 위주로, 둘째 날은 교토 지하철·버스 1일권을 이용해 서부를 중점적으로 둘러보자.

DAY 01

11:00 간사이 국제공항 도착

12:00 입국 심사 후 교토로 출발

- JR 하루카 이용 시 80분 소요

14:00 JR 교토역에서 숙소로 이동
* 숙소가 교토역 근처일 경우

- 교토에키하치조구치 정류장에서 78·19번 시영 버스 탑승
- 토지미나미몬마에 하차(약 8분)

14:30 토지 P.106

- 토지히가시몬마에 정류장에서 시영 버스 207번 탑승
- 나나조오미야 교토스이조쿠칸마에 정류장에서 하차(약 2분)

15:30 교토 철도 박물관, 우메코지 공원 P.107

- 우메코지코엔·교토테쓰도하쿠부쓰칸마에 정류장에서 86·88·205·206·208번 시영 버스 탑승
- 교토에키마에 정류장에서 하차(약8분)

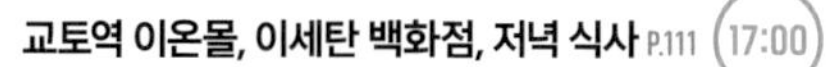

17:00 교토역 이온몰, 이세탄 백화점, 저녁 식사 P.111

- 도보 5분

21:00 교토 타워에서 야경 감상 P.104

예상 경비

교통비	7,300엔
입장료	4,000엔
식비	15,000엔
기타	25,000엔

총액 약 51,300엔

TIP

첫날은 교토역 주변 관광지를 둘러본다. 토지, 교토 철도 박물관은 교토역에서 버스로 10분 내에 이동 가능하다. 교토의 과거와 현재가 공존하는 곳으로 이동하는 내내 새로운 교토의 분위기를 엿볼 수 있다.

DAY 02

숙소에서 출발 09:00

교토에키마에 정류장에서 시영 버스 205번 탑승

킨카쿠지미치 정류장에서 하차(약 50분)

10:00 킨카쿠지 P.212

도보 17분 or 시영 버스 59번(6분)

11:30 료안지, 점심 식사 P.213

도보 15분 or 시영 버스 59번(3분)

13:00 닌나지 P.214

오무로닌나지 정류장에서 시영 버스 10번 탑승

호리카와마루타마치 정류장에서 하차(약 25분)

15:00 니조성 P.178

니조조마에 정류장에서 시영 버스 9·12·50번 탑승

호리카와이마데가와 정류장에서 하차(약 6분)

도보 9분

17:00 도시샤 대학교에서 정지용 시비, 윤동주 시비 방문 P.179

카라스마이마데가와 정류장에서 시영 버스 59번 탑승

시조케이한마에 정류장에서 하차(약 18분)

도보 8분

18:00 야사카 신사, 마루야마 공원, 기온, 하나미코지도리, 저녁 식사 P.136, P.134, P.135

21:00 숙소

DAY 03

10:00 숙소 체크아웃 후 JR 교토역에서 JR 이나리역으로 출발

JR 나라선(약 5분)

도보 5분

10:10 후시미이나리 신사 P.115

도보 5분

JR 나라선(약 5분)

12:00 JR 교토역으로 돌아와 점심 식사

14:00 JR 교토역에서 간사이 국제공항으로 출발

JR 하루카 이용 시 80분 소요

15:30 간사이 국제공항 도착

TIP

둘째 날은 교토 서부를 충실하게 돌아보는 일정이다. 교토역에서 킨카쿠지는 버스로 50분 거리지만 킨카쿠지에서 료안지, 닌나지는 도보 혹은 버스로 이동할 수 있어 함께 둘러보기 좋다. 니조성을 건너뛸 경우 닌나지와 가까운 키타노텐만구, 히라노 신사를 둘러보는 것도 좋다. 특히 벚꽃 시즌이라면 닌나지, 히라노 신사를 놓치지 말자.

TIP

마지막 날은 후시미이나리 신사를 구경하자. 후시미이나리 신사는 24시간 개방이기 때문에 아침 일찍 방문할 수 있다. 더욱이 JR 나라선을 이용하면 교토역에서 5분이면 갈 수 있어 시간 활용이 효율적이다. 여유가 있다면 후시미이나리 신사 인근의 토후쿠지도 함께 둘러보자.

COURSE 03

교토 집중 탐구 4박 5일

교토의 동서남북을 모두 보고 싶다면

교토 곳곳을 둘러보는 집중 코스다. 교토의 동서남북을 골고루 둘러보면서도 교토 여행의 하이라이트를 놓치지 않도록 구성했다.

예상 경비

교통비	9,900엔
입장료	6,100엔
식비	30,000엔
기타	20,000엔

총액 **약 66,000엔**

DAY 01

- **11:00 간사이 국제공항 도착**
- **12:00 입국 심사 후 교토로 출발**
  - JR 하루카 이용 시 80분 소요
- **14:00 JR 교토역에서 숙소로 이동**
  - * 숙소가 카와라마치일 경우
  - 시조카와라마치 정류장에서 시영 버스 5·17번 탑승
  - 긴카쿠지미치 정류장에서 하차(약 25분)
  - 도보 10분
- **15:00 긴카쿠지, 철학의 길** P.165, P.166
  - 긴카쿠지마에 정류장에서 시영 버스 203번 탑승 후 기온에서 206·207번으로 환승
  - 키요미즈미치 정류장에서 하차(약 25분)
  - 도보 15분
- **17:00 키요미즈데라, 산넨자카&니넨자카** P.120, P.121
  - 도보 20분
- **18:30 야사카 신사, 마루야마 공원, 기온, 하나미코지도리, 저녁 식사** P.136, P.134, P.135
- **20:00 숙소**

DAY 02

- **09:00 오하라로 이동**
  - 시조카와라마치 정류장에서 17번 교토 버스 탑승
  - 오하라 정류장에서 하차(약 50분)
- **10:00 산젠인, 호센인, 점심 식사** P.207
- **13:00 오하라에서 키부네로 이동**
  - 오하라 정류장에서 19번 교토 버스 탑승
  - 고쿠사이카이칸에키마에 정류장에서 하차(약 23분)
  - 52번 버스 탑승
  - 키부네구치 정류장에서 하차(약 20분)
  - 33번 교토 버스 탑승
  - 키부네 정류장에서 하차(약 5분)
  - 도보 5분
- **14:30 키부네 신사** P.202
  - 키부네 정류장에서 33번 교토 버스 탑승
  - 키부네구치에키마에 정류장에서 하차(약 5분)
  - 에이잔 전철 탑승
  - 쿠라마역에서 하차(약 3분)
  - 도보 5분
- **16:30 쿠라마데라, 쿠라마 온천** P.204, P.205
  - 쿠라마 온천의 셔틀버스로 쿠라마역 이동(약 6분)
  - 쿠라마역에서 에이잔 전철 탑승 후 데마치야나기역 하차(약 31분)
  - 케이한선으로 환승 후 기온시조역에서 하차(약 5분)
- **19:00 기온 복귀 후 저녁 식사**
- **21:00 숙소**

TIP

- 첫날 일정에서 긴카쿠지를 방문한 적 있는 여행자라면 헤이안 신궁으로 대체해도 좋다. 키요미즈데라의 폐관 시간이 조금 늦기 때문에(18:00) 마지막에 둘러보면 시간을 효율적으로 사용할 수 있다.
- 둘째 날은 교토 북부의 키부네, 쿠라마, 오하라를 둘러본다. 지하철·버스 1일권을 구매해 오하라와 키부네 신사로 이동할 때 사용하면 이득이다.

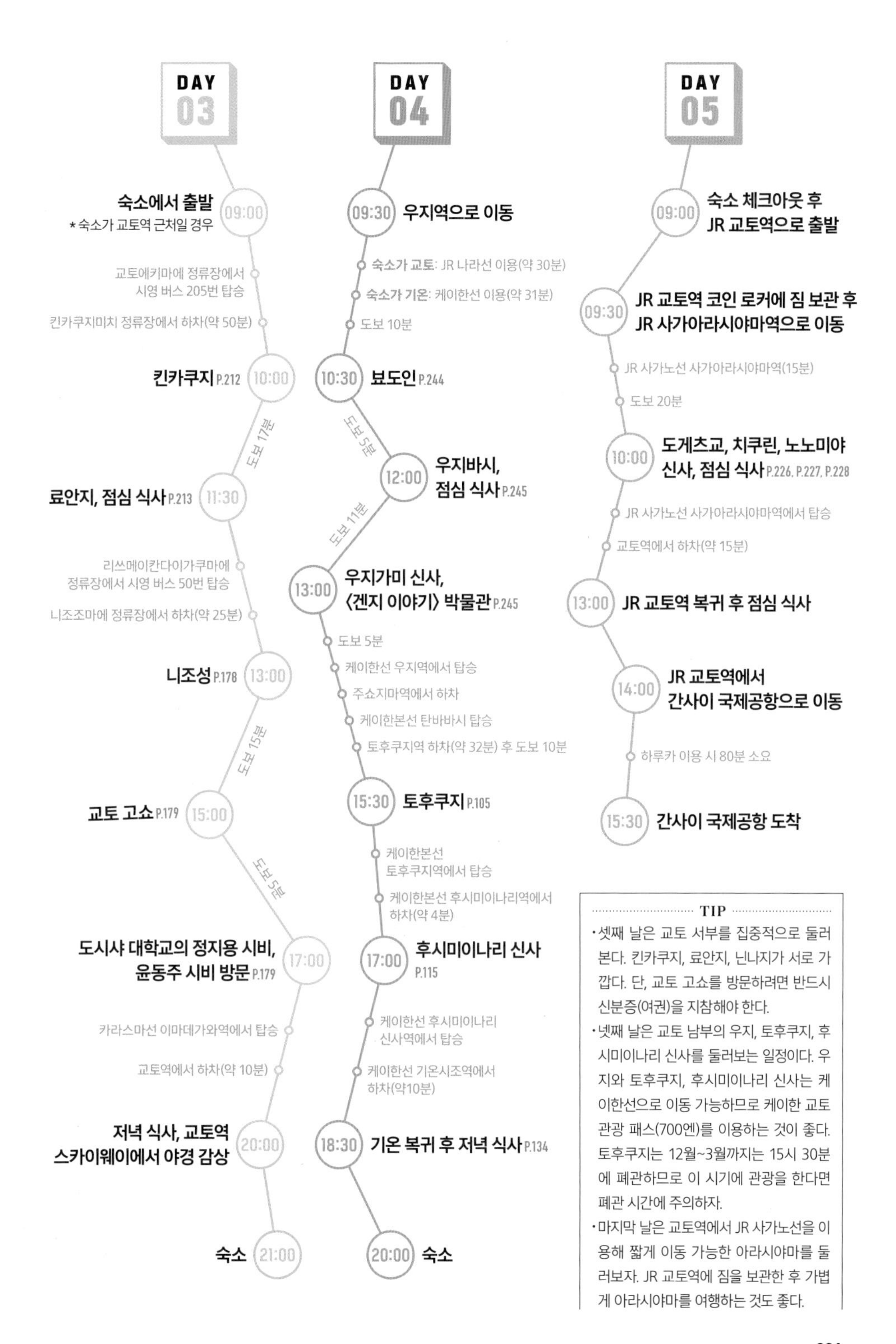
DAY 03
09:00 숙소에서 출발
* 숙소가 교토역 근처일 경우
교토에키마에 정류장에서 시영 버스 205번 탑승
킨카쿠지미치 정류장에서 하차(약 50분)
10:00 킨카쿠지 P.212
도보 17분
11:30 료안지, 점심 식사 P.213
리쓰메이칸다이가쿠마에 정류장에서 시영 버스 50번 탑승
니조조마에 정류장에서 하차(약 25분)
13:00 니조성 P.178
도보 15분
15:00 교토 고쇼 P.179
도보 5분
17:00 도시샤 대학교의 정지용 시비, 윤동주 시비 방문 P.179
카라스마선 이마데가와역에서 탑승
교토역에서 하차(약 10분)
20:00 저녁 식사, 교토역 스카이웨이에서 야경 감상
21:00 숙소
DAY 04
09:30 우지역으로 이동
숙소가 교토: JR 나라선 이용(약 30분)
숙소가 기온: 케이한선 이용(약 31분)
도보 10분
10:30 뵤도인 P.244
도보 5분
12:00 우지바시, 점심 식사 P.245
도보 11분
13:00 우지가미 신사, 〈겐지 이야기〉 박물관 P.245
도보 5분
케이한선 우지역에서 탑승
주쇼지마역에서 하차
케이한본선 탄바바시 탑승
토후쿠지역 하차(약 32분) 후 도보 10분
15:30 토후쿠지 P.105
케이한본선 토후쿠지역에서 탑승
케이한본선 후시미이나리역에서 하차(약 4분)
17:00 후시미이나리 신사 P.115
케이한선 후시미이나리 신사역에서 탑승
케이한선 기온시조역에서 하차(약10분)
18:30 기온 복귀 후 저녁 식사 P.134
20:00 숙소
DAY 05
09:00 숙소 체크아웃 후 JR 교토역으로 출발
09:30 JR 교토역 코인 로커에 짐 보관 후 JR 사가아라시야마역으로 이동
JR 사가노선 사가아라시야마역(15분)
도보 20분
10:00 도게츠교, 치쿠린, 노노미야 신사, 점심 식사 P.226, P.227, P.228
JR 사가노선 사가아라시야마역에서 탑승
교토역에서 하차(약 15분)
13:00 JR 교토역 복귀 후 점심 식사
14:00 JR 교토역에서 간사이 국제공항으로 이동
하루카 이용 시 80분 소요
15:30 간사이 국제공항 도착
TIP
• 셋째 날은 교토 서부를 집중적으로 둘러본다. 킨카쿠지, 료안지, 닌나지가 서로 가깝다. 단, 교토 고쇼를 방문하려면 반드시 신분증(여권)을 지참해야 한다.
• 넷째 날은 교토 남부의 우지, 토후쿠지, 후시미이나리 신사를 둘러보는 일정이다. 우지와 토후쿠지, 후시미이나리 신사는 케이한선으로 이동 가능하므로 케이한 교토 관광 패스(700엔)를 이용하는 것이 좋다. 토후쿠지는 12월~3월까지는 15시 30분에 폐관하므로 이 시기에 관광을 한다면 폐관 시간에 주의하자.
• 마지막 날은 교토역에서 JR 사가노선을 이용해 짧게 이동 가능한 아라시야마를 둘러보자. JR 교토역에 짐을 보관한 후 가볍게 아라시야마를 여행하는 것도 좋다.

COURSE 04

박물관 및 미술관 1일 코스

천년 고도의 역사와 문화를 느끼자

교토 곳곳에는 천년 역사가 녹아 있는 유적뿐만 아니라 박물관과 미술관도 수없이 많다. 다채로운 교토의 문화와 흥미로운 이야기들을 직접 만나보자.

09:00 한큐 교토카와라마치역

도보 12분

10:00 이노다 커피 본점 P.185
* 교토 커피의 박물관 같은 곳

도보 15분

10:30 교토 국제 만화 박물관 P.179

도보 3분

12:00 혼케 오와리야에서 점심 식사 P.182
* 건물과 소바 그 자체가 박물관!

도보 8분
카라스마마루타마치 정류장에서 시영 버스 202번 탑승
히가시야마나나조 정류장에서 하차(약 30분)
도보 1분

13:30 교토 국립 박물관 P.107

하쿠부쓰칸·산주산겐도마에 정류장에서 시영 버스 208번 탑승
우메코지코엔·JR 우메코지교토니시에키마에 정류장에서 하차(약 22분)
도보 3분

15:30 교토 철도 박물관 P.107

예상 경비

교통비 460엔
입장료 약 3,300엔
(교토 국립 박물관 700엔, 교토 국제 만화 박물관 900엔, 교토 철도 박물관 1,500엔)
식비 약 3,600엔

총액 약 7,360엔

COURSE 05

벚꽃놀이 1일 코스

봄에는 살랑살랑 교토에서 벚꽃을

교토에는 아라시야마 지역과 긴카쿠지, 철학의 길 일대를 비롯한 수많은 벚꽃 명소가 있다. 란덴 벚꽃 터널 코스와 저녁에도 벚꽃 구경이 가능한 마루야마 공원까지 알차게 벚꽃놀이를 즐겨보자.

09:30 한큐 아라시야마역 도착

도보 10분

09:30 아라시야마 공원 P.226

* 아라시야마 공원 내 3지구 중 나카노시마 지구는 교토의 유명 벚꽃 스폿!

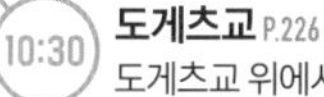

10:30 도게츠교 P.226

도게츠교 위에서 아라시야마 공원의 벚꽃 풍경 감상!

11:00 텐류지, 치쿠린, 노노미야 신사 P.225, P.227, P.228

12:30 점심 식사

노노미야 신사 정류장에서 93번 시영 버스 탑승

긴린샤코마에 정류장에서 하차(약 1시간 15분)

도보 15분

15:00 긴카쿠지, 철학의 길, 난젠지, 헤이안 신궁 P.165~168

* 긴카쿠지에서 난젠지까지는 약 2km로 도보 40분 소요.

난젠지에서 도보 11분

히가시텐노초 정류장에서 203번 시영 버스 탑승

시조케이한마에 정류장에서 하차(약16분)

19:00 기온으로 이동 후 저녁 식사

도보 10분

20:00 마루야마 공원 P.136

TIP

- 긴카쿠지에서 난젠지까지 걸어서 이동하기가 힘들다면 중간에 대로로 빠져 버스를 이용하자.
- 마루야마 공원은 벚꽃 시즌이 되면 밤마다 벚꽃과 맥주를 즐기는 사람들로 가득하다. 오코노미야키, 타코야키, 야키토리 등 먹거리와 시원한 맥주를 즐길 수 있는 야타이도 들어서 특별한 밤을 보낼 수 있다.

예상 경비

교통비	460엔
입장료	1,000엔
(텐류지 500엔, 긴카쿠지 500엔)	
식비	5,000엔
총액	약 6,460엔

COURSE 06

단풍 구경 1일 코스

가을 단풍은 교토에서

여행자들에게는 잘 알려지지 않았지만,
교토 최고의 단풍을 즐기는 방법은
에이잔 전철을 이용하는 것이다.
키부네 신사, 쿠라마 온천에 가는 것도 좋지만,
체력이 달린다면 한나절 일정으로
키부네 신사와 쿠라마 온천 구간의
단풍 터널만 즐겨도 좋다.

10:00 데마치야나기역

- 에이잔 전철 데마치야나기역에서 탑승
- 이치조지역에서 하차(약 5분)

10:30 케이분샤 서점 구경 후 이치조지에서 점심 식사 P.198~199

* 교토 라멘 격전지

13:00 단풍 터널

- 에이잔 전철 이치조지역에서 탑승
- 기부네구치역에서 하차(약 23분)
- 도보 25분 또는 버스 5분

14:00 키부네 신사 P.202

본당으로 향하는 참배로가 하이라이트!

- 키부네 정류장에서 33번 교토 버스 탑승
- 키부네구치에키마에 정류장에서 하차(약 5분)
- 52번 교토 버스 탑승
- 쿠라마 온천 정류장에서 하차(약 6분)

16:00 쿠라마 온천 P.205

- 쿠라마 온천 셔틀버스로 쿠라마역 이동
- 쿠라마역에서 에이잔 전철 탑승
- 데마치야나기역에서 케이한선으로 환승(약 5분)
- 기온시조역에서 하차(약 31분)

19:00 기온으로 이동해 야사카 신사 구경 후 저녁 식사 P.134, P.136

예상 경비

교통비 2,000엔
(쿠라마·키부네히가에리킷푸)
쿠라마온천 1,000엔
식비 약 5,000엔

총액 약 8,000엔

TIP

데마치야나기역은 케이한선과 에이잔 전철이 정차하는 역으로 에이잔 전철 패스를 구입할 수 있다. 에이잔 전철을 하루 동안 제한 없이 이용할 수 있는 에에킷푸(성인 1,200엔, 아동 600엔)를 구입하거나 쿠라마 온천을 방문할 예정이라면 쿠라마·키부네히가에리킷푸(2,000엔)을 구입하는 것이 좋다.

PART 02

교토를 가장 멋지게 여행하는 방법

KYOTO

교토에서 꼭 해야 할 것들

부산한 도쿄나 오사카와 달리 교토는
사람을 느긋하게 만든다. 교토 특유의 정취를
느끼는 데만 몰두해도 시간이 훌쩍 지나니
정신을 바짝 차리자. 교토에서 어떤 것을 하면 좋을지
다양한 주제를 살펴보고 결정하자.
다만 교토에서는 한 템포 천천히 다녀볼 것.

눈으로만 보는 여행이 지겹다면

체험 여행

직접 체험하며 교토를 온몸으로 느껴보자. 더욱 풍성한 추억이 생길 것이다.

사가노 토롯코 열차

'로맨틱 트레인'으로 불리는 사가노 토롯코 열차의 내부는 나무로 되어 있고, 마지막 칸은 창문이 없어 시원한 바람을 맞을 수 있다. 벚꽃과 단풍이 아름다워 해당 시기에는 한 달 전에 예매가 마감되기도 한다. P.238

호즈가와쿠다리

카메오카에서 호즈강을 따라 아라시야마까지 이르는 16km의 구간을 약 2시간 동안 운행하는 유람선으로 17인승 나무배를 3~5명의 뱃사공이 노를 젓는다. 단풍을 즐기기에 좋으며 급류 구간도 있어 더더욱 재미있다. P.237

쿠라마 온천

현지인들이 즐겨 찾는 온천으로 교토 북부 쿠라마에 위치한다. 신경통, 류머티스, 피부 미용에 좋은 온천수와 쿠라마의 아름다운 자연이 몸과 마음을 치유해준다. 교토에서 당일치기도 가능하다. P.205

◆ 2024년 하반기 재오픈 예정. 홈페이지(www.kurama-onsen.co.jp)에 운영 재개 공지를 한다고 하니 가기 전에 꼭 확인할 것.

아라시야마에서 자전거 타기

대다수의 관광지가 평지에 있고 각 관광지를 연결하는 버스가 뜸한 아라시야마에서는 자전거를 이용한 관광을 추천한다. 한큐 아라시야마역, 란덴 아라시야마역 등 곳곳에 위치한 대여소에서 하루 1,000엔가량으로 자전거를 빌릴 수 있다. P.235

어른, 아이 모두 즐길 수 있는

박물관 & 미술관 여행

교토의 오랜 역사와 문화를 바탕으로 한 다양한 예술 작품과
어른, 아이 모두 즐길 수 있는 다채로운 박물관도 놓치지 말자.

교토 국립 박물관

도쿄, 나라 국립 박물관과 함께 일본의 3대 박물관 중 하나로 모던하면서도 고풍스러운 외관이 돋보이는 본관과 정문은 문화재로 지정되었다. 국보 27점과 중요 문화재 180여 점을 전시하고 있으며 다양한 기획 전시도 열린다.P.107

교토 국립 근대미술관

1963년 개관한 국립 근대 미술관의 교토 분관이다. 일본 근대 미술 중 교토 중심의 간사이 미술 작품을 선보이며, 연간 5회 교체 전시가 이루어진다. 일본 및 해외 거장들의 기획 전시도 다양하게 열린다.P.168

교토 철도 박물관

일본 최대의 철도 박물관이다. 3층으로 이루어진 공간에 19~20세기에 실제 운행하던 열차, 실제 1/80 크기의 모형 차량, 모의 주행 체험, 일본에서 가장 오래된 목조 역사였던 구 니조역 건물 등 볼거리와 체험거리가 가득하다.P.107

교토 국제 만화 박물관

제2차 세계 대전 직후의 만화와 같은 희귀 자료부터 전 세계의 다양한 만화 자료까지 30만 점에 달하는 전시물을 소장하고 있다. '만화의 신'으로 불리는 데즈카 오사무의 대표작 〈불새〉의 조형물도 자리해 있어 더욱 의미가 깊다.P.179

낮과는 다른 교토의 밤

야경 여행

밤이 되면 진짜 모습을 드러내는 교토의 야경을 즐겨보자.

시조도리

교토 중심부를 동서로 가로지르는 시조도리는 밤이 되면 상점가의 빛으로 물든다. 시조대교 위에서 즐기는 카모 강변의 야경도 놓치지 말자. P.137

교토 타워

교토에서 가장 높은 전망대로 360도 전망을 자랑한다. 높이가 131m로 주변에 높은 건물이 없어 넓은 시야를 자랑하는데, 날씨가 좋으면 오사카와 나라까지 볼 수 있다. P.104

하나미코지도리

옛 모습이 그대로 보존된 곳으로 고급 바와 카이세키 음식점, 게이샤가 공연하는 요정이 모여 있다. 어둠이 깔리면 가게 문을 열기 시작하는데, 운이 좋으면 출근하는 게이샤나 마이코를 볼 수 있다. P.135

산넨자카&니넨자카

저녁에는 느긋하게 사진을 찍거나 산책하기에 좋은 거리. 니넨자카에서 산넨자카로 넘어가는 중간에 높은 탑이 있는 호칸지로 이어지는 야사카도리가 있는데, 이곳에서 내려다보는 풍경이 아주 근사하다. P.121

교토의 서점에는 특별한 것이 있다

서점 여행

케이분샤 이치조지점

영국 〈가디언〉이 꼽은 '세계 서점 베스트 10'에 선정된 유명 서점. 각 테마에 맞는 관련 상품을 책과 함께 판매하는 점이 눈에 띈다. 가령 요리책 서가 앞에서는 주방기구, 패션 관련 책장 앞에서는 옷을 같이 판매한다. P.199

"

서점이 특별한 이유는 그 나라, 그 지역의 문화를 담고 있기 때문이 아닐까?
교토의 정취를 더욱 깊이 기억하게 만들 서점을 방문해보자.

"

세이코샤

유명 서점 '케이분샤'에서 일했던 호리베 아츠시가 2015년에 독립해 차린 서점으로, 작은 서점 위기론에 직접 작은 서점을 차렸다고. 출판사와 이익을 공정하게 나누는 '착한 서점'이 목표인 곳이다. P.190

호호호자

재미있는 어감의 '호호호자' 서점은 책도 책이지만 귀엽고 예쁜 물건이 많아서 책보다는 그 물건들에 더 눈이 많이 가는 곳이다. 서점 주인도 이 서점을 한마디로 "책이 많은 기념품 판매점"이라고 답했을 정도. P.172

마루젠 교토 본점

교토 최대 규모의 서점으로 약 1,000평 면적에 100만여 권에 이르는 장서를 보유하고 있다. 2005년 폐점했다가 10년 후 리뉴얼을 거쳐 다시 문을 연 반가운 서점. 카페도 함께 운영하고 있어 찾는 사람이 많다. P.157

빛나는 여행의 밤
라이트업 여행지

교토의 명소는 대부분 오후 4~5시가 지나면 문을 닫는다. 그러나 4월 벚꽃 시즌과 11월 단풍 시즌에는 수많은 관광지에서 밤의 운치를 더하는 라이트업 행사를 개최한다. 자연이 선사하는 아름다운 경치와 밤의 운치를 함께 만끽할 수 있는 라이트업 관광지를 소개한다. 라이트업을 진행하는 명소의 경우 낮에 방문했다 하더라도 야간에는 입장권을 다시 구매해야 한다.

단풍 라이트업과 마츠리

우메코지 공원 모미지 마츠리 梅小路公園 紅葉まつり

공원 내 150여 그루의 단풍나무와 소나무를 배경으로 펼쳐지는 환상적인 라이트업을 체험할 수 있다. 공원 중앙 연못 수면에 비치는 풍경을 배경으로 인생 사진 촬영에 도전해보자.

11월 중순~12월 초순/17:00~21:00 ¥600엔(아동 300엔)

아라시야마 모미지 마츠리 嵐山もみじ祭

가을철 전통 축제로 매년 11월 두 번째 일요일에 도게츠교 상류 부근에서 열린다. 오쿠라산 단풍의 아름다움에 감사하는 마음을 담아 이름을 적은 배를 띄운다. 강변에서 무악(巫樂), 교겐(狂言, 일본 희극의 일종), 가무 등 전통 공연도 열려 볼거리가 풍부하다.

11월 두 번째 일요일 10:00~

지슈 신사 모미지 마츠리 地主神社・もみじ祭り

키요미즈데라 일대 단풍의 아름다움을 축복하고 사랑의 결실을 기원하는 축제다. 검무, 부채춤, 단풍의 춤을 올리는 행사와 제가 진행된다.

11월 중순 특정일 14:00~

라이트업 일정 및 입장료

종류	명소	기간	시간	입장료
벚꽃 라이트업 桜ライトアップ	니조성	3월 하순~4월 중순	18:00~21:00	월~목요일 1,600엔 / 금·토·일요일 2,000엔
	토지	3월 중순~4월 중순	18:30~21:00	1,000엔
	키요미즈데라	3월 중순~4월 초순	18:00~21:00	400엔
	쇼렌인	3월 초순~3월 중순 3월 하순~4월 초순 4월 하순~5월 초순	18:00~21:30	800엔
	코다이지	3월 초순~5월 초순	일몰~21:30	600엔
	히라노 신사	3월 하순~4월 중순	일몰~21:00	무료
	아라시야마 나카노시마 공원	3월 하순~4월 중순	일몰~22:00	무료
	마루야마 공원	3월 하순~4월 중순	일몰~24:00	무료
단풍 라이트업 紅葉ライトアップ	토후쿠지(완전 예약제)	11월 중순~12월 초순	일몰~19:30	2,800엔
	코다이지	10월 중순~12월 초순	17:00~22:00	600엔
	치온인	11월 초순~12월 초순	17:30~21:30	800엔
	에이칸도	11월 초순~12월 초순	17:30~21:00	600엔
	키요미즈데라	11월 중순~12월 초순	17:30~21:00	400엔
	다이카쿠지	11월 초순~12월 초순	17:30~20:30	900엔
	토지	10월 하순~12월 초순	18:30~21:30	1,000엔
	뵤도인(입장 3일 전까지 온라인 사전 예약)	11월 하순 또는 12월 초순 특정일	18:30~21:30	1500엔
	키타노텐만구	11월 중순~12월 초순	일몰~20:00	1,200엔
	토후쿠지 탑두 쇼린지	11월 중순~12월 초순	일몰~19:00	600엔
	키부네 신사	11월 초순~11월 하순	일몰~20:30	무료
	모미지 터널	11월 초순~11월 하순	17:00~21:00	에이잔 전철 이용객 무료 (차창)
	사가노 토롯코 열차	10월 중순~12월 초순	17:09 토롯코사가역 출발 17:40 토롯코카메오카역 출발	토롯코 열차 이용객 무료 (차창)

교토에서 꼭 먹어야 할 것들

어느 지역이나 그렇겠지만 간사이 역시
역사적, 지리적 영향을 받아 음식 문화가 발전했다.
특히 일본의 천년 고도 교토에서는 왕실과
귀족 집안의 고급 요리가 퍼져나갔다.
보는 재미, 먹는 재미가 있는 교토의 음식을 소개한다.

한 그릇이 주는 감동
라멘

담백한 교토 음식 중 기름진 편에 속하는 라멘. 진한 국물과 따뜻한 면이 주는 감동을 느껴보자.

이노이치

간사이식 라멘의 정수. 생선 육수임에도 비린내가 전혀 없고, 쇼유 라멘임에도 국물이 투명하고 짜지 않다. 간사이 최고의 깔끔한 라멘으로 꼽기에 손색없다.P.142

혼케 다이이치아사히

교토의 대표 라멘집으로 새벽부터 밤 늦은 시간까지 영업한다. 담백한 국물과 두툼한 차슈, 숙성 면을 사용한 최고의 라멘을 맛볼 수 있다. 교토역 근처.P.110

멘야 곳케이

거의 닭죽 같은 진한 국물이 특징이다. 호불호가 갈리지만 교토 라멘집 중에서는 열 손가락 안에 꼽힌다.P.198

탱탱한 면발과 구수한 국물

우동

두툼하고 쫀득한 면발, 가다랑어포 등으로 우린 육수에 연한 간장을 푼 맑고 시원한 국물, 바삭바삭한 튀김의 조화가 훌륭한 교토의 대표 면 요리다.

야마모토멘조

일본 전국에서 우동 랭킹 10위 안에 드는 교토의 우동 명가. 쫄깃한 면과 깊은 맛이 나는 육수가 일품이다. P.169

오카루

게이샤와 마이코가 즐겨 찾는 우동 맛집. 고등어, 가다랑어 등 신선한 생선 4종과 최상급 다시마로 우려낸 육수와 매끈한 면발이 특징이다. P.146

기온 요로즈야

교토 특산물인 쿠조네기를 듬뿍 넣은 쿠조네기 우동이 대표 메뉴다. 깊은 맛이 나는 국물과 산뜻한 쿠조네기의 조화가 훌륭하다. 한큐 교토 카와라마치역에서 도보 10분 거리. P.149

후루룩! 잘 먹겠습니다
소바

일본에서 가장 오래된 소바집은 교토에 있다! 구수한 메밀면과 깔끔한 국물을 함께 즐겨보자.

혼케 오와리야

550년 전통의 소바 가게로 5단으로 쌓은 면에 고명과 소스를 뿌려 먹는 붓카케 소바를 선보인다.P.182

곤타로

교토 특유의 청어소바를 맛볼 수 있는 곳으로 비린내가 전혀 없는 깔끔한 맛의 국물이 일품. 소바 외에 오야코동도 강력 추천.P.215

아라시야마 요시무라

100% 메밀로 만든 구수한 면을 사용해 〈미쉐린 가이드〉에도 소개됐다. 2층에서 도게츠교를 바라보며 식사를 즐길 수 있어 더욱 특별하다.P.232

교토의 집밥은?
일본 가정식

제철 채소로 만든 교토 오반자이(즐겨 먹는 집 반찬이라는 뜻의 교토 방언)를 건강하게 즐겨보자.

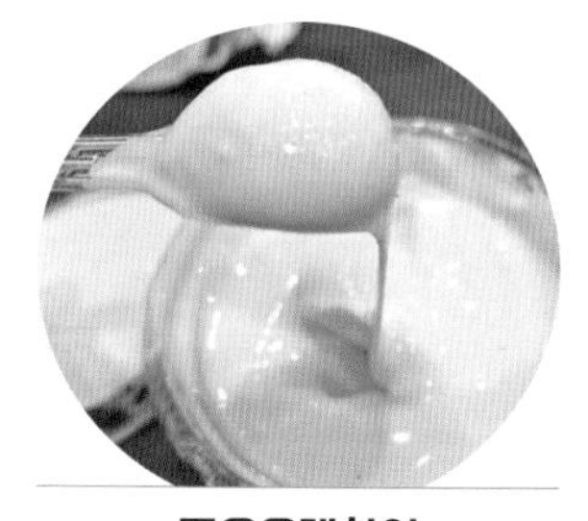

토요우케차야

두부 전문 식당으로 치즈처럼 부드러운 두부가 일품이다. 남녀노소 모두 즐겨 찾는 곳으로 두부탕 정식인 유도후젠이 인기.P.216

키친파파

쌀가게에서 운영하는 경양식집. 그날그날 도정한 쌀로 짓는 밥과 육즙 가득한 햄버그스테이크의 조합은 최고!P.186

사가토우후 이네

1984년에 카페로 시작한 두부 요리 전문점이다. 질 좋은 재료와 전통 비법으로 만든 일본 과자와 두부 요리를 선보인다.P.231

다양한 덮밥 요리
돈부리

밥 위에 다섯 종류의 음식을 올려 먹던 호우한이라는 요리에서 유래됐다.
밥에 고기, 돈카츠, 회 등을 올려 먹는 색다른 맛을 즐겨보자.

기온 덴푸라 텐슈

튀김 전문점으로 고소하고 바삭한 마성의 튀김을 맛볼 수 있다. 붕장어튀김덮밥이 가장 유명하며 저렴한 런치 메뉴도 인기다. P.146

하시타테

교토역 이세탄 백화점 3층에 위치한 소면 전문점이다. 교토의 제철 식재료로 만드는 덮밥과 소바가 유명하다. JR·킨테츠선 교토역 서쪽 출구에서 연결된다. P.109

니시진 토리이와로

오랜 시간 끓여 만든 육수와 반숙 달걀, 짭조름한 닭고기의 환상적인 조화를 경험할 수 있다. 전골 요리인 미즈타키는 2인 이상으로 예약해야 한다. P.187

고소한 돼지고기의 향연
돈카츠

메이지 시대에 일본에 소개된 프랑스 요리 코틀레트에서 유래했다.
서양 요리를 일본화시킨 대표적인 음식!

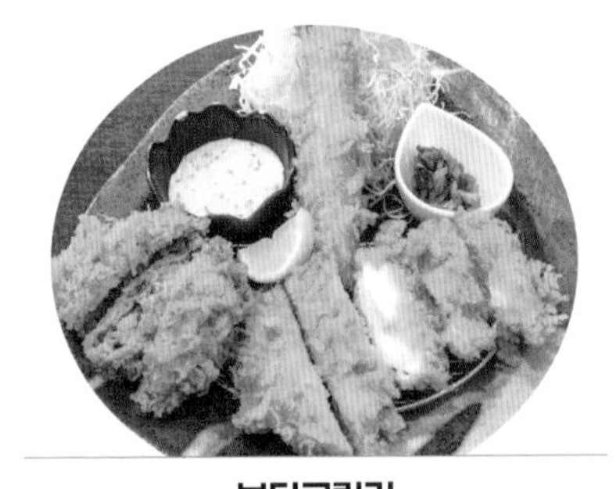

부타고릴라

가격 대비 푸짐한 양과 좋은 맛으로 인기를 누리고 있는 맛집이다. 최상급 돼지고기를 사용하며 양도 푸짐하다. P.145

카츠쿠라

교토에서 시작된 돈카츠 전문 체인점이다. 삼원교배 돼지고기, 식물성 기름, 직접 구운 빵가루로 만들어 뛰어난 식감과 맛을 자랑한다. P.145

일본하면
스시

내륙 지방인 교토에서 부패 없이 생선을 저장하기 위해 지금과 같은 형태의 스시를 만들었다.
특히 성질이 급해 생으로 먹기 힘들었던 고등어를 식초에 절여 만든 사바즈시가 대표적인 교토 스시.

이즈우

1781년에 문을 연 오랜 역사를 자랑하는 스시집으로 고등어로 만든 사바즈시를 처음 만든 곳이다.P.141

이즈쥬

사바즈시를 비롯한 교토 스시를 맛볼 수 있는 100년 전통의 노포. 오사카식 스시와 유부초밥도 인기다.P.148

화과자의 본고장
전통 화과자

교토에서는 화과자에 과일을 넣거나 계절을 대표하는
나뭇잎 등을 새겨 눈과 입 모두로 화과자를 즐겼다.

카메야무츠

800년 역사를 지닌 교토의 대표 화과자 전문점. 밀가루와 된장 등을 섞어서 발효시켜 만든 전통 빵 마츠카제가 인기다.P.110

카기젠요시후사

300년 전통의 화과자점으로 칡 반죽을 투명하게 익혀서 우동 크기로 잘라 설탕물에 찍어 먹는 여름 별미 쿠즈키리가 인기다.P.146

칸센도

주문과 동시에 만드는 모나카를 맛볼 수 있다. 선물 포장도 가능하며, 4~9월에는 부드러운 물양갱인 미즈요칸도 선보인다.P.149

교토 빵지순례
베이커리

일본 총무성 통계국 '가계 예산 조사(2인 이상 가구)'의 항목별 도시 순위(2020~2022년 평균)에 따르면, 교토시는 일본 전국 내 빵 소비량 1위를 차지하고 있다. 오반자이, 카이세키 요리와 같은 정갈한 전통 음식만 먹고 살 것 같은 같은 교토의 이미지와는 상당히 다른 모습이지만, 교토의 빵집만 모아서 소개하는 책이 나올 정도로 교토 사람들의 빵 사랑은 일본 내에서 이미 유명하다. 지금 교토에서 가장 맛있기로 유명하면서 여행지와 가까운 베이커리 7곳을 소개한다.

플립 업

작은 가게가 아침부터 북적이는 이유는 바로 크루아상에 바나나 크림을 넣은 크루아상노바나나와 쫀득한 초콜릿 베이글 덕분! P.187

카페 비브리오틱 하로!

마치 숲속에 자리한 비밀 책방 같은 베이커리 카페. 유기농 밀가루로 만든 고소한 크루아상을 커피와 함께 맛보자. P.186

신신도 테라마치점

100여 년의 역사를 자랑하며 여전히 성업 중! 그때 그 시절 대표 메뉴였던 레트로 바게트 1924와 최근 가장 인기 있는 데일리 브레드 콘프레가 간판 스타다. P.189

신신도 테라마치점
進々堂 寺町店

카페 비브리오틱 하로!
カフェ ビブリオティック ハロー!

플립 업
Flip up

르 프티 멕 오이케점
Le Petitmec
御池店

카라스마오이케

그란디루 오이케점
グランディール 御池店

교토시야쿠쇼마에

카모강

파이브란
Fiveran
ファイブラン

와루다
Walder

그란디루 오이케점

접근성도 좋고 맛도 좋은 그란디루 오이케점. 황금 멜론빵이 대표 메뉴다. 멜론빵에 멜론 대신 버터를 듬뿍 넣어 식감이 부드럽다. P.188

파이브란

인기 절정의 베이커리로 오픈 1~2시간 후면 대부분의 빵이 팔린다. 가리비 문양이 새겨진 슈크림 빵인 파티쉐르가 대표 메뉴. P.185

르 프티멕 오이케점

블랙 멕이라는 별명을 가진 르 프티 멕은 프랑스인들이 인정하는 진짜 프랑스 빵이다. 럼 건포도를 넣은 밀크 프랑스와 버터가 많이 들어간 크루아상이 대표 메뉴! P.188

와루다

식빵을 좋아한다면 이곳으로! 시내에서 좀 떨어져 있고 간판도 눈에 잘 띄지 않지만 그럼에도 갈 만한 곳이다. 대표 메뉴인 와루다 토스트를 꼭 먹어보자. P.189

교토 하면 커피

카페 & 로스터리

빵만큼이나 커피 사랑도 만만치 않은 교토.
교토의 정취를 극대화시켜줄 커피를 취향대로 맛보고,
기념으로 원두도 사서 돌아오자.
여행의 기억이 일상에서도 오래 지속될 것이다.

SHIGA COFFEE

シガコーヒー

01

요새 핫한! 줄 서서 기다리는 카페

말차칸

사각형 나무상자에 담긴 가루녹차 티라미수로 관광객뿐만 아니라 로컬들에게도 인기가 많은 곳. 일본의 유명 녹차 회사 중 하나인 모리한(森半)의 건강한 재료를 사용하며 맛까지 잡았다.P.144

아라비카 교토 히가시야마점

로고 %가 한글 '응'처럼 보인다고 해서 우리나라에서는 '응 커피'로 유명하다. 교토에서 시작돼 세계적으로 분점을 낸 곳이니 한번 방문해보자.P.123

한자리에서 역사를 지키고 있는 카페

스마트 커피

1932년에 개업해 교토에서 가장 오래된 커피 전문점으로 고전적인 분위기지만 깔끔하다. 직접 로스팅한 원두를 사용한다.P.189

츠키지

교토에서 유럽 분위기를 느끼고 싶다면 여기가 제격이다. 문을 열고 들어가면 바로크풍 음악과 분위기에 반하게 될 것이다.P.149

이노다 커피

교토에 커피를 보급하는 데 큰 역할을 한 이노다 커피. 대표 메뉴인 '아라비아의 진주'는 첫맛은 깊고 끝 맛은 깔끔하다.P.185

03

커피 맛으로 승부하는 곳

이키테이이루 커피

바 같은 분위기에서 최상의 커피를 선보인다. 15가지가 넘는 커피를 맛볼 수 있으니 애호가라면 놓치지 말자.P.143

엘리펀트 팩토리 커피

아늑한 분위기에서 진한 커피를 맛보고 싶다면 가보자. 대표 메뉴인 EF커피는 과테말라 원두를 쓰는 드립 커피로 진하고 쓴맛이 강하다.P.147

04

신선한 로스터리 카페

위켄더스 커피

교토를 비롯한 주변 도시의 여러 카페에서 원두를 받아 사용한다. 로스팅 전문점이라 좌석은 없지만 원두를 직접 골라 마시는 재미가 있다.P.183

시가 커피

한적한 곳에 있는 아담한 카페로 부부가 운영한다. 커피 한 잔도 매우 정성스럽게 내리니 여유를 부리고 싶을 때 가보자.P.109

빈즈테이

니시키 시장 입구에 있는 원두 전문점. 웬만한 원두는 거의 갖추고 있으니 집으로 가져올 원두를 찾는다면 들러보자.P.148

입이 행복한 시간
차와 디저트

세계적으로 인정받는 우지 녹차로 만든 디저트를 비롯해 다양한 디저트를 즐겨보자.

사료츠지리

우지 녹차로 만든 카스텔라, 젤리, 파르페 등 다양한 디저트를 맛볼 수 있다. 일본식 빙수인 안미츠도 인기다. P.145

미츠보시엔

500년 역사의 유서 깊은 녹차 전문점. 맛있는 녹차와 디저트를 즐길 수 있는 것은 물론 다도 체험도 할 수 있다. P.247

나카무라토키치

1854년에 창업한 곳으로 녹차 공장을 개조해 카페로 운영하고 있다. 녹차젤리와 아이스크림, 단팥죽 등 다 양한 디저트와 차를 즐길 수 있다. JR 우지역 근처. P.246

실전에서 바로 통하는
일본 음식 메뉴판

기본 용어

- 다이 大[だい] 대
- 츄우 中[ちゅう] 중
- 쇼우 小[しょう] 소
- 나미 並み[なみ] 보통(덮밥)
- 오오모리 大盛り[おおもり] 곱빼기
※ 정확히 두 배는 아니고 양 추가(덮밥)
- 토쿠모리 特盛り[とくもり] 특곱빼기
- 오오메니 多めに[おおめに] 많이
- 카루메 軽め[かるめ] 적게
- 스쿠나메니 少なめに[すくなめに] 적게
- 누키데 抜きで[ぬきで] 빼고
- 이레데 入れで[いれで] 넣어서
- 베츠데 別で[べつで] 별도로/따로
- 츠이카데 追加で[ついかで] 추가로
- 오카와리 お代り[おかわり] 추가, 리필
- 오스스메 お勧め[おすすめ] 추천
- 모치카에리 持ち帰り[もちかえり] 포장해 가다

기본 메뉴

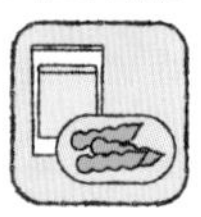

- 고항 ご飯[ごはん] 흰쌀밥
- 카야쿠고항 かやくご飯 여러 재료를 넣어 지은 밥
- 오챠 お茶[おちゃ] 녹차
- 오히야·미즈 お冷[おひや]·水[みず] 찬물
- 오유 お湯[おゆ] 따뜻한 물
- 츠케모노 漬物[つけもの] 절임류
- 미소시루 味噌汁[みそしる] 된장국
- 사라다 サラダ 샐러드
- 낫토우 納豆[なっとう] 발효콩
- 모리아와세 盛り合わせ[もりあわせ] 모둠

채소류

- 나스 茄子[なす] 가지
- 타마네기 玉ねぎ[たまねぎ] 양파
- 네기 葱[ねぎ] 파
- 피-망 ピーマン 피망
- 히라타케 平茸[ひらたけ] 느타리버섯
- 인겐마메 隠元豆[いんげんまめ] 강낭콩
- 고보우 牛蒡[ごぼう] 우엉
- 렌콘 蓮根[れんこん] 연근
- 카보챠 南瓜[かぼちゃ] 단호박
- 이모 芋[いも] 고구마
- 닌진 人参[にんじん] 당근
- 닌니쿠 大蒜[にんにく] 마늘

육류

닭

- 모모니쿠 もも肉[ももにく] 허벅지살
- 스나기모 砂肝[すなぎも] 닭 모래집
- 난코츠 軟骨[なんこつ] 닭연골
- 츠쿠네 捏ね[つくね] 고기 완자
- 테바사키 手羽先[てばさき] 닭날개구이
- 레바 レバ 간
- 카와 鳥皮[カワ] 닭껍질
- 사사미 笹身[ささみ] 가슴살
- 토리니쿠 鳥肉[とりにく] 닭고기
- 토리모모 鶏もも[とりもも] 닭다리살

소

- 탄 タン 우설
- 미스지 ミスジ 부채살
- 로-스 ロース 등심
- 히레 ヒレ 안심
- 사-로인 サーロイン 허리 부위 등심
- 란푸 ランプ 우둔살
- 호루몬 ホルモン 내장
- 미노 ミノ 양
- 하라미 ハラミ 안창살
- 카루비 カルビ 갈비

돼지

- 부타 豚[ぶた] 돼지고기
- 부타바라 豚バラ[ぶたばら] 삼겹살

해산물류

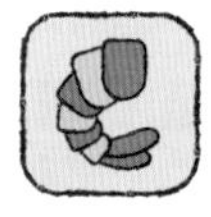

- 에비 海老[えび] 새우
- 우나기 鰻[うなぎ] 장어
- 아나고 穴子[あなご] 붕장어
- 카이바시라 貝柱[かいばしら] 조개 관자
- 호타테 帆立[ほたて] 가리비
- 시로미 白身[しろみ] 흰살 생선
- 키스 鱚[きす] 보리멸
- 사바 鯖[さば] 고등어
- 이카 烏賊[いか] 오징어
- 사케 鮭[さけ] 연어
- 니신 鰊[にしん] 청어

· **타코 蛸**[たこ] 문어
· **이카 烏賊**[いか] 오징어
· **이쿠라 イクラ** 연어알
· **이와시 鰯**[いわし] 정어리
· **우니 海胆**[うに] 성게
· **아마에비 甘海老**[あまえび] 단새우
· **에비 海老**[えび] 새우
· **마구로 鮪**[まぐろ] 참치
· **토로 トロ** 참치 뱃살
· **츄우토로 中トロ**[ちゅうとろ] 참치 중뱃살
· **오오토로 大トロ**[おおとろ] 참치 대뱃살
· **엔가와 えんがわ** 지느러미
· **카니 蟹**[かに] 게
· **타이 鯛**[たい] 도미
· **츠부가이 つぶ貝**[つぶがい] 고둥
· **하마치 魬**[はまち] 새끼 방어
· **아와비 鮑**[あわび] 전복
· **마다이 真鯛**[まだい] 참돔
· **카츠오 鰹**[かつお] 가다랑어
· **아지 鯵**[あじ] 전갱이
· **칸파치 間八**[かんぱち] 잿방어
· **코노시로 鰶**[このしろ] 전어
· **코하다 小鰭**[こはだ] 새끼 전어
· **히라메 鮃**[ひらめ] 광어
· **아카가이 赤貝**[あかがい] 피조개
· **토리카이 鳥貝**[とりがい] 새조개
· **하마구리 蛤**[はまぐり] 대합
· **게소 げそ** 오징어 다리
· **샤코 蝦蛄**[しゃこ] 갯가재

덮밥

· **돈부리 丼**[どんぶり] 덮밥
· **오야코동 親子丼**[おやこどん] 닭고기 달걀덮밥
· **카츠동 カツ丼**[かつどん] 돈카츠덮밥
· **규동 牛丼**[ぎゅうどん] 소고기덮밥
· **부타동 豚丼**[ぶたどん] 돼지고기덮밥
· **카이센동 海鮮丼**[かいせんどん] 해산물덮밥
· **이쿠라동 イクラ丼**[いくらどん] 연어알덮밥
· **우니동 ウニ丼**[うにどん] 성게알덮밥
· **마구로동 マグロ丼**[まぐろどん] 참치덮밥
· **스테키동 ステーキ丼**[すてーきどん] 스테이크덮밥
· **텟카동 鉄火丼**[てっかどん] 참치덮밥
· **우나동 鰻丼**[うなどん] 장어덮밥
· **카레 カレー** 카레

구운 음식

· **야키모노 焼き物[やきもの]** 구운 요리
· **오코노미야키 お好み焼き**[おこのみやき] 밀가루 반죽에 재료를 넣고 구운 음식
· **타코야키 たこ焼き**[たこやき] 문어 빵
· **야키니쿠 焼き肉**[やきにく] 불고기

꼬치 음식

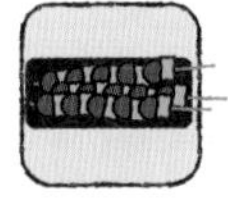

· **야키토리 焼き鳥**[やきとり] 닭꼬치
· **윈나 ウインナ** 비엔나 소시지
· **에린기 エリンギ** 새송이버섯
· **시이타케 椎茸**[しいたけ] 표고버섯
· **긴난 銀杏**[ぎんなん] 은행

면 요리

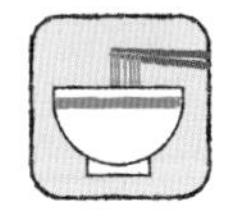

· **우동 饂飩**[うどん] 우동
· **카케 우동 掛けうどん** 뜨거운 국물을 넣은 우동
· **키츠네 우동 狐うどん** 유부 우동
· **마루텐 우동 丸天うどん** 동그란 어묵 우동
· **붓카게 우동 打っかけうどん** 국물을 자작하게 부어 비벼 먹는 우동
· **소바 蕎麥**[そば] 소바
· **자루 소바 笊蕎麦**[ざるそば] 채반에 건진 면을 장국에 찍어 먹는 요리
· **라멘 ラーメン** 라면
· **타마고 玉子**[たまご] 달걀
· **한쥬쿠타마고 半熟玉子**[はんじゅくたまご] 반숙 달걀
· **온센타마고 温泉玉子**[おんせんたまご] 온천 달걀
· **아지타마 味玉**[あじたま] 간장 등 양념에 조린 삶은 달걀
· **카에다마 替え玉**[かえだま] 육수가 남으면 가능한 면 리필 시스템

스시

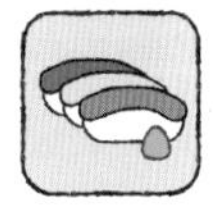

· **스시 寿司**[すし] 초밥
· **사시미 刺身**[さしみ] 생선회
※ 간사이에서는 '츠쿠리 作り[つくり]'라고 한다.
· **네타 ネタ** 초밥의 생선회
· **샤리 シャリ** 초밥의 밥
· **베니쇼우가 べに生姜**[べにしょうが] 생강 절임
· **캇파마키 かっぱ巻き**[かっぱまき] 오이김밥
· **텟카마키 てっか巻き**[てっかまき] 가다랑어 김밥
· **군칸 軍艦**[ぐんかん] 김으로 밥을 두르고 위에 재료를 올려 먹는 초밥
· **오니기리 御握り**[おにぎり] 주먹밥
· **이나리즈시 稲荷鮨**[いなりずし] 유부초밥

교토에서 꼭 사야 할 것들

교토에는 백화점부터 특산물을 판매하는
복합 쇼핑몰, 멋스럽고 개성 넘치는
라이프스타일 편집 숍까지 다양한 쇼핑 스폿이 있다.
나의 쇼핑 스타일에 맞춰 골라 사는 재미가 있는 곳.

여행자는 물론 현지인까지
백화점

교토만의 색깔을 담고 있는 백화점에서 쇼핑을 즐겨보자.

다이마루 백화점

기온에서 가장 오래된 백화점계 터줏대감으로 전통 의상부터 문구, 취미, 패션 등 다양한 분야의 점포가 입점했다. '백화점 식품관의 정석'으로 꼽히는 곳으로 눈과 입이 모두 즐거운 먹거리를 만날 수 있다. P.150

타카시마야 백화점

한큐선을 이용하는 여행객의 필수 방문지! 화과자, 채소 절임과 반찬 등이 맛있기로 유명한 식품관과 세련된 1~5층 패션 플로어가 인기다. 여름에만 문을 여는 옥상 비어 가든에서는 쇼핑 후 시원한 맥주도 즐길 수 있다. P.150

패션 쇼핑부터 먹방까지
복합 쇼핑몰

교토의 색깔을 담은 음식과 쇼핑 아이템을 만날 수 있는 일석이조의 복합 쇼핑몰.

교토역 포르타

교토역이 생기기 전부터 지하에 자리해온 전문 쇼핑몰로 패션, 다이닝, 교토 토산품을 판매하는 130개의 점포가 입점해 있다. 여행자를 위한 기념품점과 30여 곳의 음식점이 있는 포르타 다이닝이 인기다. P.112

이온몰 교토

JR 교토역 하치조 출구에서 도보 5분 거리에 있는 대형 쇼핑몰. 교통이 편리하고 대형 마트와 패션, 잡화 등 전 세대를 아우르는 아이템이 많아 현지인과 여행자들로 언제나 붐빈다. P.111

교토 아반티

기모노, 유카타 등 전통 의상 매장은 물론 SPA 브랜드도 입점했다. 애니메이션 숍, 게임 및 소프트웨어 전문점과 교토에서 찾기 힘든 돈키호테, 390엔 숍도 있어 현지 젊은이들과 우리나라 알뜰족들도 즐겨 찾는다. P.112

나만 알고 싶은
편집 숍

디 앤 디파트먼트 교토

고즈넉한 사찰에 위치한 편집 숍으로 매장이 위치한 지역의 일상을 드러내고자 했다. 특산품과 공예품을 주로 다루며 D&D 카페도 있다.P.155

소우소우

교토의 로컬 브랜드. 숫자가 나열된 디자인으로 알려져 있다. 버선, 의류, 가방 등을 제작해 판매하며, 니시키 시장 근처에 테마가 다른 7개의 매장이 있다.P.156

"

일본의 중심이었던 천년 고도 교토. 정치, 경제뿐 아니라 문화, 예술의 주축이었던 교토에는 수많은 화가, 도예가 등 예술가들이 찬란한 문화유산을 꽃피웠다. 이를 바탕으로 지역 예술가들의 활동과 모임이 활발해졌고, 이러한 커뮤니티를 주축으로 교토의 공예품과 지역 특산품들을 선보이는 편집 숍이 생겨났다. 교토 특유의 아름다움과 시대에 뒤처지지 않는 개성을 엿볼 수 있는 교토의 편집 숍을 방문해보자.

"

앙제스

낡은 은행을 개조해 고풍스러움을 더한 앙제스 본점은 건물 자체만으로도 볼거리다. 북유럽과 일본 등지에서 엄선한 제품을 선보인다. P.156

무모쿠테키

니시키 시장 근처 테라마치도리에 있어 접근성이 좋은 편집 숍으로 편안하고 내추럴한 분위기 속에서 각종 생활용품을 취급한다. P.155

대대손손
교토의 노포(老舗)

노포(老舗)는 100년 이상 가업의 이념을 지키며 타의 모범이 된 가게를 뜻한다. 1,200년 역사의 교토에서는 1,000곳이 넘는 노포가 성업 중이다. 전통과 신용을 바탕으로 수백 년을 장수하는 노포가 교토에 집중된 이유는 제2차 세계 대전의 피해가 주변 도시들보다 적었고, 교토의 수많은 절과 사원의 지원이 전통 공예를 지킬 수 있는 바탕이 되었기 때문이다. 여기에 철저한 후계자 교육과 전통을 지키면서도 새로운 변화를 적절히 꾀하는 고집과 도전이 더해져, 젊은 층에게도 노포가 그저 오래된 가게가 아닌 유서 깊은 개성과 고풍스러움이 묻어나는 '더 교토 the 京都'라는 하나의 브랜드로 자리 잡았다. 이러한 교토의 노포들이 가진 세련됨을 마음껏 만끽해보자.

우에바에소우

1751년 창업

일본 최고(最古)의 화구 전문점으로 현재 10대까지 이어져오고 있다. 화구 전문점이지만 이곳을 유명하게 만든 것은 바로 조가비를 태워 만든 백색 안료를 사용한 천연 매니큐어다. 화구 전문점답게 다양한 색감을 취급하며 특유의 자극적인 냄새가 없는 것이 특징이다. P.157

혼케츠키모찌야 나오마사

1804년 창업

현재 4대까지 이어온 화과자 전문점으로 교토에 구운 화과자를 최초로 선보인 곳이다. 이것이 바로 츠키모찌이며, 이와 더불어 팥소를 고사리 전분으로 감싼 와라비모찌도 인기다. P.148

카즈라세이로호

1865년 창업

연극이 성황을 이룬 에도 시대, 연극 배우들의 가발과 머리 장신구를 취급하던 것이 시초다. 동백기름을 머리 치장에 활용하며 입소문을 타다 지금에까지 이르렀다. 자체 농장을 운영하며 품질을 관리하고 있다. P.158

교토벤리도

1887년 창업

130여 년 전통의 그림엽서 전문점이다. 일본 국보와 중요 문화재, 해외 세계 문화유산의 사진을 이곳만의 콜로타이프 기술로 인쇄해서 엽서로 만들어 선보이고 있다. 가격도 장당 70~300엔 정도로 저렴해 자기만의 명화 컬렉션을 만들어볼 수 있다. P.190

고켄 우이로

1855년 창업

5대에 이른 지금까지 전국 과자 박람회에서 여러 차례 수상을 한 공인된 화과자집이다. 쌀가루와 설탕을 물에 개서 대나무 통에 쪄낸 우이로는 우리나라의 찹쌀떡과 유사하다. P.127

나만을 위한 선물
잡화 몰

아기자기한 캐릭터 제품과 재미있는 아이디어 상품이 넘쳐나는
잡화 몰에서 나만을 위한 선물을 찾아보자.

돈키호테

교토역 아반티에 이어 교토 최대 시내 카와라마치에도 입점한 잡화점. 식료품, 의약품, 화장품, 생활 잡화, 전자제품, 문구, 의류, 코스프레 용품 등 없는 게 없어 한 번에 쇼핑하기 좋다.

무인양품

'브랜드가 없는 브랜드'라는 뜻으로 생활 전반에 걸친 아이템들을 판매한다. 우리나라보다 가격도 저렴하고 상품 구색도 다양하다. 이온몰 교토와 교토시야쿠쇼마에역, 산조거리 등에 지점이 있다.

프랑프랑

독특하고 모던한 디자인의 생활 잡화&인테리어 용품점으로 교토 다이마루 백화점과 이온몰 교토에 입점해 있다. 테이블 웨어, 토끼 모양 주걱, 미키 마우스 식판, 도트 무늬가 사랑스러운 모다 시리즈 등이 인기다.

로프트

기발한 아이디어 상품, 실용적인 문구류, 최신 유행 아이템과 캐릭터 상품을 판매하고 있어 젊은 층에게 인기다. 가격대가 조금 높긴 하지만 일본에서 유행하는 핫 아이템을 한자리에서 만날 수 있다.

약국과 편의점이 한곳에

드러그스토어

필수 쇼핑 아이템과 선물용은 이곳에서!

마츠모토 키요시

일본 최대 드러그스토어. 앱을 이용해 회원 가입을 하거나 라인 메신저에서 친구 등록을 하면 10~15% 할인해 주는 쿠폰을 받을 수 있다.

www.matsukiyo.co.jp

산도락쿠

입구에 인기 상품과 세일 상품을 보기 쉽게 진열해 쇼핑하기 좋다. 5,000엔 이상 구매 시(세금 별도, 여권 필수) 면세 혜택이 있으며, 면세 전용 카운터에 한국어가 가능한 직원이 있다.

www.sundrug.co.jp

다이코쿠

드러그스토어 체인 중 가격대가 가장 저렴해 인기다. 다이코쿠 매장부터 방문해 금액을 확인하고 다른 드러그스토어를 방문하면 더욱 알뜰하게 쇼핑할 수 있다.

www.daikokudrug.com

스기약국

약 조제도 가능한 곳으로 좁은 매장 안에 물건이 빈틈없이 진열되어 물건을 꼼꼼하게 잘 찾아야 한다.

www.sugi-net.jp

소소한 즐거움

슈퍼마켓

간식거리 구입은 물론 한 끼 식사까지 해결할 수 있는 최고의 장소!

슈퍼 프레스코

간사이 지역의 슈퍼마켓 체인으로 교토부의 지점만 70여 개이며 24시간 영업하는 지점도 있다. 숙소에서 즐길 시원한 캔맥주와 간단한 먹을거리를 구입하기 좋다.

이온

일본의 최대 기업 중 하나인 이온그룹의 슈퍼마켓으로 자체 브랜드 상품의 품질도 좋다. '이온몰'이라는 쇼핑몰에 입점한 경우가 많다.

한큐 오아시스

간사이 지역 한큐 전철 노선을 중심으로 입점해 있다. 오픈 키친에서 만드는 튀김, 도시락, 베이커리류가 만족스럽고, 한큐 백화점 식품관처럼 분위기가 고급스럽다.

이건 꼭 사야 해!

교토 한정 핫 쇼핑 아이템

스타벅스 교토 한정 머그컵

2,600엔

교토 지역과 간사이 국제공항에서만 살 수 있는 교토 한정 기념품.

녹차 랑그드샤
お濃茶ラングドシャ

810엔(5개)

세계적으로 유명한 교토 우지 녹차로 만든 과자.

교토 기념 엽서

250엔~

기념으로 남길 수 있는 교토의 명소들을 스케치한 감각적인 그림엽서.

미야코아메 都飴

430엔

손바닥 크기의 귀여운 도시락에 담긴 알록달록한 전통 사탕.

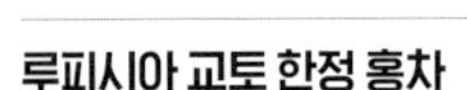

루피시아 교토 한정 홍차

50g 1,100엔

카라코로, 타투 등 교토에서만 구매할 수 있는 루피시아 홍차.

SOU.SOU 가방

3,630엔~

교토의 독자적인 브랜드로 문양이나 텍스트가 반복되는 것이 특징인 가방.

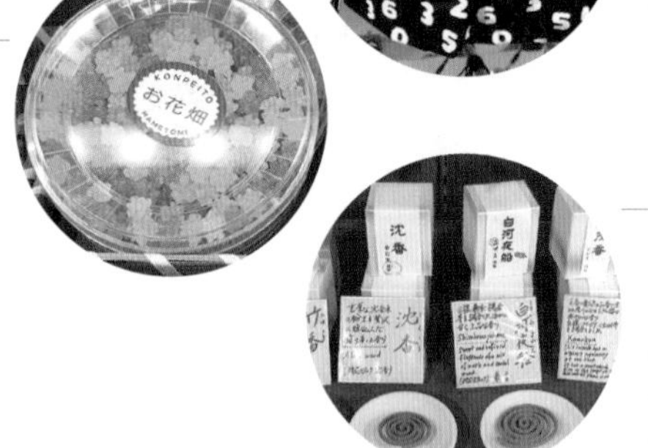

콘페이토(별 사탕)

324엔

예부터 교토 귀족들이 즐겨 먹던 설탕 과자로 색깔이 예뻐 선물하기에 더욱 좋다.

향

972엔~

교토 사찰에서 맡을 수 있는 은은한 향을 느낄 수 있다. 복숭아, 라벤더 같은 다양한 향도 구매 가능하다.

> 교토의 전통과 매력을 담은 기념품 쇼핑으로 일본 여행의 추억을 새로이 간직해보자.
> 특히 교토에서만 살 수 있는 아이템은 선물용으로도 좋다.

교토 츠케모노

500엔~

신선하고 맛있기로 유명한 교토 채소를 사용해 전통 방식으로 만든 채소 절임.

치리멘 동전 지갑

800엔

일본의 전통 공예품 조각 천인 치리멘으로 만든 동전 지갑.

마그넷

500엔~

교토의 명소를 소장할 수 있는 기념 마그넷. 교토 마그넷은 마그넷 수집가들 사이에서도 인기!

요지야 기름종이
あぶらとり紙

400~800엔

기름 흡수력이 뛰어나 일본뿐 아니라 우리나라에서도 유명한 제품.

마이코 우산 和傘

1,100엔

마이코의 귀여운 모습을 형상화한 기념 우산.

센쥬센베이 千寿せんべい

1,512엔(8개)

화과자의 고정관념을 탈피한 교토의 명물 과자로 쿠키 같은 식감이다.

타와라야 요시토미의 마이코짱 봉봉
俵屋吉富 まいこちゃんボンボン

1,080엔(15개입)

꽃, 비녀, 신발 등 마이코를 상징적으로 표현한 귀여운 설탕 과자.

우에바에소우 매니큐어
上羽絵惣 マニキュア

1,452엔(1개)

일본 최고의 화방에서 조개껍데기를 태워 만든 천연 백색 안료를 사용하는 저자극 매니큐어.

드러그스토어 쇼핑 아이템 Best!

면세 제도 개정에 따라 소모품도 면세 대상이 되면서 다양한 제품을 좀 더 저렴하게 구매할 수 있게 된 만큼 드럭스토어 쇼핑도 한층 즐거워졌다. 가격은 판매점마다 조금씩 차이가 있으니 참고하자.

시세이도 센카 퍼펙트휩
資生堂 専科 パーフェクトホイップ

495엔
풍성한 거품을 자랑하는 클렌징

오로나인 연고 オロナイン

657엔(100g)
여드름, 무좀, 상처, 화상, 염증, 습진, 가려움 증상에 효과 있는 일본의 국민 연고

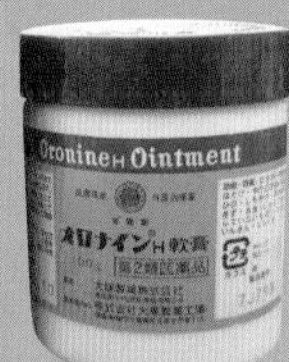

오타이산 太田胃散

1,078엔(32개입)
뛰어난 효과로 오랜 시간 사랑받은 국민 소화제

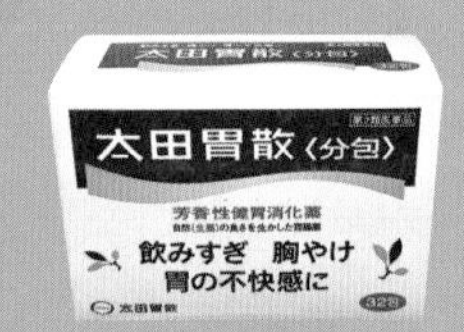

사론파스
サロンパス

1,185엔(140매입)
명함 사이즈의 작지만 효과는 탁월한 일본의 국민 파스

비오레 메이크노 우에카라 리프레시 시트
メイクの上からリフレッシュシート

303엔(10매입)
화장은 지워지지 않고 땀과 기름기만 제거해주는 땀 티슈

오쿠치 레몬 オクチレモン

5개입 200엔
입안을 늘 상큼하게 케어할 수 있는 1회용 구강 케어 스틱

로이히츠보코
ロイヒつぼ膏

699엔(156매)
부모님 선물 리스트에서 빠지지 않는 일명 '동전 파스'

파브론골드
パブロン ゴールド

1,628엔
목감기, 재채기, 콧물 등에 효과가 있는 종합 감기약

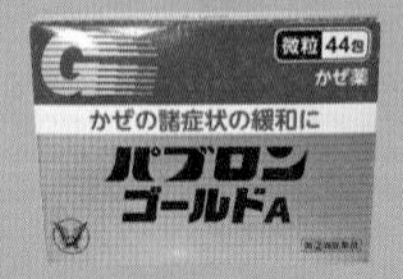

맨담 약용스틱
メンソレータム薬用プスティック

217엔
건조한 입술에 탁월한 효과를 자랑하는 립밤

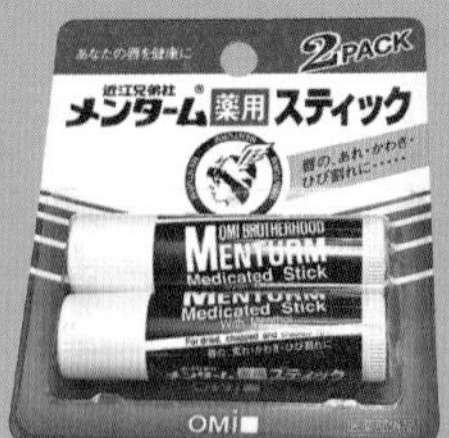

데오나츄레
デオナチュレ

1,200엔

9년 연속 데오드란트 판매 1위, 특히 겨드랑이 땀냄새 케어에 탁월해 인기가 높다.

니노큐아 크림
ニノキュア

980엔

닭살 피부 완화에 효과가 있는 피부 개선제

DHC 건강식품
DHC 健康食品

1,000~2,000엔

하루 5~6알로 건강을 지키는 영양제가 1,000~2,000엔대

비오레 퍼펙트 오일
ビオレ パーフェク ト オイル

1,265엔

진한 색조 화장도 잘 지워지는 가성비 최고의 클렌징 오일

EVE QUICK

40정 1100엔

두통을 빠르게 해결해주는 일본 국민 두통약

혈류 개선 허리 온열 패치
血流改善 腰ホットン

1,020엔(와이드 10매입)

48도 정도의 온열이 18시간 지속되며 혈류 개선 효과를 자랑하는 허리 패치

가네보 스이사이 효소 세안 파우더 酵素洗顔パウダー

1,980엔(32개입)

각질을 제거하고 피부를 매끈하게 만드는 데 효과 있는 효소 세안 파우더

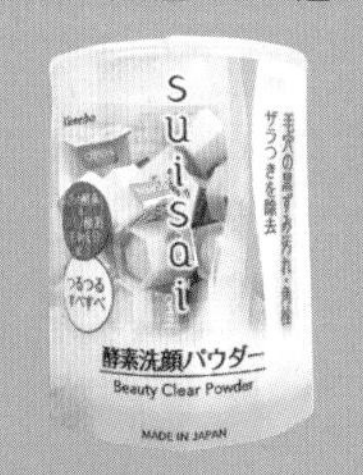

모기패치 A
ムヒパッチA

598엔(76매입)

모기나 벌레 물린 곳에 붙이면 가려움이 완화되는 패치

캐릭터 배스 볼

100~400엔

배스 볼 안에 귀여운 캐릭터 피규어가 들어있어 어린이에게 인기가 높은 제품

밧칸토우 爆汗湯

260엔

입욕하는 동안 엄청나게 땀을 내며 지방을 분해한다는 다이어트 입욕제

메구리즘 수면 안대 めぐりズム

522엔

40도대의 온열과 향기로운 아로마 향으로 수면을 돕는 안대

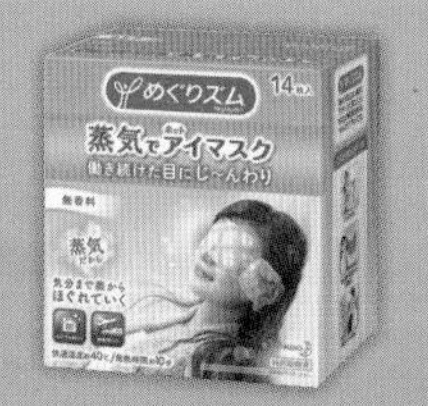

란도린
ランドリン

547엔

우아한 향과 오랜 지속력으로 2019년 일본에서 대유행을 일으킨 섬유 탈취제

슈퍼마켓 쇼핑 아이템 Best!

요즘 일본에서 유행하는 과자, 음료수, 먹거리는 물론 오랜 시간 여행자에게 사랑받았던 스테디셀러를 총망라했다. 가격은 판매점마다 조금씩 차이가 있으니 참고하자.

칼피스 Calpis

300~400엔

유산균이 함유된 음료로 물이나 탄산수, 소주 등에 희석해 마셔야 한다.

나카타니엔 스시타로

永谷園 すし太郎

4인분 200엔

따뜻한 밥과 섞어주면 간단하게 완성되는 치라시 스시(散らし鮨) 건더기와 소스

야키토리노 타레

やきとりのたれ

200엔

짭조름하고 달콤한 일본식 닭꼬치 맛 소스

이토엔 무기차 사라사라

伊藤園 麦茶 さらさら

400엔

찬물에도 바로 녹는 고소한 풍미의 보리차 가루. 카페인 제로라 남녀노소 인기가 많다.

인스턴트 명란 파스타

キューピー からし 明太子

170엔

삶은 면만 넣어 섞어주면 완성되는, 독특한 풍미의 파스타 소스

히가시마루 우동 수프

ヒガシマル醤油 スープ

110~200엔(8개입)

일본 본고장의 깊은 국물 맛을 간단하게 낼 수 있는 수프

블랜디스틱 라테 시리즈

Blendy Stick

300엔(10개입)

커피는 물론 홍차, 녹차 등 아주 다양한 인스턴트 라테 시리즈

토스트 스프레드

トーストスプレッド

200~300엔

빵에 발라 굽거나 구운 빵에 얹어 먹는 다양한 맛의 스프레드

이치란 컵라면

490엔

후쿠오카의 인기 라멘집 이치란에서 처음 선보이는 돼지 사골 육수의 컵라면

스타벅스 한정판 라테

490엔~

기간 한정으로 나오는 다양한 가루 스틱 라테

오카즈라유 & 고항데스요

おかずラー油 & ごはんですよ

200~300엔

고추기름인 오카즈라유, 김, 간장, 가다랑어포 등을 조린 밥도둑

카라아게 그랑프리 믹스

からあげグランプリ

120엔(100g)

묻혀서 튀기기만 하면 간장 및 소금 맛 닭튀김을 만들 수 있는 가루

오타후쿠 오코노미야키 소스
オタフクソース

180~200엔

오코노미야키에 뿌려 먹는 소스 시리즈. 그 밖에 타코야키, 야키소바에 뿌려먹는 소스도 다양하다.

캬베츠노 우마타레
キャベツのうまたれ

300엔

인기 닭꼬치 집에서 먹던 양배추의 맛을 집에서 재현할 수 있는 양배추용 소스

몬카페 드립 커피 버라이어티 팩
モンカフェ ドリップコーヒー

700엔(10개입)

인스턴트라 생각할 수 없는 완성도 높은, 깊은 향기의 드립 커피

후루체 フルーチェ

170엔

우유와 섞기만 하면 완성되는 근사한 요거트!

스프모 아지와우 샤부샤부
スープも味わうしゃぶしゃぶ

300엔

일본식 샤부샤부를 작은 캡슐로 재현할 수 있는 육수 캡슐

카마메시노 모토
釜飯の素

300엔~

밥을 지을 때 얹어 주기만 하면 맛있는 일본식 솥밥이 완성!

후리카케 ふりかけ

100엔

밥에 뿌려 먹는 다양한 가루. 주먹밥을 만들 때 사용하면 좋다.

GABA FOR SLEEP 초콜릿
GABAフォースリープ<まろやかミルク

200엔

불면증을 완화시켜 주는 GABA 성분이 포함된 부드러운 맛의 밀크 초콜릿

BOSS 카페 베이스
BOSS カフェベース

300엔

물이나 우유에 희석하는 것만으로 카페의 맛을 재현할 수 있는 커피 농축액

컵수프 カップスープ

100엔(3개입)~

뜨거운 물을 부어 먹는 가루 수프

아사게 미소시루
あさげ 味噌汁

200엔(10개입)

뜨거운 물만 부으면 바로 완성되는 일식 된장국

닛신 돈베이 키츠네 우동
日清 どん兵衛 キツネ うどん

150엔

세계 최초로 컵라면을 만든 닛신의 스테디셀러

나카타니엔 오차즈케
永谷園 お茶漬け

200엔(8개입)

밥 위에 가루를 뿌리고 뜨거운 물만 부으면 아침 식사용으로도 좋은 오차즈케 완성

TIP

슈퍼마켓 쇼핑 Tip!

❶ 점포별, 날짜별로 달라지는 특별 할인 품목

당일 한정 특별 할인 품목은 매장마다 다르지만 슈퍼마켓 입구에 전시 혹은 전단 등으로 눈에 잘 띄게 되어 있다. 단 1인당 구매 가능 수량에 제한이 있을 수 있다.

❷ 유통 기한 확인

식품류는 유통 기한 확인이 필수다. 보통은 상미기한(賞味期限)이라고 표기되어 있으니 참고하자. 간혹 '05年 ○○月 ○○日' 형식으로 표기된 것도 볼 수 있는데, 이는 2019년 5월 1일 기준 1년으로 시작된 나루히토 일왕 체제의 연호 레이와(令和)다. 참고로 2024년은 레이와 6년이다.

5개의 맛 스프 하루사메
5つの味のスープはるさめ

400엔(10개입)
1봉 50Kcal 대로 간편하게 즐길 수 있는 다섯 가지 맛 컵누들

브루봉 루만도
BOURBON ルマンド

150엔
겹겹이 얇은 크레이프 결에 코코아 크림이 조화를 이룬 바삭한 과자

카메야노 카키노타네
亀田の柿の種

250엔
일명 감 씨앗 과자라 불리는 과자. 짭짤하고 바삭바삭한 식감에 안주로 인기!

카라시 멘타이코 페이스트
辛子明太子ペースト

190엔
빵이나 원하는 곳에 토핑으로 간단하게 즐길 수 있는 명란 튜브

이즈 와사비 마요네즈
伊豆わさびマヨネーズ

430엔
맛있기로 유명한 이즈 지역의 와사비를 사용한 매콤 상큼한 마요네즈

츠지리 맛챠 미루쿠
辻利 抹茶ミルク

450엔
교토의 유명 말차 전문점 츠지리에서 엄선해 만든 달달한 말차 라테 파우더

홋또 시리즈
ほっと

400엔
레몬, 유자, 매실, 생강 등 몸도 마음도 릴랙스 되는 액체 타입의 차 원액

푸치 우동 시리즈
プチッとうどんシリーズ

200엔(3개입)
카레, 탄탄멘, 유자 등 1인분씩 작은 캡슐에 들어있는 우동 소스

에키미소 료테이노 아지
液みそ 料亭の味

250엔
요리점의 맛이라는 상품명처럼 양질의 육수를 사용한 깊은 풍미의 된장 원액

갈릭라이스 조미료
ガーリックライスの素

110엔(3개입)
집에서 양식점 풍미를 낼 수 있는 볶음밥 조미료. 치킨라이스, 드라이 카레 등의 맛도 있다.

카케루 고호비 앙버터
かけるご褒美 あん×バタ

325엔
북해도산 팥과 버터, 소금, 설탕을 사용한 앙버터 페이스트. 팥으로만 된 페이스트도 있다.

블렌디 더 리터
ブレンディ ザリットル

550엔(6개입)
물에 잘 녹는 1리터용 커피 가루. 커피 외에 녹차, 쟈스민, 루이보스, 우롱차, 홍차, 피치 티 도 있다.

이에몬 교토 레모네이드
伊右衛門 京都レモネード

160엔
교토 차의 명가 후쿠쥬엔 장인이 엄선한 교토산 찻잎과 레몬, 꿀의 새콤달콤한 음료

홋카이도 콘 드레싱
北海道コーン ドレッシング

325엔
홋카이도 특산품인 스위트 콘으로 만든, 자연스러운 단맛의 샐러드 드레싱

쿠로미츠
黒みつ

200g 320엔
오키나와산 흑설탕과 부드러운 꿀이 조화로운 시럽. 교토 특산품 와라비 모찌에 제격!

일본 3대 편의점
쇼핑 아이템 Best!

높은 품질과 저렴한 가격의 각종 식품 및 제품을 갖춘 일본의 편의점은
단순한 판매점 이상의 의미를 지닌다. 명심하자. 일본 여행에서는 편의점 방문이 필수다.

세븐일레븐

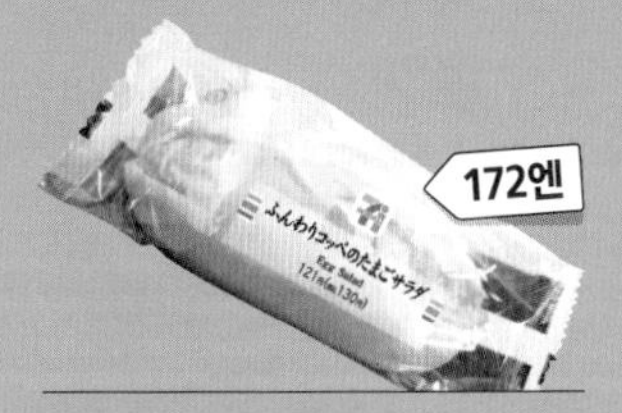

훈와리 콧페 타마고 사라다롤
ふんわりコッペのたまごサラダロール

감칠맛이 훌륭한 달걀과 마요네즈를 사용해 부드럽고 고소한 맛이 특징

스미비야키 규카루비 벤토
炭火焼き牛カルビ弁当

숯불에 구운 소갈비와
밥의 환상적인 조화

샤케바타 오무스비
鮭バターおむすび

간장 베이스로 깊은 풍미의 연어와
고소한 버터의 맛있을 수밖에 없는 조화

콘 마요네즈 빵
コーンマヨネーズパン

탱글탱글한 옥수수와 부드러운
화이트 소스가 어우러진 빵

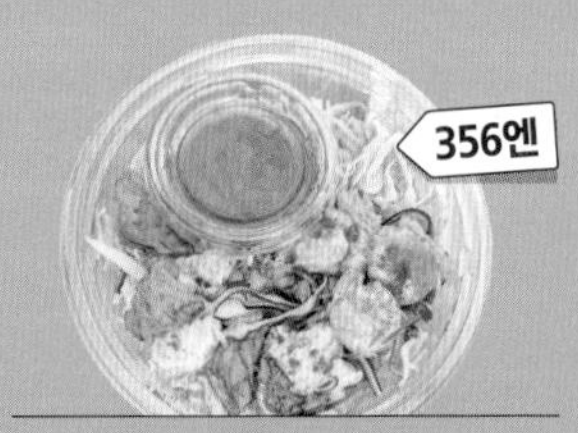

새우 파스타 샐러드
プリプリ海老のパスタサラダ

살짝 매콤한 소스가 가미된, 포동포동한
새우의 식감이 매력적인 샐러드 파스타

고보우 사라다
ごぼうサラダ

아삭아삭한 우엉과 마요네즈 맛에
먹을수록 중독되는 일본식 샐러드

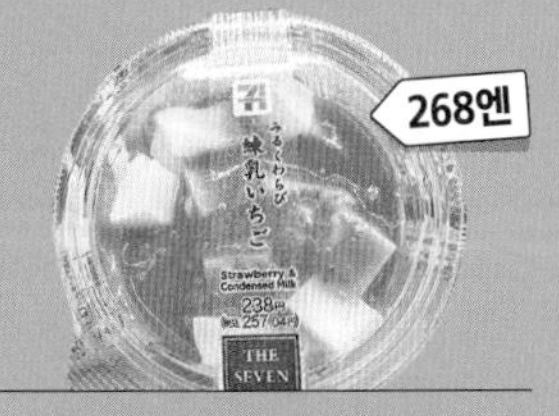

밀크 와라비 연유 이치고
みるくわらび 練乳いちご

우유를 넣은 쫄깃한 떡에 새콤달콤
딸기 소스와 과육, 연유를 뿌린 디저트

랑그드샤 화이트 초코
ラングドシャホワイトチョコ

버터를 듬뿍 넣어 풍미가 좋은 쿠키에
화이트 초콜릿을 곁들인 과자

히토구치 야키 쇼콜라
ひとくち焼きショコラ

카카오의 깊고 진한 맛과
촉촉한 식감이 특징인 스낵

파미 치키
ファミチキ

감칠맛 최고 프라이드 치킨!

타베루 보쿠조 밀크
たべる牧場ミルク

패밀리마트에서만 구매할 수 있는 아이스크림. SNS에서 최고 인기!

구다쿠상 미니 히야시츄카
具だくさんミニ冷し中華

쫄깃한 면과 새콤달콤한 소스에 차슈, 지단, 오이 등 고명이 풍부한 상큼하고 시원한 맛의 중화풍 냉면

파미마 더 메론빵
ファミマ・ザ・メロンパン

프랑스산 발효 버터를 사용한 겉은 바삭, 속은 쫄깃한 빵에 상큼한 메론향이 가미된 패밀리마트 대인기 제품

토리 소보로 벤또
鶏そぼろ弁当

보슬보슬한 달걀, 짭조름한 갓나물, 달콤한 닭고기볶음을 한번에

야와라카 이나리즈시
やわらかいなり寿司3ヶ入

달콤하고 짭조름하게 조린 부드러운 유부와 밥이 잘 어우러진 인기 상품

밀크 스트로베리 초코
ミルクストロベリーチョコ

바삭바삭한 동결 건조 딸기에 달콤한 초콜릿을 아낌없이 코팅한 과일 초콜릿

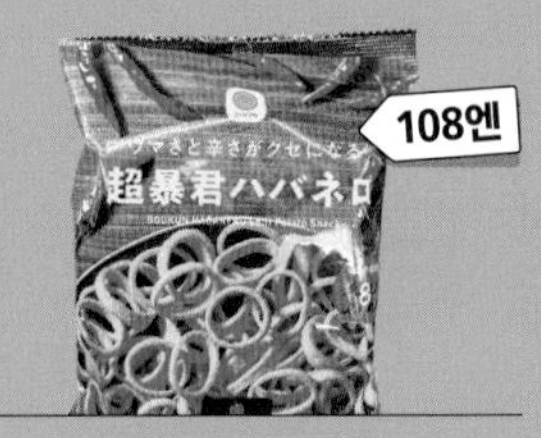

초폭군 하바네로
超暴君ハバネロ

자극적인 매운맛이 중독되는 하바네로 스낵

오렌지향 얼그레이 티
オレンジ香るアールグレイティー

스리랑카산 우바 찻잎을 40% 사용한 무설탕 음료. 일본 유수의 차 브랜드 애프터눈 티에서 감수했다.

사쿠사쿠 판다
さくさくぱんだ

바삭바삭한 식감의 과자, 밀크 초콜릿이 조화로운 귀여운 판다 모양 비스킷

오츠마미 이카후라이
おつまみイカフライ

바삭하게 튀겨내 안주나 간식으로 제격인 오징어포

나나슈노 카이센 믹스
7種の海鮮ミックス

7종의 맛을 믹스한 해산물 전병 과자

로손

프리미엄 롤케이크
プレミアムロールケーキ

홋카이도산 생크림을 넣어 편의점 간식의 수준을 뛰어넘는 로손의 대표 디저트

킨샤리 오니기리 쥬쿠세 나마타라코
金しゃりおにぎり 熟成生たらこ

엄선한 명란젓을 숙성해 만든, 명란젓의 짭잘함과 고소한 밥이 조화로운 주먹밥

모찌 식감 롤
もち食感ロール

홋카이도산 생크림을 듬뿍 넣은 시그니처 디저트. 시즌 한정 상품도 인기

쯔부쯔부 타라코노 와후파스타
つぶつぶたらこの和風パスタ

명란의 식감과 감칠맛을 한입 가득 느낄 수 있는 일본풍 파스타

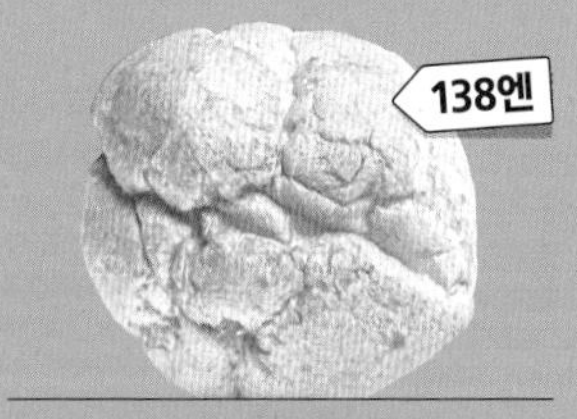

오오키나 트윈 슈
大きなツインシュー

고소한 휘핑크림과 달콤한 커스터드 크림을 동시에 즐길 수 있는 슈크림

사쿠사쿠 버터파이 샌드
さくさくバターパイサンド

바삭바삭한 파이반죽에 고소한 커스터드크림이 샌드되어있는 디저트 (알콜 1% 미만 포함)

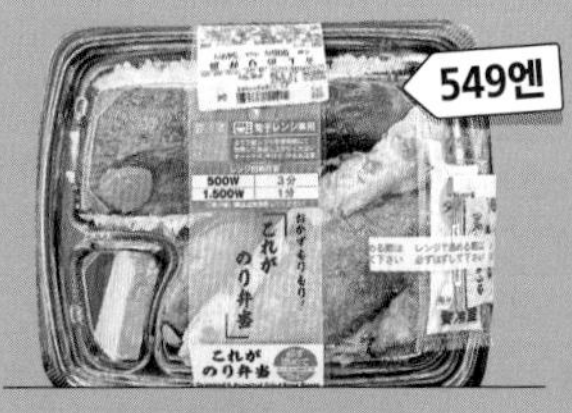

코레가 노리벤또
これがのり弁当

'이것이' 시리즈 인기 메뉴. 김을 이용한 가장 대중적인 정석 일본 도시락

에비 도리아 海老ドリア

풍미가 좋은 버터 라이스와 생크림 화이트 소스, 탱글탱글한 새우와 치즈 4종이 어우러진 환상적인 새우 도리아

이카소멘 イカソ-メン

감칠맛과 꼬들꼬들한 식감이 중독적인, 소면처럼 가느다란 오징어포

콘초코 코이이치고
コーンチョコ　濃いいちご味

일본의 유명 딸기 품종, 아마오우 딸기를 사용한 초콜릿을 코팅한 과자

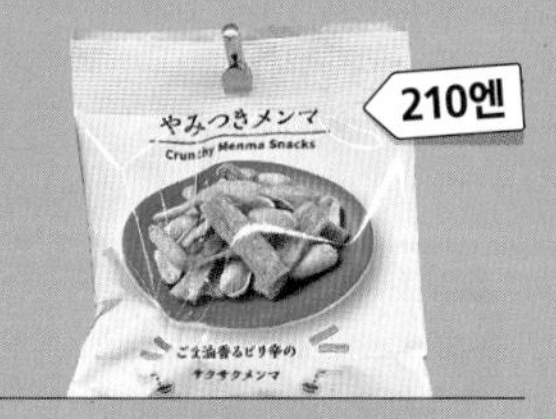

야미츠키 멘마
やみつきメンマ

참기름맛과 매콤한 맛이 어우러진 바삭한 식감의 죽순과자

카라아게쿤
からあげクン

패밀리마트 '파미 치키'에 대적하는 로손의 대표 치킨 간식

여행의 피로를 풀어주는
일본 술 Best!

시원한 맥주부터 발포주(맥주의 맥아 함량을 10% 미만으로 낮춘 종류), 전통 사케, 부담 없이 마실 수 있는 추하이까지, 일본인이 가장 좋아하는 술을 소개한다. 세부 가격은 판매점마다 조금씩 다르니 참고하자.

맥주

에비스
YEBISU エビスビール

230엔(350ml)
정통 독일식 맥주를 지향하는 프리미엄 맥주.

아사히 슈퍼 드라이
Asahi Super Dry アサヒスーパードライ

200엔(350ml)
에비스와 1~2위를 다투는 맥주. 깨끗하고 청량한 맛!

기린 라거
Kirin Lager Beer キリン ラガービール

200엔(350ml)
130년 역사를 자랑하는 목 넘김이 좋은 맥주.

삿포로 생맥주 블랙 라벨
Sapporo サッポロ 生ビール黒ラベル

200엔(350ml)
우리가 아는 그 청량한 맛.

발포주

산토리 킨무기
Suntory サントリー 金麦 Rich Malt

110엔(350ml)
질 좋은 보리 사용률이 50%인 가성비 최고의 발포주.

기린 노도고시
Kirin キリン のどごし〈生〉

110엔(350ml)
깊은 맛과 청량감을 자랑하는 발포주계의 베스트셀러.

삿포로 무기토 호프
Sapporo サッポロ 麦とホップ

110엔(350ml)
보리와 맥아의 함량을 높여 진하고 단단한 거품이 특징.

아사히 클리어
Asahi Clear クリア アサヒ

110엔(350ml)
보리의 향을 극대화시켜 떫은맛을 없앤 깔끔한 발포주.

사케

엔마 閻魔

1,300엔(25%, 720ml)

엄선된 겉보리를 원료로 만들어
향이 부드럽고 깔끔하며,
옅은 위스키의 맛이 특징. 보리 사케
부문 금상 수상에 빛나는 명주임에도
가격은 부담 없는 수준이다.

쿠로키리시마 EX
黒霧島 EX

1,000엔(25%, 900ml)

고구마를 원료로 만든 사케.
깔끔한 맛, 부드러운 목 넘김은 물론
가격까지 저렴해 인기가 높다.

시로 白岳しろ

1,200엔(25%, 720ml)

어떠한 요리에도 잘 어울리는 사케.
향이 풍부하면서도 맛이 깔끔해 인기가 높다.
세계적 권위의 국제 품질 평가 기관
몽드 셀렉션(Monde Selection)에서
5년 연속 수상한 명주.

초야 사라리토시타 우메슈
Choya さらりとした梅酒

900엔(10%, 1,000ml)

엄선한 기슈(紀州)산 매실로 만든
향긋한 사케. 매실주계의 1인자!

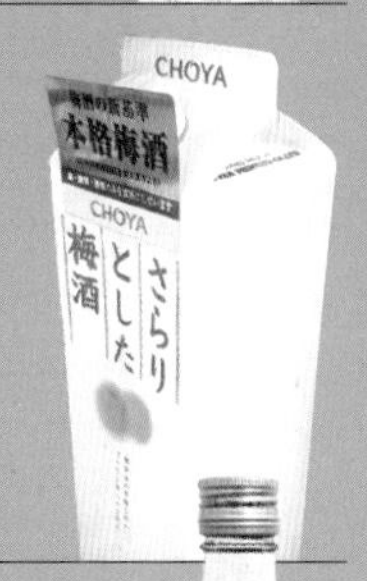

기린 신로츄
Kirin 杏露酒 しんるちゅう

700엔(14%, 500ml)

살구 과육을 그대로 함유해 달콤한
향과 맛이 특징. 탄산수나 홍차, 과즙 등에
섞어 마시면 더 잘 어울린다.

추하이

산토리 스트롱 제로(-196°C)
Suntory Strong Zero
サントリー スト ロングゼロ(-196°C)
ダブルレモン

140엔(9%, 350ml)

레몬의 청량한 맛을 극대화한 과일주.

산토리 호로요이 시로이 사와
Suntory サントリー ほろよい 白いサワー

140엔(3%, 350ml)

상큼한 과일 맛과 부드러운 목 넘김이 좋다.

기린 효게츠
Kirin キリン 氷結

140엔(5%, 350ml)

호로요이와 1~2위를 다투는 추하이.
깔끔하고 청량한 과일 맛과
다양한 종류를 자랑한다.

아사히 스랏토
Asahi Slat アサヒ すらっと

141엔(3%, 350ml)

탱글탱글한 과육을 함유한 추하이.
다른 추하이보다 칼로리를 60%로
낮춰 부담 없이 즐길 수 있다.

아사히 칼피스 사와
Calpis Sour カルピスサワー

150엔(3%, 350ml)

유산균의 상큼함과 달콤함을
느낄 수 있는 인기 추하이.

100% 활용하기!

일본 면세 제도

일본은 구매품에 10%의 소비세를 별도로 부과하고 있으며, 외국인 여행자(6개월 미만의 일시 체류자)를 대상으로 면세 제도를 시행한다. 면세 대상 확대나 면세 적용 금액 변경 등 때에 따라 내용이 개정되고 있으니 혜택을 놓치지 않도록 꼼꼼히 확인하는 것이 좋다.

일반 물품과 소모품 면세 제도

구분	일반 물품	소모품
종류	신발 및 가방, 보석류 및 공예품, 골프 용품, 의류, 가전제품	화장품, 식품류, 음료, 건강식품, 담배
면세 구매 금액	동일 매장 내 1일 총 구매 금액 5,000엔 이상 (세금 별도)	동일 매장 내 1일 총 구매 금액 5,000~500,000엔 이하(세금 별도)
주의하자!	입국일로부터 6개월 이내에 일본에서 반출해야 함	구매 후 30일 이내에 일본에서 반출해야 함
참고하자!	• 일반 물품과 소모품의 합산 구매액은 면세 대상에 포함되지 않는다. 예시) 신발 3,000엔(일반 물품) + 과자 3,000엔(소모 물품) → 면세 불가	

면세 혜택 받는 순서

❶ 쇼핑몰, 백화점, 가전제품 판매점, 드러그스토어 등 면세 수속이 가능한 매장에는 '택스 프리(Tax Free)' 마크가 붙어 있다.

❷ 일반 물품 혹은 소모품의 총액이 세금 제외 5,000엔 이상이 되도록 구매 후 면세 카운터를 방문한다. 구매한 상품과 면세용 영수증, 본인 여권(입국 스탬프 필수), 결제 신용카드(카드, 영수증, 여권의 명의가 일치해야 함)를 지참해야 한다.

❸ 본인 확인이 끝나면 계약서에 서명한 후 차액을 현금으로 환급받고, 구매 상품을 지정 봉투로 밀봉한다. 이 밀봉된 상품은 출국 시까지 훼손 없이 보관해야 한다.

❹ 출국 시 여권에 부착된 구매 기록표를 제시한다. 액체류는 기내 반입이 되지 않으므로 소모품 밀봉 시 액체류만 따로 분리해 밀봉해야 한다. 일부 드러그스토어에서는 별도 면세 카운터 방문 없이 면세 계산대에서 바로 이 절차를 진행하기도 한다.

* 면세 수수료를 부과하는 매장이 일부 있다. 10%에 해당하는 환급금이 아니라면, 면세 수수료를 부과한 것이니 이를 감안하도록 하자.

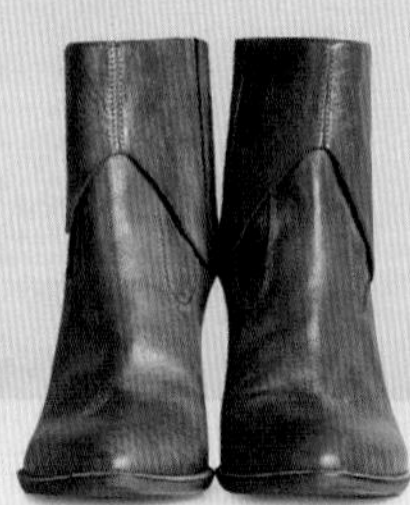

택스 프리 VS 듀티 프리

구분	택스 프리(Tax Free)	듀티 프리(Duty Free)
종류	소비세 면세	관세 면세
의미	소비세가 포함된 금액으로 물건을 구입한 외국인이 면세 환급 절차를 거쳐 소비세를 환급받는 경우	해외로 출국하는 내국인과 외국인이 구매하는 물건에 관세를 붙이지 않고 판매하는 경우
적용 범위	주로 일본 시내 면세점을 통해 면세 환급을 받는 경우에 적용	주로 국제공항, 여객선 터미널 등에서 운영하는 면세점에서 적용

알아두면 유용한 면세 상식 Q&A

Q 면세를 받고 싶은데 여권을 호텔에 두고 왔습니다. 일단 구매하고 다음 날 여권을 다시 가져가도 될까요?

A 면세는 구매 당일 영업시간 내에 수속을 마쳐야 하므로 다음 날 처리는 불가능합니다.

Q 면세 범위에 식품도 포함되는데, 식당에서 식사를 한 경우에도 면세가 적용되나요? 일본에서 상품을 구매해 한국에서 판매하는 경우에도 면세가 적용되나요?

A 면세 제1조건은 해외 반출이며, 음식점에서의 식사는 일본 내에서 발생한 경우이므로 면세 대상이 아닙니다. 사업 및 판매를 목적으로 한 구매도 면세 대상에서 제외됩니다.

Q 드러그스토어에서 식품과 건강식품을 구입해 면세를 적용받고, 구매 봉투에 밀봉 포장했는데 100ml 이상의 액체류가 동봉되어 있는 걸 알았습니다. 면세 봉투를 기내에 반입할 수 있나요?

A 액체류는 1개당 100ml 이하의 용기만 기내 반입이 가능하며, 총 1L가 넘지 않는 범위에서 투명 지퍼 백에 담아야 합니다. 1개라도 용량이 100ml 이상이면 기내 반입이 안되므로 위탁 수하물로 처리해야 합니다.

Q 가족의 신용카드로 결제해도 면세 수속이 가능한가요?

A 타인 명의의 카드는 면세가 적용되지 않습니다. 결제 신용카드와 영수증, 여권의 명의가 일치해야 합니다.

PART
03
진짜 교토를 만나는 시간
KYOTO

시내 이동부터 대중교통까지

01

공항에서 교토 시내로 이동하기

간사이 국제공항에서 교토 시내로 이동하는 방법은 JR선과 리무진 버스 2가지다. JR선은 교통비를 아낄 수 있는 다양한 티켓이 있으므로 미리 알아보는 것이 좋다. 숙소가 교토역 근처라면 JR선의 하루카(はるか) 특급, 기온이나 카라스마 근처라면 하루카나 리무진을 이용해 교토역까지 이동 후 버스나 택시를 이용해야 한다.

JR ジェイアール

공항 ····· JR 하루카 특급 80분 ¥3,110엔(자유석) ····· 교토역

공항 ····· 오사카역 하차 후 7~10번 플랫폼으로 이동해 환승 ····· 교토역

JR 칸쿠 쾌속 1시간 46분 ¥1,910엔

간사이 국제공항에서 교토(京都)역으로 이동할 때 가장 빠른 교통수단이다. JR의 하루카(はるか) 특급 열차를 이용하면 약 1시간 20분 이내에 교토역까지 한 번에 이동 가능하다.

간사이 국제공항에서 교토역까지 JR 하루카를 이용하고 같은 날 고베, 나라 등 주변 도시까지 이동한다면 JR 웨스트 레일 패스 1일권이 유용하며, 공항에서 교토까지 JR 하루카만 이용할 계획이라면 국내 여행사에서 하루카 편도 할인 티켓을 구매하는 것이 유리하다. 자세한 내용은 하루카 특급P.086에서 확인할 수 있다.

공항에서 교토로 이동한 후, 교토를 기점으로 3일 동안 JR선으로 고베, 나라, 오사카 여행을 한다면 JR 간사이 미니 패스를 이용하는 것이 금액적으로 유리하다. 하루카를 이용하지 않을 계획이라면, JR 칸쿠 쾌속(JR関空快速)을 타고 오사카역으로 가서 교토행 신쾌속으로 환승하는 것도 저렴한 이동 방법이다.

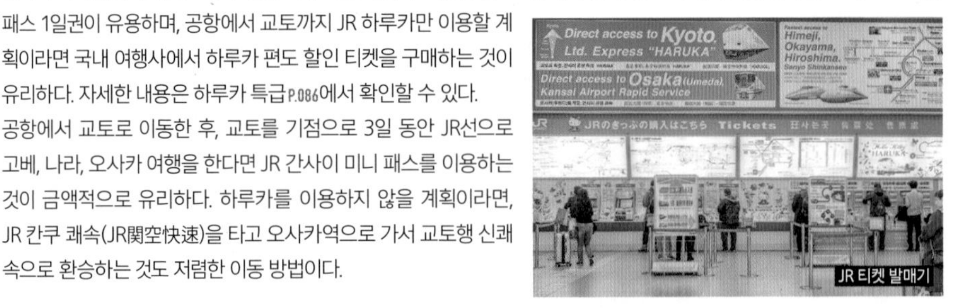

JR 티켓 발매기

하루카&JR 칸쿠 쾌속 요금표

목적지	하루카 특급(자유석) 이용 시	소요시간	요금	JR 칸쿠 쾌속 이용 시	소요시간	요금
교토역	직행	1시간 20분	3,110엔	오사카역(환승)-교토역	1시간 46분	1,910엔
신오사카역/ 오사카역	직행	1시간 10분	2,590엔 / 2,410엔	오사카역 도착	1시간 12분	1,210엔
고베역	신오사카역(환승)-산노미야역	1시간 20분	2,940엔	오사카역(환승)-산노미야역	1시간 40분	1,740엔
나라역	텐노지역(환승)-나라역	1시간 30분	2,500엔	텐노지역(환승)-나라역	1시간 40분	1,740엔
사용 가능 패스	**JR 웨스트 레일 패스(간사이 패스) / 하루카 편도 티켓**			**JR 간사이 미니 패스**		

이용하기

❶ 입국장을 나가 정면에 있는 '鐵道(Railways, 철도)' 이정표를 따라 2층으로 이동한다.

❷ 공항 밖으로 나와 육교를 건너면 파란색의 JR 매표소와 티켓 발매기, 개찰구가 나온다.

❸ JR 칸쿠 쾌속 티켓은 티켓 발매기에서 하차 역을 지정해 쉽게 구입할 수 있다. 하루카 편도 할인 티켓이나 JR 웨스트 레일 패스를 이용할 경우 간사이 국제공항 JR 매표소 혹은 티켓 발매기에서 여권, 예약 번호, QR 코드 등을 제시한 후 구매 혹은 실물 티켓 교환이 가능하다.

❹ 티켓 발매기와 JR 매표소 맞은편 JR 개찰구로 이동, 구매한 티켓 혹은 패스를 개찰구에 통과시킨 후 계단이나 에스컬레이터를 통해 아래층으로 내려간다. JR 간사이 미니 패스 사용자는 티켓 발매기에서 예약 티켓 찾기(Recieve reserved ticket) 하여 패스를 기기로 교환 후 사용 가능하다.

❺ JR은 3·4번 플랫폼을 이용한다. 탑승하기 전 전광판에서 열차 종류(칸쿠 쾌속, 하루카)와 출발 시간을 확인한다.

❻ JR 칸쿠 쾌속은 지하철처럼 어디든 앉을 수 있지만, JR 웨스트 레일 패스로 하루카를 타는 여행자는 2회에 한해 지정석 이용이 가능하다(자유석은 기간 내 무제한, 지정석 이용 횟수 초과 시 추가 요금 발생 / 하루카 편도 할인 티켓은 실물 티켓 교환 시 좌석 지정 가능).

❼ 환승역이나 도착지 확인 후 하차한다.

TIP

국내에서 구입한 JR 패스는 JR 매표소에서 교환하자

JR 웨스트 레일 패스를 비롯해 국내에서 구입한 JR 패스는 JR 유인 매표소혹은 JR 지정역(간사이공항역, 오사카역 등)에 배치된 초록색 자동 발권기에서 여권과 JR 패스 교환권(QR 코드)을 제시한 후 수령할 수 있다. JR 간사이 미니 패스 역시 티켓 발매기에서 실물 패스로 교환할 수 있으므로 유인 창구에서 교환하는 것보다 상대적으로 빠르게 수령 가능하다.

하루카 특급 HARUKA

하루카 특급은 간사이 국제공항에서 오사카·교토·고베·나라로 이동하는 가장 빠르고 편리한 방법이다. 텐노지, 오사카, 신오사카, 교토까지는 간사이 국제공항에서 직행으로 이동 가능하며, 고베는 오사카역에서, 나라는 텐노지에서 환승이 필요하다. 간사이 국제공항에서 교토까지는 약 80분 소요된다. 외국인 여행자가 단기 비자(무비자)로 입국해 여권을 제시할 경우 하루카 특급을 할인받을 수 있는데, 정가 3,600엔의 지정석을 2,200엔에 이용할 수 있어 무척 실용적이다.

구입하기

하루카 편도 할인 티켓은 단기 체류하는 외국인을 대상으로 발행하는 것으로, 일본 외 국가의 여행 대리점에서 구입하거나 JR 서일본 홈페이지에서 사전 예약해야 하며, 일본 현지에서는 구매할 수 없다. 미리 구매한 티켓은 JR 간사이공항역 자동 개찰기 앞에 설치된 전용 교환기기에서 바코드 형식의 하루카 할인 편도 e티켓(바코드 형식)과 여권을 제시하고 실물 티켓으로 교환해야 한다. 어린이(초등학생)의 티켓도 판매하며 요금은 어른의 절반이다. 만약 간사이 국제공항에서 하루카를 이용하는 일정 외에 같은 날짜에 JR을 여러 번 이용하거나, 연속되는 2~4일동안 JR을 많이 이용한다면 JR 웨스트 레일 패스를 구매하고 하루카를 이용하는 방법도 있다.

JR 웨스트 홈페이지 www.westjr.co.jp

TIP

하루카 편도 티켓의 경우, 반드시 간사이공항역에서 승차(시내 →공항 이동일 경우 하차)해야 한다. 하지만 하루카 편도티켓으로 텐노지, 신오사카, 교토까지 이동 후, 개찰구를 나가지 않는 조건으로 보통 열차로 환승해 오사카 시내 또는 교토 시내의 역까지 1회 승차가 가능하다. 개찰구를 나오면 티켓은 무효화가 된다.

예 교토 하루카 편도 할인권으로 간사이 국제공항에서 교토역까지 이동 후, 개찰구를 나가지 않고 플랫폼만 바꾸어 JR 사가 노선을 탄 후 사가아라시야마로 이동이 가능하며, 추가 요금이 발생하지 않는다.

- **교토 내 이동 가능 역**: 사가아라시야마역, 이나리역, 우즈마사역, 우메코지쿄토니시역, 카츠라가와역, 야마시나역, 모모야마역
- **오사카 내 이동 가능 역**: JR난바역, 니시쿠조역, 유니버설시티역, 오사카조코엔역, 하나텐역, 히가시요도가와 역 등

하루카 편도 할인 티켓 요금

이용 지역	하루카 이용 구간	성인	어린이
교토 시내	간사이 국제공항 ↔ 교토	2,200엔	1,100엔
오사카 텐노지	간사이 국제공항 ↔ 텐노지	1,300엔	650엔
오사카 오사카(역), 신오사카	간사이 국제공항 ↔ 오사카, 신오사카	1,800엔	900엔
고베 시내	간사이 국제공항 ↔ 신오사카	2,000엔	1,000엔
나라	간사이 국제공항 ↔ 텐노지	1,800엔	900엔

* 고베로 갈 때는 오사카에서 JR 신쾌속으로 환승해야 하며, 나라로 가려면 텐노지에서 JR 나라선으로 환승해야 한다.

리무진 버스 リムジンバス

리무진 버스는 JR에 비해 요금도 비싸고 소요 시간도 길다. 하지만 호텔이 많은 카라스마역이나 카와라마치역으로 바로 연결되기 때문에 짐이 많은 여행자에게 편리하고, 티켓 교환에 비교적 시간이 오래 걸리는 하루카에 비해 대기 시간 없이 바로 이용할 수 있으며 승차 인원도 적어 쾌적하다는 장점이 있다.

- **타는 곳**: 제1여객터미널 1층 8번 승차장, 제2여객터미널에 1층 2번 승차장
- **티켓 구매 장소**: 자동판매기, 버스 승강장 앞 매표소(신용카드 가능)
- **교토역 행 버스**: 20~30분 간격

편도 승차권은 구입 당일, 왕복 승차권의 경우 돌아오는 티켓은 당일을 포함하여 14일간(고베선은 30일) 유효하다. 교토선·롯코아일랜드(고베선)·나라선은 간사이 국제공항행에 한해 반드시 예약이 필요하며, 히메지선은 왕복 모두 예약이 반드시 필요하다. 위탁 가능한 수하물은 1인당 2개 이내로 총중량 30kg 이내, 최대 길이 2m 이내다. 제1여객터미널에서 제2여객터미널로 이동 시 무료 셔틀을 이용할 수 있다.

간사이 공항교통 www.kate.co.jp(한국어 지원) **케이한 버스** www.keihanbus.jp

> **TIP**
> ### 리무진 아동 요금
> 중학생 이상은 성인 요금으로 간주하며, 6~12세 미만(취학 아동)은 어린이 운임, 1~6세 미만 유아는 성인 또는 어린이 동반자 1명당 1명이 무료이다. 유아라도 좌석을 점유할 경우에는 어린이 요금으로 간주하니 주의하자. 왕복 티켓 구매 시 공항에서 첫 승차일로부터 14일간 유효하다. 당일 왕복 승차권은 더 저렴하게 판매하니 데스크에 문의해보자.

> **TIP**
> ### 리무진 시간표
> - 간사이 국제공항 출발 교토역행은 06:45~23:05, 교토역 출발 간사이 국제공항행은 04:30~21:10에 20~30분 간격으로 운행한다.
> - 자세한 시간표는 www.kate.co.jp에서 참고하자.

리무진 요금표

	교토역	난바OCAT	우메다	고베산노미야역	JR 나라역	히메지
편도	2,800엔	1,300엔	1,800엔	2,200엔	2,400엔	3,700엔
왕복	5,100엔	2,300엔	3,300엔	3,700엔	4,500엔	5,900엔

리무진 버스 정류장

터미널	정류장	목적지
제1여객터미널	1번	간사이 국제공항 전망홀 행
	2번	센호쿠 뉴타운·곤고·고치나가노행, 아와지·나루토·도쿠시마행
	3번	와카야마행, 이바라키행, 난코·덴포잔·유니버설 스튜디오 재팬행
	4번	아마가사키행 , 니시노미야행
	5번	오사카역 앞·차야마치·신우메다시티·신오사카·센리 뉴타운행, 난카이난바역행(심야 버스/운휴 중)
	6번	고베산노미야·롯코 아일랜드행, 히메지·가코가와행
	7번	킨테츠 우에혼마치·신사이바시행, 다카마쓰행, 아베노 하루카스행(운휴 중)
	8번(교토행)	오사카 공항·호타루가이케역행, 고속 교타나베행, 교토역 하치조 출구행
	9번	나라행, 킨테츠 가쿠엔마에행, 야마토야기행
	10번(전체 운휴 중)	덴마바시행, 네야가와·히라카타·구즈하행, 히가시오사카행
	11번	난바(OCAT)행, 오카야마행(운휴 중)
	12번	린쿠 프리미엄 아웃렛행
제2여객터미널	1번	오사카역 앞·차야마치·신우메다시티·센리 뉴타운행
	2번(교토행)	오사카 공항, 호타루가이케역, 고속 교타나베행, 교토역 하치조 출구행

02

교토 - 주요 도시 간 이동하기

교토만 단독으로 여행하는 경우도 많지만 주변의 오사카, 고베, 나라와 연계해 여행하는 사람도 적지 않다. 열차로 이어진 주요 도시로의 이동법을 알아보자.

교토 ⟷ 오사카

한큐 카라스마·교토카와라마치역 → 한큐 오사카우메다역
한큐 특급 43분 ¥410엔

교토역 → JR 오사카역
JR 신쾌속 29분 ¥580엔

기온시조역 → 케이한 요도야바시역
케이한 쾌속특급 49분 ¥430엔

한큐 전철 특급(43분)·통근특급(45분)·쾌속급행(50분)·준급(52분)·보통(60분)으로 나뉘지만 요금은 410엔으로 모두 동일하다.

* 간사이 레일웨이 패스, 한큐 투어리스트 패스 사용 가능

JR 신쾌속 이용 시 한큐와 케이한 전철에 비해 소요 시간은 짧지만 요금이 비싸며 두 전철과 달리 카와라마치가 아닌 교토역에 정차한다. 신칸센(14분, 지정석 2,670엔)·특급(27분, 1,670엔)·신쾌속(29분, 580엔)·쾌속(32분, 580엔)·보통(43분, 580엔)으로 나뉜다. 신칸센은 신오사카역 23~27번, 특급은 오사카역 11번, 신쾌속과 쾌속은 8번, 보통열차는 7번 플랫폼에서 탑승하면 된다.

* JR 웨스트 레일 패스(간사이 패스, 간사이 와이드 패스, 간사이 미니 패스) 사용 가능(신칸센과 특급은 추가 요금, 간사이 미니 패스는 신칸센과 특급 이용 불가)

케이한 전철 교토의 주요 역을 지나기 때문에 일정에 따라 승하차 하기가 편하다. 쾌속특급(49분)·특급(50분)·쾌속급행(54분)·급행(59분)·준급(64분)·보통(81분)으로 나뉘며 요금은 430엔으로 모두 동일하나, 특급 중 전석 지정 좌석인 프리미엄 카는 400~500엔의 추가 요금이 붙는다(패스 소지자도 추가 요금 발생).

* 간사이 레일웨이 패스, 케이한 교토-오사카 관광 승차권 사용 가능

- **오사카-교토 구간 케이한 정차 역**: 요도야바시역 ↔ 키타하마역 ↔ 텐마바시역 ↔ 교바시역 ↔ (중략) ↔ 시치조역 ↔ 키요미즈고조역 ↔ 기온시조역 ↔ 산조역 ↔ 진구마루타마치역 ↔ 데마치야나기역

> TIP
>
> **특급열차는 무조건 빠르다?**
>
> 편도 2시간 이상 걸리는 곳이 아니라면 소요 시간의 차이가 크지 않기 때문에 요금이 더 비싼 특급보다 쾌속열차를 이용하는 것이 좋다. 또한 특급열차는 일반 열차에 비해서 차량 편수가 적기 때문에 쾌속을 이용하는 것이 더 빠를 수도 있다. JR의 경우 요금 차이가 크지만 도착지까지의 소요시간과 환승 시간을 고려하면 쾌속이 더 빠른 경우가 많다.

교토 ⟷ 고베

JR 교토역 → JR 신고베역
JR 신칸센(노조미) 30분 ¥3,630엔(지정석), 2,870엔(자유석)

JR 교토역 ··· JR 산노미야역

JR 신쾌속 ⓒ51분 ¥1,110엔

한큐 교토카와라마치역 ··· 한큐 주소역 or 한큐 오사카우메다역 환승 ··· 한큐 고베산노미야역

한큐 특급 ⓒ70분 ¥640엔

JR 환승 없이 직행으로 연결되지만 한큐 전철에 비해 요금이 비싸다. 신칸센(30분, 지정석 3,630엔, 자유석 2,870엔)·특급(49분, 1,760엔)·신쾌속(51분, 1,110엔)·보통(75분, 1,110엔)으로 나뉜다. 신칸센은 히카리와 노조미 두 종류가 있으며 지정석의 경우 요금은 각각 3,200엔, 3,630엔이다. JR 교토역에서 JR 산노미야역으로 갈 때 신쾌속과 쾌속은 5번, 보통은 4·5번, 신칸센은 13·14번 플랫폼을 이용하면 된다.

* JR 웨스트 레일 패스(간사이 패스, 간사이 와이드 패스, 간사이 미니 패스) 사용 가능(신칸센과 특급은 추가 요금 발생)

한큐 전철 직행편이 없어 한큐 주소역이나 한큐 오사카우메다역에서 환승해야 한다. 특급(70분)·쾌속급행(80분)·급행(90분)·보통(100분)으로 나뉘지만 요금은 모두 동일하다.

* 간사이 레일웨이 패스 사용 가능

교토 ⟷ 나라

JR 교토역 ··· JR 나라역

JR 나라선 쾌속 ⓒ45분 ¥720엔

킨테츠 교토역 ··· 킨테츠 나라역

킨테츠 급행 ⓒ50분 ¥760엔

JR 킨테츠 전철보다 운행 편수가 많다. 쾌속(45분)·보통(75분)으로 나뉘며 요금은 720엔으로 동일하다.

* JR 웨스트 레일 패스(간사이 패스, 간사이 와이드 패스, 간사이 미니 패스) 사용 가능(신칸센과 특급은 추가 요금 발생)

킨테츠 전철 특급(35분)·급행(45분)·준급(55분)·보통(70분)으로 나뉘며 특급을 제외하고 요금은 760엔으로 동일하다. 특급의 경우 간사이 레일웨이 패스를 소지했더라도 520엔의 추가 요금이 발생한다. 특급 이외의 노선은 야마토사이다이지(大和西大寺)에서 1회 개찰구 내 환승이 필요할 수 있다.

* 간사이 레일웨이 패스, 킨테츠 레일 패스 사용 가능

교토 ⟷ 히메지

JR 교토역 ··· JR 히메지역

JR신칸센(히카리) ⓒ50분 ¥5,370엔(지정석), 4,840엔(자유석) / JR도카이도 신쾌속 ⓒ90분 ¥2,310엔

JR 교토에서 히메지로 가는 방법은 신칸센과 신쾌속밖에 없다. 다소 요금이 비싸지만 30분 정도 단축할 수 있는 신칸센을 타거나 , 웨스트레일패스 1일권을 구매해 왕복을 이용하는 방법이 있다.

* JR 웨스트 레일 패스(간사이 패스, 간사이 와이드 패스) 사용 가능

03

교토 시내에서 이동하기

교토 시내에서의 주요 교통 수단은 바로 버스다. 특히 주요 명소가 지하철보다는 버스로 연결되어 있어 버스 타는 법만 제대로 알아도 여행은 성공이라 할 수 있다. 그 외에 지하철, 전철, 택시 이용법에 대해서도 알아보자.

버스 バス

교토는 오사카와 달리 지하철 노선이 미비한 편이며 버스가 주된 교통수단이다. 버스 노선이 주요 명소와 연결되어 있어 여행 시 이동 수단으로 삼기 좋다. 교토의 버스는 교토시 교통국에서 운영하는 시영 버스(京都市バス)와 민간 회사에서 운영하는 교토 버스로 나뉜다. 시영 버스는 주로 시내를 운행하며 교토 버스는 시 외곽과 교토역, 교토카와라마치역 중심가를 연결한다. 현금 지불은 물론 IC 카드인 이코카(ICOCA)도 사용 가능하다.

운행 시간 및 요금

- **운행 시간**: 06:00~22:00
- **요금**: 시내 일괄 230엔, 시 경계를 기준으로 추가 요금 발생

TIP

교토에서 버스 이용하는 팁

❶ 하루에 5회 이상 버스를 이용한다면 지하철·버스 1일권(1,100엔)을 구입하자.
❷ 우리나라와 차량 진행 방향이 반대라는 점을 기억하자.
❸ 출퇴근 시간에는 전철을 이용하는 것도 좋다.

TIP

교토 버스 할인 카드

지하철·버스 1일권 地下鉄·バス一日券

교토의 시영버스, 교토 버스, 지하철을 이용할 수 있는 관광 승차권이다. 교토에 관광객이 늘어나면서 버스에 집중된 승객을 분산시키기 위해 버스 1일권 판매를 중단하고 버스와 지하철을 함께 이용하도록 유도하고 있다. 기존에 판매하던 버스 1일권보다 가격은 약간 비싸지만 지하철과 버스를 잘 연계해서 이용하면 버스만 이용할 때 보다 시간과 승차 피로를 줄일 수 있다. 교토 시내에서 하루에 5회 이상 버스를 이용할때 좋고, 교토 외곽을 방문할 경우 특히 유용하다. 오하라에 다녀올 때는 왕복만 해도 본전을 뽑을 수 있다.

¥ 성인 1,100엔, 어린이 550엔 JR 교토역 앞 버스 티켓 센터, 지하철 역 발권기

버스공통회수권 バス共通回数券

¥ 1,000엔(230엔 4매, 180엔 1매), 5,000엔(230엔 24매)
JR 교토역 앞 버스 티켓 센터, 버스 정류장 근처 상점

이용하기

교토 버스 노선은 언뜻 복잡해 보이지만 구조를 이해하면 파악하기 쉽다. 가로와 세로 노선이 바둑판 모양으로 교차하고 있어 출발지와 목적지에 따라 환승 정류장을 찾으면 된다. 여행자들이 가장 많이 이용하는 정류장은 교토역 앞에 있는 교토에키마에와 기온과 가까운 시조카와라마치 정류장이다. 버스 간 환승 할인은 불가능하며, 번호가 같아도 방향이 반대일 수 있으니 탑승 전에 버스 표지판을 잘 확인해야 한다. P.094

- ☐ **정류장 찾기** 교토는 승강장마다 버스 승하차 위치가 정해져 있다.
- ☐ **운행 시간표 확인하기** 정류장에는 시영 버스와 교토 버스, 라쿠 버스 평일, 토요일, 휴일별 운행 시간표가 나와 있다.
- ☐ **버스 타기** 버스가 승차장에 완전히 정차하면 뒷문으로 탑승한다. 요금은 하차 시 지불하며, 현금으로 지불할 경우 탑승할 때 정리권을 뽑는다. 균일가 버스의 경우 정리권이 없으므로 하차 시 균일 금액 230엔을 지불하면 된다.
- ☐ **버스 내리기** 정차하는 정류장 이름은 차내 전광판에 게시되며, 안내 방송도 나온다. 일본어에 자신이 없다면 탑승하면서 기사에게 행선지를 미리 말해두자.
- ☐ **요금 지불하기(지하철·버스 1일권)** 앞문으로 내리면서 결제함에 달린 카드 주입구에 카드를 통과시킨다. 최초 탑승 시에만 카드 투입구에 통과시킨 후 다음부터는 기사에게 날짜만 보여주면 된다.
- ☐ **요금 지불하기(현금)** 전광판에서 정리권 번호에 해당하는 요금을 확인한다. 거스름돈이 나오지 않기 때문에 미리 잔돈을 준비해 정확한 요금을 결제함에 넣는다. 최대 1,000엔의 현금은 현금교환기를 사용해 잔돈으로 바꿀 수 있다.
- ☐ **요금 지불하기(IC 카드)** 뒷문으로 타면서 계기판에 IC 카드를 태그하고, 앞문으로 내릴 때도 마찬가지로 IC 카드를 태그한다. 앞문으로 내리면서 결제함의 IC 카드 계기판에 카드를 터치한다.

단일 요금
어른 230엔, 어린이 120엔

205 | 4

주황색이나 파란색 등의 바탕색 위에 번호가 적힌 버스.

거리 비례 요금
운행 거리만큼 요금이 부과된다. 버스 탑승 시 탑승권을 받아야 한다.

5

흰색 바탕 위에 번호가 적힌 버스.

버스 표지판 읽는 법

노선 : 6가지 색으로 경유 노선 구분
계통 고유 번호

관광 특급 버스

주말과 공휴일에만 운행하는 버스로, 교토 동부 관광지를 순환하는 버스다. 차량 겉면에 관광특급[観光特急] 이라 표기되어있으며, 노선 번호에 EX가 붙는다. 노선은 두 개뿐으로 EX100은 교토역, 기온, 키요미즈데라, 헤이안 신궁, 긴카쿠지를 순환하며 EX101은 교토역과 키요미즈데라만 순환해 빠르게 이동할 수 있는 장점이 있다. 1회 탑승 요금이 성인 500엔, 아동 250엔으로 다소 비싼편이지만, 지하철·버스 1일권(1,100엔)으로도 이용 가능하므로 이 패스가 있다면 걱정 없다. EX100번을 이용한다면 교토역 출발 기준 키요미즈데라는 10분, 긴카쿠지는 24분 걸리며 일반 노선버스를 이용하는 것에 비해 절반 감소된 시간으로 이동 가능하다.

- **요금**: 성인 500엔, 아동 250엔 / 지하철·버스 1일권(1,100엔) 이용 가능
- **노선**: EX100: 교토역-고죠자카(키요미즈데라)-오자카지공원(헤이안 신궁)-긴카쿠지미치(긴카쿠지) 순환
  EX101: 교토역-고죠자카(키요미즈데라) 순환
- **특징**: 다른 노선버스와 달리 앞문으로 탑승 후, 뒷문으로 하차한다(탑승 시 요금 지불)

지하철 地下鉄

교토 지하철은 남북으로 운행하는 카라스마선과 동서로 운행하는 토자이선으로 구성되어 있다. 교토 고쇼와 니조성을 제외하면 역과 명소의 거리가 멀기 때문에 여행자들이 이용할 일은 많지 않다. 간사이 레일웨이 패스, 교토 지하철·버스 1일권 소지 시 버스와 지하철을 조합해서 여행하면 교토의 교통 체증을 피할 수 있다.

¥ 220~360엔(거리 비례) ⓒ 05:27~24:25(노선에 따라 상이)

교토 지하철 노선도

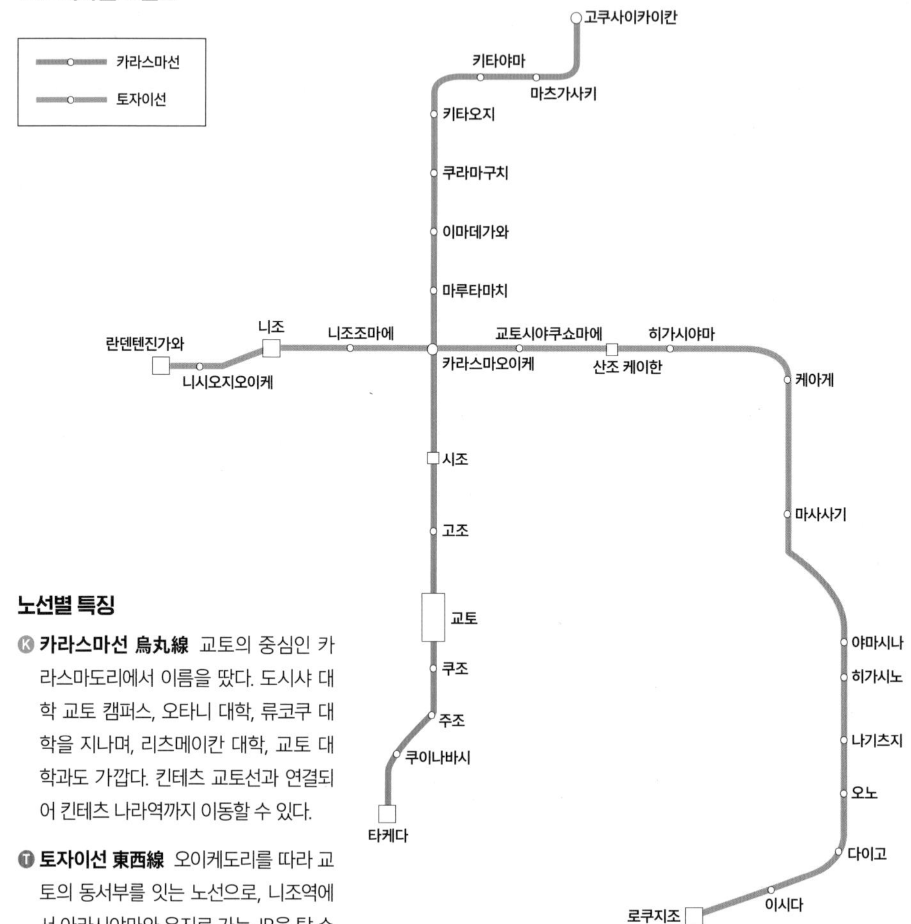

노선별 특징

Ⓚ **카라스마선 烏丸線** 교토의 중심인 카라스마도리에서 이름을 땄다. 도시샤 대학 교토 캠퍼스, 오타니 대학, 류코쿠 대학을 지나며, 리츠메이칸 대학, 교토 대학과도 가깝다. 킨테츠 교토선과 연결되어 킨테츠 나라역까지 이동할 수 있다.

Ⓣ **토자이선 東西線** 오이케도리를 따라 교토의 동서부를 잇는 노선으로, 니조역에서 아라시야마와 우지로 가는 JR을 탈 수 있다.

지하철 티켓 구입하기

❶ 자판기 위의 지하철 노선도에서 목적지까지의 요금을 확인한다.

❷ 자판기에 돈을 넣는다.

❸ 자판기에서 목적지까지의 요금과 일치하는 금액의 버튼을 찾아 누른다.

❹ 지하철 티켓과 잔돈을 챙긴다.

케이후쿠 전철 京福電鉄

'란덴(嵐電)'으로도 불리는 케이후쿠 전철은 교토의 북서쪽을 지나는 노선으로 니조성 근처 시조오오미야역에서 아라시야마역까지 이어진다. 1량 혹은 2량으로 편성된 아주 작은 열차로, 가마쿠라에 에노덴이 있다면 간사이에는 란덴이 있다고 할 정도로 인기가 높다.

🕓06:10~23:40 ¥ 전 구간 250엔, 1일권 700엔, 교토 지하철+케이후쿠 전철 1일권 1,300엔

이용하기

케이후쿠 전철 승강장에는 승차권 판매기나 직원 없이 플랫폼만 있는 경우가 많다. 요금은 목적지에 내릴 때 운임함에 내면 되는데, 거스름돈이 나오지 않으므로 미리 잔돈을 준비하거나 운임함 옆에 있는 동전 교환기에서 교환 후 지불하면 된다. 카타비라노츠지역에서 료안지 방향으로 가는 기타노선과 니조성으로 가는 아라시야마 본선이 있다.

에이잔 전철 叡山電鉄

교토의 북쪽을 지나는 노선으로, 케이한 그룹에서 운영한다. 왕실 별궁이었던 슈카쿠인, 왕실 사찰로 단풍이 아름다운 만슈인, 교토 라멘 맛집 격전지인 이치조지로 갈 때 편리하다. 데마치야나기역에서 케이한선과 연결된다.

🕓05:30~24:00 ¥ 1구간 220엔, 2구간 280엔, 3구간 350엔, 4구간 410엔, 5구간 470엔

이용하기

데마치야나기역 케이한선 출구로 나간 다음 다시 에이잔 전철 입구로 들어가야 한다. 역은 분리되어 있지만 승차권은 케이한선과 에이잔 전철에서 모두 사용할 수 있다. 승강장은 2개로 나뉘어 있으며 왼쪽이 쿠라마선, 오른쪽이 에이잔 본선이다. 슈카쿠인, 만슈인, 이치조지는 에이잔 본선, 쿠라마선 모두 이용할 수 있다.

택시 タクシー

교토는 버스가 주요 교통수단이라 지하철이 주요 교통수단인 오사카에 비해 도로 정체가 심하다. 러시아워에는 택시를 타고 막히지 않는 길로 이동하면 시간을 절약할 수 있다. 단, 요금이 비싸므로 4인인 경우에 이용하는 것이 좋다.

¥ 중형 택시 기본 500엔/1km, 이후 279m당 추가 100엔, 1분 45초당 추가 100엔(한큐 택시 기준)

여행자들이 꼭 알아둬야 할

교토에키마에·시조카와라마치 버스 정류장

Ⓐ 교토에키마에

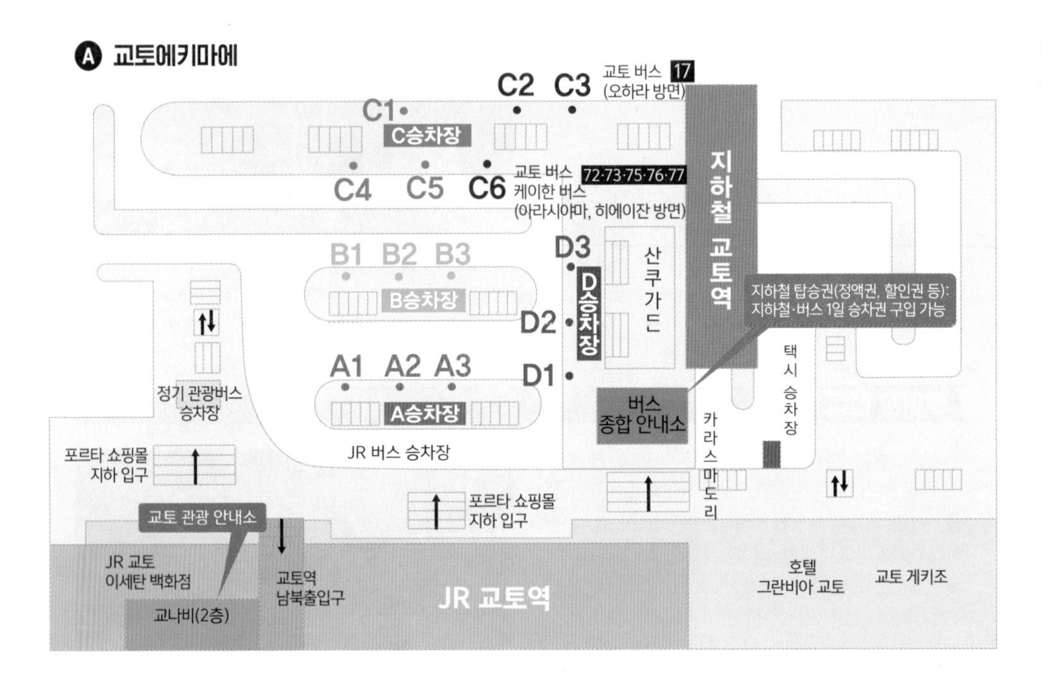

교토에키마에 승강장별 버스

승강장	번호	버스 번호	주요 행선지
A	1	5번	헤이안 신궁, 난젠지, 에이칸도, 긴카쿠지
	2	4번	시조카와라마치, 데마치야나기, 시모가모 신사
		7번	시조카와라마치, 데마치야나기, 긴카쿠지
		205번	시조카와라마치, 시모가모 신사
	3	6번	시조오미야, 붓교다이가쿠(불교대학)
		206번	시조오미야
B	1	9번	니시혼간지, 니조성, 가미가모 신사
	2	50번	니조성, 키타노텐만구
	3	205번	교토 아쿠아리움, 우메코지 공원, 킨카쿠지
		208번	교토 아쿠아리움, 우메코지 공원
		86·88번	교토 아쿠아리움, 우메코지 공원, 교토 철도 박물관
C	1	205번	구조 차고
	3	교토 버스 17번	오하라 방면

승강장	번호	버스 번호	주요 행선지
C	4	南5	후시미이나리 신사, 다케다역 동쪽 출구, 추쇼지마(일부)
		16번	토지사 서문, 라조몬, 시민 재난 방지 센터
		19번	토지사 남문, 시민 재난 방지 센터, 조난구 신사
		78번	토지사 남문, 쿠제 코교 아파트 복합단지
		42번	토지사 동문, 시민 재난 방지 센터, 나카쿠제
		81번	니시오테츠지, 추쇼지마
	5	23번	니시쿄고쿠 스포츠 공원, 라쿠사이 버스 터미널
		33번	라쿠사이 버스 터미널, 한큐 카츠라역
		75번	니시혼간지, 도에이우즈마사 영화촌
	6	28번	아라시야마, 다이카쿠지
		교토 버스 73·75·76번	아라시야마
D	2	86·206번	산주산겐도, 키요미즈데라, 기온
		88·208번	산주산겐도, 센뉴지, 토후쿠지
	3	26번	묘신지, 닌나지

교토에키마에 정류장

B 시조카와라마치초

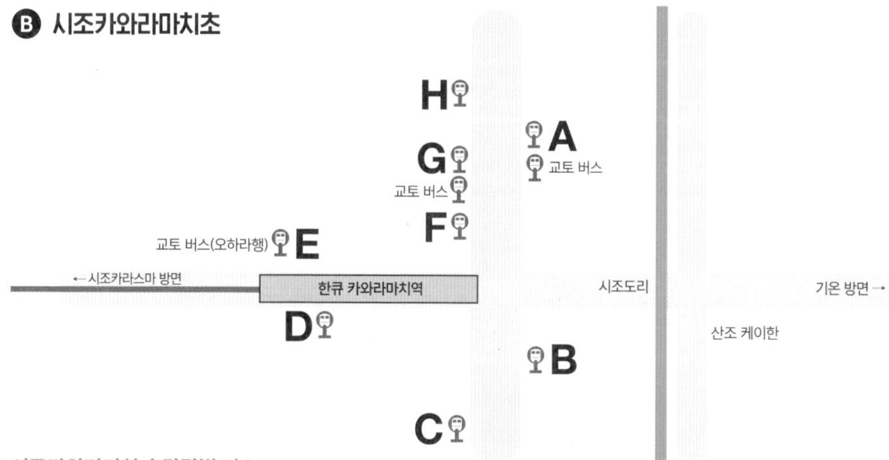

시조카와라마치 승강장별 버스

승강장	버스 번호	주요 행선지
A	5번	시조카라스마, 교토역
	10번	산조 케이한, 교토 고쇼, 키타노텐만구, 묘신지, 닌나지
	15번	니조성, 리츠메이칸 대학, 엔마치
	37번	산조 케이한, 키타오지 버스 터미널, 가미가모 신사
	51번	산조 케이한, 키타노텐만구, 리츠메이칸 대학
	59번	산조 케이한, 킨카쿠지, 료안지
	86번	기온, 키요미즈데라, 산주산겐도
B	4·7·80·205번	교토역
	5번(고조 경유)	카와라마치, 고조, 교토역
C	7번	데마치야나기, 긴카쿠지
D	3번	교토 외대, 마츠오교
	11번	우즈마사, 아라시야마
	12번	니조성, 킨카쿠지
	31번	시조카라스마
	32번	니시쿄고쿠, 교토 외국어 대학
	46번	시조오미야, 가미가모 신사
D	58번	시조오미야, 우메코지 공원/교토 철도 박물관 앞
	201번	시조오미야, 센본이마데가와
	203번	니시오지시조, 키타노텐만구
	207번	시조오미야, 토지, 히가시몬
E	11·12번	산조 케이한
	31번	기온, 햐쿠만벤, 슈가쿠인
	46번	기온, 헤이안 신궁
	201번	기온, 햐쿠만벤
	203번	기온, 긴카쿠지
	58·207번	기온, 키요미즈데라, 토후쿠지
F	4번	시모가모 신사, 카미가모 신사, 데마치야나기
	205번	시모가모 신사, 키타오지 버스 터미널, 킨카쿠지
G	3번	데마치야나기
	7번	데마치야나기, 키타오지 버스 터미널, 긴카쿠지
H	5번	헤이안 신궁, 난젠지, 에이칸도, 긴카쿠지
	32번	헤이안 신궁, 긴카쿠지

나에게 맞는 패스를 골라보자
교토 여행 시 필요한 주요 패스

지하철·버스 1일권 地下鉄·バス一日券

교토 및 시 외곽을 저렴하게 돌아보고 싶다면

하루 동안 교토 시영 버스와 교토 버스, 케이한 버스 등 대부분의 버스와 시영 지하철을 제한 없이 이용할 수 있는 패스다. 주말에만 운영하는 관광 특급 버스(1회탑승 500엔)도 무제한 탑승 가능하다. 오하라, 이와쿠라, 야마시나 지역을 추가 요금 없이 갈 수 있으며 오하라(교토역 기준) 왕복 비용은 1,120엔으로 지하철 버스 1일권 구입만으로도 이미 이득이다.

특징

- **종류** 1일권 성인 1,100엔, 아동 550엔
- **추천** 교토 일정에서 오하라 왕복을 포함해 하루 3회 이상 버스를 이용할 경우
- **혜택** 시영 지하철, 교토 시영 버스 전 노선, 교토 버스(교토시 중심부 및 오하라, 이와쿠라, 아라시야마 경계 내 포함), 케이한 버스(교토시 중심부 및 야마시나, 다이고 지역) 노선 이용 가능
- **판매처** 시영 버스 내, 지하철 안내소, 정기권 판매소, 영업소, 지하철역

케이한 교토 관광 패스 1일권 KYOTO SIGHTSEEING PASS

우지 여행자들에게 추천

교토 시내의 케이한선을 하루 동안 제한 없이 이용할 수 있다. 교토에서 숙박을 하고 우지를 방문할 여행자에게 가장 유용한 패스로 교토(기온 기준)에서 케이한선을 이용해 우지로 갈 경우 왕복 640엔이므로, 이 구간을 이용하고 후시미이나리 신사나 토후쿠지 등의 일정이 추가된다면 더욱 이득이다. 숙소가 기온시조, 산조 등 케이한선과 가깝다면 특히 좋다.

특징

- **가격** 성인 700엔, 아동 300엔(국내 여행사 구매)/성인 800엔(일본 현지 구매)
- **추천** 교토에서 묵으며 우지를 반드시 방문할 계획이고 그 외 후시미이나리 신사, 토후쿠지 등을 방문할 경우
- **혜택** 교토 케이한선 1일 무제한 이용(야와시타역~데마치야나기역, 주쇼지마역~우지역, 오토코야마 케이블선(야와타시역~오토코야마산조역))
- **판매처** 간사이 국제공항 제1터미널 간사이 투어리스트 인포메이션 센터, 간사이 투어리스트 인포메이션 센터 교토, 케이한 산조역, 케이한 교토그란데 호텔, 케이한 교토 하치조구치 호텔, 교토 타워 호텔, 교토 센추리 호텔, 더 사우전드 교토 호텔, 굿네이처 호텔 교토(여권 필수 지참)

란덴 1일 프리킷푸 嵐電1日フリーきっぷ

아라시야마와 교토 서부에 갈 예정이라면

'란덴'이라는 애칭으로 더 유명한 케이후쿠 전철을 무제한으로 이용할 수 있는 패스. 아라시야마와 교토 서부로 갈 수 있는 방법은 여러가지가 있지만, 아름다운 풍경으로 인기가 높아 연간 700만 명 이상이 탑승하는 란덴을 이용해 관광하고 싶다면 1일 승차권을 구매하면 유용하다. 케이후쿠 전철의 1회 승차 요금은 250엔이지만, 아라시야마 본선과 기타 노선 모두 자유롭게 1일동안 탑승 가능한 1일 승차권이 700엔이므로 3회 이상 탑승한다면 이득이다.

특징

- **가격** 성인 700엔, 아동 350엔
- **추천** 교토에 숙박하며 아라시야마와 닌나지, 묘신지, 료안지 등 교토 서부를 두루두루 방문할 경우
- **혜택** 케이후쿠 전철(아라시야마 본선, 기타 노선) 무제한 이용
- **판매처** 케이후쿠 전철 각역(시조오미야, 아라시야마, 카타비라노츠지, 기타노하쿠바이초 등)

TIP

쿠라마, 기부네에 갈 예정이라면

쿠라마, 키부네에 갈 때는 '에이잔 1일 승차권 에에킷푸' 나 '게이한 교토·오사카 관광 승차권(쿠라마&키부네 지역 확대판)을 이용할 수 있다. 자세한 내용은 p.201 참고.

숙소 위치별 패스 선택 노하우

- **오하라 포함**: 지하철·버스 1일권(1,100엔)
- **쿠라마 온천 포함**: 쿠라마·키부네히가에리킷푸(2,000엔)
- **우지·후시미이나리 포함**: 케이한 교토 관광 패스 1일권
- 키요미즈데라, 킨카쿠지, 긴카쿠지, 니조성 등 교토 시내에서 버스를 5회 이상 탑승 시 지하철·버스 1일권(1,100엔)

REAL GUIDE

교통도 쇼핑도 한 장으로 다 되는 교통카드 **이코카 ICOCA**

JR 서일본에서 발행하는 교통카드로, 일본에서는 IC카드라고 부른다. 오사카 사투리 '갈까? 行こか(이코카)'에 착안해 이름 붙였다. JR은 물론 사철, 지하철, 버스, 노면전차 등 거의 모든 교통 수단을 이 카드 한 장으로 탑승 가능하며(신칸센 및 유료 특급은 좌석권 별도 구매 필요) 오사카를 포함한 일본 전국에서 사용할 수 있다. 한국의 교통카드와 마찬가지로 충전해서 사용하며 탑승하는 만큼 금액이 차감되는 형태로, 카드 한 장만으로 노선 구분 없이 편하게 탑승 가능하다는 것이 가장 큰 장점이다. 교통비를 절감하려면 교통 패스를 구매하는 것도 유용하지만, 이용 가능한 노선을 확인하지 않고 편하게 이용하고 싶다면, 또 교통편을 많이 사용하지 않아 탑승한 만큼만 금액을 지불하고 싶은 사람에게 좋다.
또 교통카드의 기능뿐 아니라 이코카 마크가 있는 식당, 점포 등에서 결제 수단으로도 이용 가능해 더욱 편하다. 구매와 충전은 현금으로만 가능하며, 카드 유효 기간은 발급일로부터 10년이다.

사용 방법

지하철 승차 시 충전된 이코카를 개찰구에 태그해 통과하고, 하차 시에도 마찬가지로 개찰구에 태그하고 통과하면 된다. 이때 개찰구에서 결제된 금액과 카드의 잔액을 확인할 수 있다. 버스의 경우, 뒷문으로 승차할 때 단말기에 이코카를 태그한 후, 앞문으로 하차할 때 앞문의 단말기에 태그 후 하차한다.
상점에서 이코카로 결제하려면 먼저 이코카 마크가 부착되어 있는지 확인할 것. 점원에게 이코카로 결제하겠다고 말한 뒤 결제 금액을 확인 후 터치패드에 터치하면 된다. 충전만 해두면 현금을 세고 주고받는 번거로움이 없어 매우 편리하다.

구매 및 충전

JR역 창구 '미도리노마도구치(みどりの窓口)', 'ICOCA' 마크가 있는 티켓 자동 발매기에서 구매 가능하다. 일반적으로 카드 보증금 500엔과 카드 충전액 1,500엔을 포함해 2,000엔에 판매하며 카드 보증금 500엔은 카드를 환불하면 돌려받을 수 있다. 추가 충전 시에는 이코카 충전(ICOCA チャージ)이라고 적힌 티켓 발매기에서 충전할 수 있으며, 편의점에서도 이코카 마크가 부착되어 있는 곳이라면 충전 가능하다. 직원에게 '이코카 챠-지(チャージ)'라고 요청하면 된다.

실물 카드를 지갑 앱으로 옮기기

- 아이폰 사용자라면 가지고 있는 이코카 카드를 지갑 앱으로 옮겨서 사용할 수 있다. 단, 모바일 카드로 등록한 후에 실물 카드는 사용할 수 없으니 주의할 것.
- 아이폰의 지갑 애플리케이션 열기 → 상단 '+' 버튼 → 교통 카드 선택 → ICOCA 선택 → 동의 및 기존 카드 이체 → ICOCA ID번호 마지막 4자리

***ICOCA ID번호** 카드 뒷면 오른쪽 하단에 인쇄된 'JW'로 시작하는 17자리 숫자

- 실물카드를 모바일 이코카로 등록한다면 보증금 500엔도 잔액에 포함되어 확인된다.
(예: 잔액 500엔의 이코카를 아이폰으로 옮길 경우 카드 보증금까지 잔액이 1,000엔으로 등록됨)

모바일 이코카 발급하기

- 모바일 이코카 발급은 아이폰에서만 가능하며, 마스터카드로만 결제 가능하다(애플페이 지원되는 현대 마스터카드 필요).
- 아이폰 지갑 열기 → 상단 '+' 버튼 → 교통카드 선택 → ICOCA 선택 → 동의 및 계속 → 충전 금액 선택(최소 1,000엔)

교토시

우지

⑥ 킨카쿠지 p 208

킨카쿠지

⑦ 아라시야마 p 222

텐류지

① 과거와 현재가 조화를 이루는 교토 여행의 관문 **교토역**

② 천년 고도를 간직한 **키요미즈데라&기온**

③ 천천히 걷는 즐거움, 계절마다 벚꽃과 단풍으로 뒤덮이는 **긴카쿠지**

④ 일본 역사의 중심 **니조성&교토 고쇼**

⑤ 숨겨진 명소들이 가득한 **교토 북부**

⑥ 눈부신 금빛 누각 **킨카쿠지**

⑦ 귀족들이 사랑한 풍경 **아라시야마**

⑧ 일본 최고의 녹차를 만나고 싶다면 **우지**

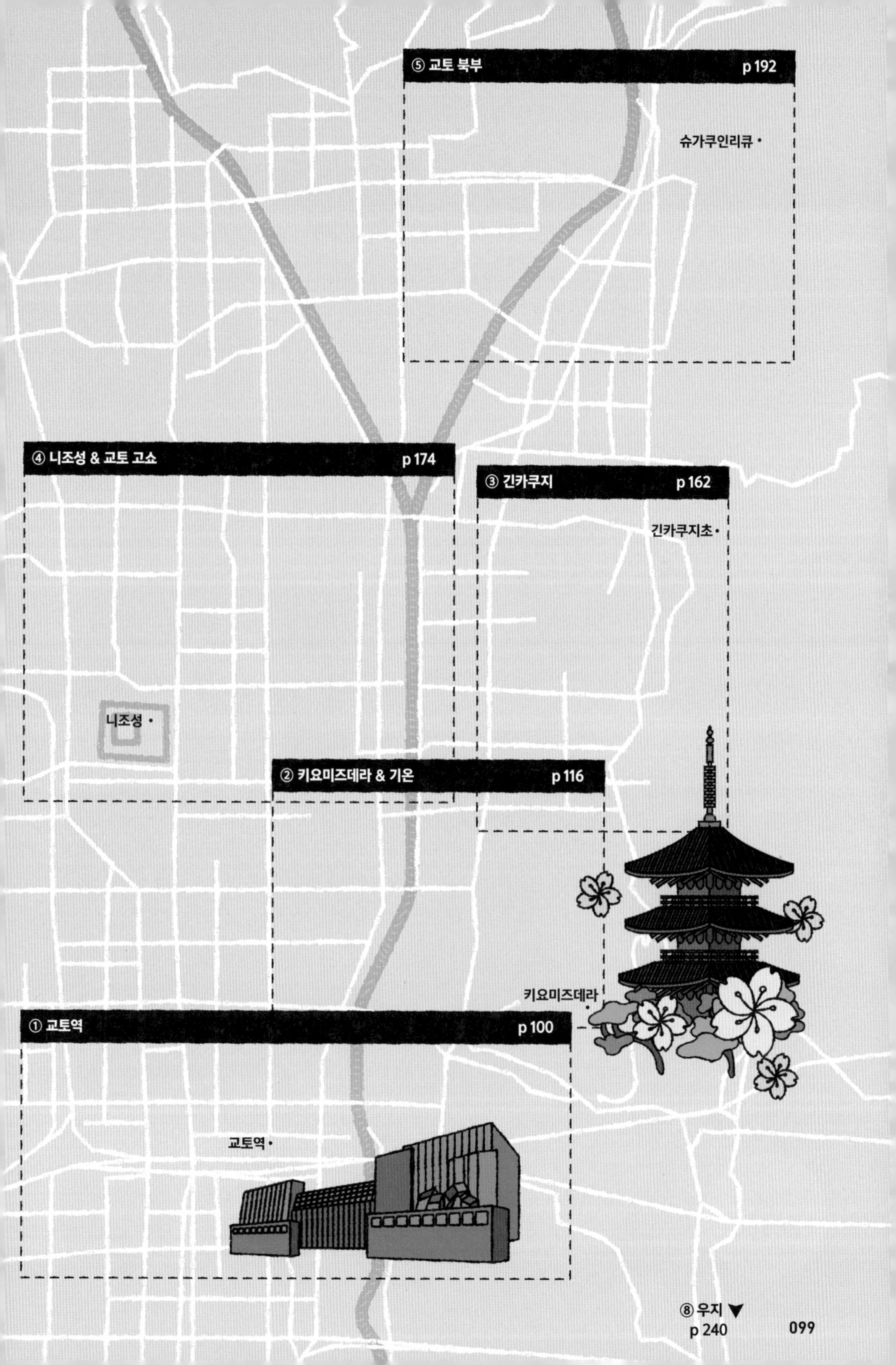
⑤ 교토 북부 p 192
슈가쿠인리큐 •
④ 니조성 & 교토 고쇼 p 174
③ 긴카쿠지 p 162
긴카쿠지초 •
니조성 •
② 키요미즈데라 & 기온 p 116
키요미즈데라 •
① 교토역 p 100
교토역 •
⑧ 우지 ▼
p 240

교토역
BEST 5
01
교토 타워
오르기
02
귀무덤
방문
03
하시타테
덮밥 먹방
04
교토역 지하상가
포르타 쇼핑
05
교토 아반티에서
돈키호테 구경

교토의 관문
교토역
KYOTO STATION 京都駅

교토 여행의 첫 관문인 JR 교토역은 버스, 지하철, 사철, JR, 신칸센이 모두 모이는 교토 최대의 교통 중심지다. 4,000장의 유리 외벽이 모던한 분위기를 풍기는 JR 교토역, 아름다운 야경을 자랑하는 교토 타워, 백화점 등 다양한 편의 시설이 밀집해 있다. 걸어서 20분만 이동하면 교토역사에 한 획을 그은 사찰들도 만나볼 수 있어 옛것과 새것의 조화를 제대로 감상할 수 있다.

ACCESS

주요 이용 패스

- **오사카에서 이동** JR 간사이 미니 패스, 교토-오사카 관광 패스, 간사이 레일웨이 패스
- **교토 내에서 이동** 지하철·버스 1일권, 간사이 레일웨이 패스

공항에서 가는 법

JR 간사이쿠코역
JR 특급 하루카 80분 ¥3,640엔(지정석 기준)
JR 교토역

* 공항에서 교토로 이동 시 하루카 편도 할인 티켓을 미리 구매하면 지정석을 2,200엔에 이용 가능하다.

오사카에서 가는 법

JR 오사카역
JR 토카이도 산요 본선 29분 ¥580엔
JR 교토역

JR 신오사카역
JR 토카이도 산요 신칸센 15분 ¥1,450엔(자유석)
JR 교토역

교토역
상세 지도
본문에 표시한 각 스폿의 GPS 번호로 검색하면
보다 빠르게 정확한 위치를 찾을 수 있습니다.
05 카메야무츠
02 시가 커피
바사라 07
와르고 교토타워산도점 06
교토 타워 02
08 교토 아쿠아리움
07 교토 철도 박물관
교토역 01
하시타테 01
JR 교토 이세탄 백화점 02
교토역 포르타 03
오미야게카이도 05
교토 아반티 04
01 이온몰 교토
04 토지
토지
교토 부립 도바고등학교
N
W
E
S

SEE
EAT
SHOP
09 귀무덤
시치조
06 교토 국립 박물관
03 혼케 다이이치아사히 본점
04 신부쿠 사이칸 본점
05 산주산겐도
카모강
토후쿠지
교토제일적십자병원
03 토후쿠지

01

교토역 京都駅

일본 제1의 관광 도시 교토의 관문

일본 각지를 잇는 신칸센을 비롯해 고속버스, 서일본 JR, 긴키닛폰 철도가 정차하는 교통 요충지다. 지상 16층, 지하 3층(높이 60m), 너비 470m의 역사는 일본에서도 손꼽히는 규모로 1997년에 완공되었으며, 4,000장의 유리를 사용한 역 정면부와 돔형 지붕으로 구성됐다. 동쪽은 호텔 그란비아 교토, 서쪽은 이세탄 백화점과 연결돼 있다. 옥상 광장(스카이 가든)으로 이어지는 4~9층 에스컬레이터에서는 14,750개의 LED 조명이 만들어내는 화려한 영상을 볼 수 있다. 교토 타워에 버금가는 시원한 야경을 감상할 수 있는 10층의 스카이웨이(SKYWAY)는 입장료가 없어 알뜰 여행족들이 즐겨 찾는다.

JR·지하철 카라스마선 교토역(京都駅)/시영 버스 4·5·9·17·26·28·50·205·206·208번 탑승 후 교토에키마에(京都駅前) 정류장에서 하차 京都市下京区東塩小路釜殿町 미도리노 마도구치(JR선 창구) 05:30~23:00, 스카이 가든 06:00~23:00, 스카이웨이 10:00~22:00 kyoto-station-building.co.jp 34.98584, 135.75876

02

교토 타워 京都タワー

교토의 에펠탑

교토역 앞에 131m 높이로 세워진 교토의 상징으로 1964년 완공되었다. 교토에서 유일하게 360도 전경을 감상할 수 있는 전망대이며, 세계에서 가장 높은 무철골 건축으로도 유명하다. 일몰부터 22시까지 타워 전체에 불을 밝히니 멋진 기념사진을 남겨보자. 전망대 입장 시 무료 망원경으로 교토 시내 야경도 즐길 수 있다. 지하 1층~지상 2층에는 다양한 먹거리와 기념품 그리고 교토 문화를 체험할 수 있는 복합 쇼핑몰 교토 타워 산도가 있어 여행자의 발걸음을 이끈다.

¥ 성인 900엔, 고등학생 700엔, 초·중생 600엔, 유아(3세 이상) 200엔 JR 교토역(京都駅) 중앙 출구, 지하철 카라스마선 교토역(京都駅) 4번 출구에서 도보 1분/시영 버스 4·5·7·9·26·28·50·EX100·EX101·205·206·208번 탑승 후 교토에키마에(京都駅前) 정류장에서 하차, 도보 1분 京都府京都市下京区東塩小路町721-1 10:00~21:00(입장 마감 20:30) 075-361-3215 34.98756, 135.75935

03

토후쿠지 東福寺

단풍으로 물든 고풍스러운 사찰

나라의 토다이지(東大寺)와 고후쿠지(興福寺)에 대적하기 위해 지은 사찰로 두 곳의 이름에서 한 자씩 가져와 '토후쿠지'라고 명명했다. 선종 토후쿠지파의 총본산으로 메이지 시대에 대웅전 일부가 불타 소실되었음에도 중세 선종 사원 특유의 웅장한 기운을 느낄 수 있다. 일본에서 가장 오래된 선종 정문인 '삼문[공문(空門)·무상문(無相門)·무작문(無作門)]' 등 국보급 건물이 많아 교토 최고의 선종 사찰 5곳 중 한 곳으로 꼽힌다. 회랑식 목조 다리 츠텐바시(通天橋)로 가면 단풍으로 어우러진 카이산도 계곡 풍경도 즐길 수 있어 단풍 명소로 손꼽힌다.

¥ [경내] 무료 [츠텐바시&카이산도] 성인 600엔, 중학생 이하 300엔(11월 11일~12월 3일 성인 1,000엔, 중학생 이하 300엔) [본당 정원&츠텐바시&카이산도 통합권] 성인 1,000엔, 중학생 이하 500엔(11월 11일~12월 10일 제외) JR·케이한 토후쿠지역(東福寺駅)에서 남동쪽으로 도보 10분/시영 버스 202·207·208번 탑승 후 토후쿠지(東福寺) 정류장에서 하차, 도보 10분 京都市東山区本町15丁目778 4~10월 09:00~16:00, 11월 1일~12월 초 08:30~16:00, 12월 초~3월 말 09:00~15:30 075-561-0087 www.tofukuji.jp 34.9766, 135.77436

04

토지 東寺

일본에서 가장 높은 목탑이 있는

794년 헤이안쿄(교토) 천도 직후 헤이안쿄의 정문에 해당되는 라쇼몬을 사이에 두고 동서에 지은 두 사찰 중 동쪽 사찰이다. 일본 진언종의 총본산으로, 지진과 화재로 소실된 것을 17세기에 재건했다. 본당인 금당(金堂)에는 1603년에 만든, 높이 10m에 이르는 약사여래상이 안치되어 있다. 826년에 승려 구카이가 건설하기 시작해 9세기 말에 완공한 오층탑은 일본에서 가장 높은 목탑으로 높이가 54.8m에 달한다. 매월 21일에 구카이 추모 행사 및 벼룩시장이 열려 구경하는 재미도 쏠쏠하다. 벚꽃 철(3월 말~4월)과 단풍철(10월 말~12월 초)에 라이트업 행사가 있으니 미리 확인하자.

¥ [경내] 무료 [금당+경당] 성인 500엔, 고등학생 400엔, 중학생 이하 300엔 🚶 JR 교토역(京都駅) 하치조(八条口) 출구에서 도보 15분/시영 버스 16·19·42·78·207번 탑승 후 토지히가시몬마에(東寺東門前) 정류장에서 하차, 도보 1분 📍 京都市南区九条町1 🕓 [경내] 05:00~17:00 [금당+경당] 08:00~17:00 📞 075-691-3325 🏠 www.toji.or.jp 🌐 34.98111, 135.74759

05

산주산겐도 三十三間堂

나라를 위한 간절한 마음이 모인 곳

1164년 고시라카와 일왕의 명으로 지은 사찰로, 정식 명칭은 렌게오인(蓮華王院)이다. 나라의 평안을 기원하는 1,000명의 천수관음을 33개 칸으로 이루어진 본당에 모셔 산주산겐도라는 별칭으로도 불린다. 본당은 총길이 120m의 일본에서 가장 긴 목조 건물로, 내부로 들어가면 거대한 본존상을 중심으로 양옆에 500개씩 자리한 천수관음상이 시야를 압도한다. 천수관음상은 각각 11면의 얼굴과 40개의 팔을 지니고 있으며 그 모습이 각기 다르다. 본당 내부는 사진 촬영이 금지되어 있으니 유의하고, 무료로 물품 보관함을 이용할 수 있으니 두 손 가볍게 경내를 돌아보자.

¥ 성인 600엔, 중고생 400엔, 초등학생 이하 300엔 🚶 시영 버스 206·208번 탑승 후 하쿠부츠칸·산주산겐도마에(博物館·三十三間堂前) 정류장에서 하차, 도보 1분 📍 京都市東山区三十三間堂廻り町657 🕓 4월 1일~11월 15일 08:30~17:00, 11월 16일~3월 31일 09:00~16:00 📞 075-561-0467 🏠 www.sanjusangendo.jp 🌐 34.98788, 135.77171

06 교토 국립 박물관 京都国立博物館

일본 3대 박물관 중 하나

헤이안 시대에서 에도 시대에 이르는 교토의 문화재를 소장, 전시하는 박물관으로 1897년 5월에 개관했다. 나라, 도쿄 국립 박물관과 함께 일본의 3대 박물관으로 꼽힌다. 국보 27점, 중요 문화재 181점을 포함해 총 1만 2,000여 점의 유물이 전시되어 있다. 상설전 외 특별전도 수시로 개최해 볼거리가 풍부하다.

¥ 성인 700엔, 대학생 350엔, 만 18세 미만&70세 이상 무료 시영 버스 206·208번 탑승 후 하쿠부츠칸·산주산겐도마에(博物館·三十三間堂前) 정류장에서 하차, 도보 1분 京都市東山区茶屋町527 09:30~17:00, 금 09:30~20:00(폐관 30분 전 입장 마감, 월 휴관) 075-525-2473 kyohaku.go.jp 34.98998, 135.77311

TIP

금요일엔 야간 개장을 이용하자

교토 국립 박물관은 금요일에 한해 19시까지 야간 개장한다. 낮보다 이용자가 적어 조용하게 관람 가능하며, 박물관 내 카페와 레스토랑도 연장 영업해 저녁 식사도 할 수 있다.

07 교토 철도 박물관 京都鐵道博物館

일본 최대 철도 박물관

우메코지 공원에 자리한 시민들의 자유로운 휴식 공간이자 쌍방향 체험 학습의 장으로 2016년 4월에 개관했다. 약 3만 1,000㎡의 전시 면적을 자랑하는 이곳은 철도 도입기부터 현대까지의 역사와 구조를 소개하는 1층, 철도 제어 시스템과 운전 체험 코너와 1/80 크기의 철도 모형이 있는 2층, 현재 주행 차량을 볼 수 있는 프롬나드 등이 있는 3층 스카이 테라스로 구성되어 있다.

¥ 성인 1,500엔, 대학생·고등학생 1,300엔, 초·중생 500엔, 유아(3세 이상) 200엔 JR 우메코지교토니시역(梅小路京都西駅)에서 도보 3분/시영 버스 205·208번 탑승 후 우메코지코엔마에(梅小路公園前) 정류장에서 하차, 도보 3분 京都市下京区観喜寺町 10:00~17:00(폐장 30분 전 입장 마감, 수 휴관) www.kyotorailwaymuseum.jp 34.98696, 135.74284

08

교토 아쿠아리움 京都水族館

교토 해양생물을 한눈에

교토의 하천과 강, 바다를 콘셉트로 만든 수족관이다. 일본 장수도롱뇽이 있는 '교토의 강 구역', 물개와 함께 헤엄치는 듯한 튜브형 수조가 인상적인 '바다 동물 구역', 파도를 이용해 언덕을 오르는 펭귄의 모습을 볼 수 있는 '펭귄 구역', 500톤의 물로 만들어 해저 세계를 관찰할 있는 '대수조', 무척추생물 등을 만져보며 생태를 배우는 '해양 구역', 남방큰돌고래들이 자유자재로 돌아다니는 모습을 180도 파노라마로 감상할 수 있는 '돌고래 스타디움' 등 총 9개 구역에서 1만 5,000여 마리의 해양생물을 만날 수 있다.

¥ 성인 2,400엔, 고등학생 1,800엔, 초·중생 1,200엔, 유아(3세 이상) 800엔 🚶 JR 우메코지교토니시역(梅小路京都西駅)에서 도보 8분/시영 버스 86·88·205·208번 탑승 후 나조오미야·교토스이조칸마에(七条大宮·京都水族館前) 정류장에서 하차, 도보 2분 📍 京都市下京区観喜寺町35-1 🕓 10:00~18:00 📞 075-354-3130 🏠 kyoto-aquarium.com 🌐 34.98732, 135.74733

TIP

주말, 공휴일은 입장권 예매 추천

주말에는 장시간 줄을 서거나 입장권이 매진될 가능성이 있으므로 온라인 사전 예매를 추천한다(webket.jp/pc/ticket). 30일 전부터 구매 가능

09

귀무덤 耳塚(鼻塚)

조선인의 한이 서린 곳

임진왜란 때 일본군에게 죽임을 당한 조선 군인과 민중 12만 6,000여 명의 코가 묻힌 곳이다. 왜란 당시 일본 장수들이 자신이 죽인 조선인의 수를 보고하기 위해 사체의 목을 잘라 일본으로 보냈는데 그 수가 많아지자 목 대신 코만 잘라 보냈고, 그것을 받은 도요토미 히데요시는 코 영수증을 써서 장수들의 공을 치하했다. 원래는 코무덤이라 불렸으나 어감이 야만스러워 귀무덤으로 바꿨다. 도요토미 히데요시를 신으로 섬기는 도요쿠니 신사와 불과 100m 거리에 방치되다시피 자리하고 있어 안타까움을 자아낸다.

¥ 무료 🚶 시영 버스 206·208번 탑승 후 하쿠부츠칸·산주산겐도마에(博物館·三十三間堂前) 정류장에서 하차, 도보 7분 📍 京都市東山区塗師屋町533-1 🕓 24시간 개방 🌐 34.99142, 135.77032

01

하시타테 はしたて

제철 재료로 만든 덮밥과 소바

교토산 제철 재료를 사용하는 것으로 유명한 덮밥·소바 전문점이다. 직접 담근 된장으로 만든 채소 절임, 매달 메인 재료가 바뀌는 하시타테 덮밥(はしたて丼), 제철 재료 요리와 소면으로 구성한 세트가 대표 메뉴다. 일부 메뉴는 선물용 포장도 가능하다.

와규 로스트비프동(和牛ローストビーフ丼) 2,475엔, 하시다테셋트(はしたてセット) 2,112엔, 키세츠노오료리(季節のお料理) 2,178엔~ JR·킨테츠 교토역(京都駅) 서쪽 출구에서 연결(JR 교토 이세탄 별관 수바코 SUVACO 3층) 通塩小路下る東塩小路町901 3F 11:00~15:00, 17:00~ 22:00(주문 마감 21:00, 이세탄 백화점과 휴무 동일) [덮밥과 다과] 15:00~17:00 [테이크아웃] 11:00~22:00(주문 마감 21:00) 075-343-4440 34.98513, 135.75815

02

시가 커피 Shiga coffee

아담하고 맛있는 로스터리 카페

교토 철도 박물관 근처 한적한 곳에서 부부가 운영하는 작은 카페다. 2인 테이블석 3개, 카운터석 4개가 전부다. 자체 블렌딩한 커피 두 종류가 있으며 싱글 드립도 가능하다. 블렌딩 커피는 향이 매우 좋고 강하지만 부드럽다. 샌드위치와 런치 메뉴도 있는데 커피 한 잔도 매우 정성스럽게 내려주고 맛도 좋아 시간이 걸리더라도 충분히 기다릴 만하다. 원두는 100g 단위로 구입 가능하며, 다른 곳에 비해 가격은 저렴한 편이다.

핸드 드립 커피(ハンドドリップコーヒー) 450엔 JR 우메코지교토니시역(梅小路京都西駅)에서 도보 10분/시영 버스 32번 탑승 후 시리츠뵤인마에(市立病院前) 정류장에서 하차, 도보 8분 京都市下京区西七条御領町25-2 11:30~19:00(일·월 휴무) 075-315 -8486 www.shigacoffee.com 34.990637, 135.736316

03 혼케 다이이치아사히 본점 本家 第一旭

교토 라멘을 대표하는 노포로 온종일 라멘을 먹기 위해 몰려드는 손님들로 문전성시를 이룬다. 인기 메뉴는 특별한 돼지 품종을 사용하는 특제 라멘이다. 바삭바삭한 교자도 사이드 메뉴로 맛볼 수 있다.

라멘(ラーメン) 890엔, 특제 라멘(特製ラーメン) 1,090엔, 교자(餃子) 6개 300엔 JR 교토역(京都駅) 중앙 출구(中央口)에서 도보 5분/지하철 카라스마선 교토역(京都駅) 3번 출구에서 도보 5분 京都市下京区東塩小路向畑町845 06:00~다음날 01:00(목 휴무) 050-5570-0973(예약 전용) www.honke-daiichiasahi.com 34.98667, 135.7625

04 신부쿠 사이칸 본점 新福菜館

중화 소바 맛집

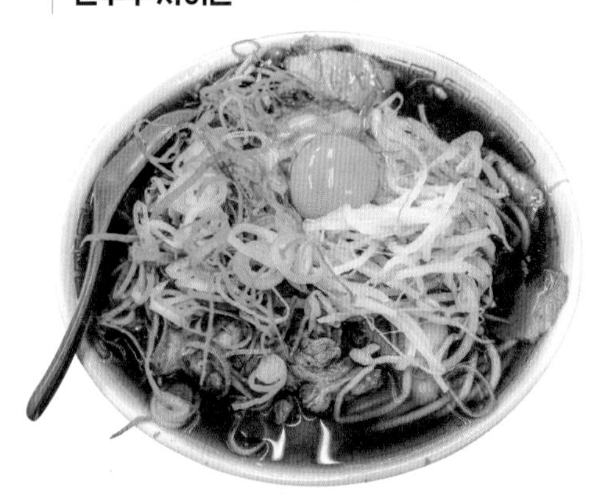

1986년 야타이(포장마차)로 시작한 중화 소바 및 볶음밥 전문점으로 혼케 다이이치아사히 바로 옆에 있다. 돼지 사골 및 닭 육수에 간장으로 간을 한 중화 소바, 짭조름하게 볶아내 맥주와 환상 궁합을 자랑하는 야키메시(볶음밥)가 인기 메뉴다.

특 후쿠 소바(特大新福そば) 1,000엔, 중화 소바(中華そば) 보통(並) 850엔, 야키메시(ヤキメシ) 600엔 JR 교토역(京都駅) 중앙출구(中央口)에서 도보 5분/지하철 카라스마선 교토역(京都駅) 3번 출구에서 도보 5분 京都市下京区東塩小路向畑町569 09:00~20:00(수 휴무) 075-371-7648 www.shinpuku.net 34.98674, 135.7624

05 카메야무츠 亀屋陸奥

800년 역사의 화과자점

15세기부터 혼간지에 공물, 니시혼간지에 화과자를 납품해온 교토의 대표 화과자 전문점이다. 1570년부터 11년간 벌어진 이시야마 전투 때 대체 식량으로 공급했던 마츠카제(松風)가 대표 메뉴. 밀가루와 설탕, 맥아, 백된장 등을 섞어 자연 발효시킨 후 양귀비 씨앗을 듬뿍 넣어 구운 빵의 일종으로, 맛이 고소하고 담백하다.

마츠카제(松風化粧箱入) 8개입 700엔, 16개입 1,200엔 JR 교토역(京都駅) 중앙 출구(中央口)에서 도보 15분/시영 버스 9번 탑승 후 호리카와나나(堀川七条) 정류장에서 하차 西中筋通七条上ル菱屋町153 08:30~17:00(수 휴무) kameyamutsu.jp 34.98951, 135.75343

01

이온몰 교토 イオンモール KYOTO

교토역 중심 쇼핑몰

JR 교토역 하치조 출구에서 도보 5분 거리에 자리한 대형 쇼핑몰이다. 교토 중심부에 자리한 데다 코효(KOHYO) 슈퍼마켓까지 입점해 교토역 근처에 머무르는 여행자들이 즐겨 찾는다. 자라, 무인양품, 유니클로, 갭 등 100개가 넘는 점포가 입점해 늘 사람들이 붐빈다.

JR 교토역(京都駅) 하치조 출구(八条口)에서 도보 5분 京都市南区西九条 鳥居口町1
10:00~21:00 kyoto-aeonmall.com 34.98278, 135.75442

02

JR 교토 이세탄 백화점 ジェイアール 京都伊勢丹

교토 최고의 인기 백화점

교토 천도 1,200주년 기념으로 JR 교토역과 함께 진행한 리모델링 프로젝트를 통해 탄생한 백화점으로 1997년 오픈했다. 이곳이 성황을 이루며 주변에 있던 킨테츠 백화점이 문을 닫았을 정도로 인기가 많다. 지하 2층~지상 11층으로 이루어졌으며, 특히 11층 식당가에는 유명한 체인 음식점들이 모여 있다. 교토역 스카이 가든과도 연결되어 있다.

JR·킨테츠선·지하철 카라스마선 교토역(京都駅)과 바로 연결 京都市下京区烏丸通塩小路下ル東塩小路町 10:00~20:00 075-352-1111 kyoto.wjr-isetan.co.jp
34.98606, 135.75811

03

교토역 포르타 京都駅 ポルタ

쇼핑과 다이닝을 한 번에

교토역 개장 전부터 자리해 온 지하상가 포르타가 교토의 대표 특산물을 판매하던 더 큐브를 인수하며 교토 포르타로 새롭게 태어났다. 지하 2층~지상 11층 중에서도 하이라이트는 포르타 다이닝(ポルタダイニング). 전통 교토 전통 요리, 소바, 우동 등 일본 음식과 양식, 중식, 한식 등 30여 개의 음식점이 모여 있으며 햄버그스테이크 맛집으로 유명한 동양정도 입점해 있다. 지상 1, 2층에 있는 특산물 코너에서는 교토와 관련된 다양한 상품과 기념품을 구입 할 수 있다.

JR 교토역(京都駅) 카라스마히가시(烏丸東) 개찰구 바로 옆/교토에키마에 버스 정류장(京都駅前バス停) 앞 京都市下京区東塩小路町902 烏丸通塩小路下 [쇼핑가] 11:00~20:30 [다이닝] 11:00~22:00 [교토 기념품 상점] 1층 08:30~20:00, 2층 08:30~21:00 075-365-7528 www.porta.co.jp 34.98686, 135.75828

04

교토 아반티 京都 アバンティ

돈키호테 입점!

교토역 남쪽에 위치한 7층 규모의 쇼핑센터로, 다양한 쇼핑 욕구를 만족시키는 상점들이 입점해 있다. 기모노, 유카타 등의 전통 의상 매장과 지유(GU) 같은 최신 패션 매장을 함께 돌아볼 수 있으며, 애니메이션 굿즈 및 게임 용품을 판매하는 6층의 애니메이트(アニメイト)와 게임메이트(ゲームメイト) 등 취미 코너도 충실히 갖추고 있다. 교토에는 드문 상점 돈키호테가 있다는 것만으로도 방문할 만한 곳이다.

JR 교토역(京都駅) 남쪽 출구와 연결/킨테츠 교토역(京都駅) 하치조니시구치 출구(八口)에서 도보 5분 京都市南区東九条西山王町31 상점가 10:00~21:00, 식당가 11:00~22:00, 돈키호테 09:00~24:00 075-682-5031 kyoto-avanti.com 34.98352, 135.76018

05

오미야게카이도 おみやげ街道

교토의 특산품 쇼핑은 이곳에서!

교토역 2층에 있는 교토 기념품 전문점 오미야게카이도는 교토 여러 지역과 유명 가게의 특산품을 한곳에 모아 놓은 특산품 전문점이다. 일일이 가게를 찾아다니느라 시간과 노력을 들이지 않고도 간편하게 교토 명물을 구입할 수 있어 매우 편리하다.

JR 교토역(京都駅) 2층 서쪽 출구(西口)와 연결, 교토 포르타 2층
京都市下京区東塩小路町 京都ポルタ2F
07:30~22:00 34.985851, 135.758729

06

와르고 교토타워산도점 Wargo 京都タワーサンド店

다양한 기모노를 갖춘 렌털 숍

교토 타워 2층에 자리해 교토역 주변 관광지나 교토역에서 JR을 이용하는 여행객에게 편리하다. 기모노 외에 가방, 장신구 등 전통 소품도 다양하게 보유하고 있으며 비녀, 속옷, 가방, 조리 등 모든 것이 세트에 포함되어 풀세트 장착의 스탠더드 플랜을 3,300엔에 이용할 수 있다. 2만여 벌의 다양한 기모노를 구비하고 있으며, 인터넷 사전 예약이 가능하고, 한국어 홈페이지를 제공하며, 짐 보관도 가능하다. 홈페이지를 통한 예약 시 1,000엔을 할인해 준다. 착용 후 마무리까지 1시간 정도의 여유 시간을 두고 예약하는 것이 좋다.

¥ 스탠더드 플랜 3,300엔~ 교토 타워 2층 京都市下京区東塩小路町721-1 京都タワービル2F 10:00~17:30
kyotokimonorental.com/shop/5 34.98756, 135.75932

07

바사라 Vasara

전국 체인의 렌털 기모노 숍

교토역 중앙 출구에서 가까운 기모노 대여점이다. 교토역에서 타 지역으로 이동 시 가장 편리한 렌털 숍이며, 당일 예약과 당일 렌털도 가능하다. 홈페이지에서 시간대에 따른 예약 현황과 재고 상황을 한눈에 확인할 수 있다. 3만 점 이상의 다양한 디자인을 갖추어 선택의 폭이 넓으며, 스탠더드 헤어 세트는 무료로 세팅해 준다.

¥ 스탠더드 플랜 3,300엔~ JR 교토역(京都駅) 중앙 개찰구(中央口)에서 도보 3분 京都市下京区東塩小路町719番地 SKビル6F 09:00~18:00(반납 17:30까지) vasara-h.co.jp
34.987774, 135.760139

교토역 여행 정보
Q&A

짐을 맡길 곳이 있나요?

엄청난 유동 인구를 자랑하는 교토역에는 코인 로커가 많다. 이세탄 백화점 입구, 더 큐브 내 JR 지하 중앙 출구 엘리베이터 옆, JR 카라스마 중앙 개찰구, 1층 중앙 개찰구, 서쪽 개찰구 쪽에 있다. 단, 인파가 몰리는 벚꽃 철이나 단풍철에는 자리 확보가 어려우므로 아래 표를 참고해 교토역에서 운영하는 캐리&보관 서비스를 이용하자.

JR 교토역 캐리 서비스 위치

위치	JR 교토역 1층 중앙 개찰구로 나가 지하 1층 에스컬레이터 바로 옆
운영 시간	08:00~20:00
보관 요금	가로·세로·높이 합이 2m 이내인 30kg 이하 수하물 1개, 1일 800엔 (최대 15일까지 보관 가능하며 이용 일수에 따라 추가 금액 발생)
캐리 서비스	교토역에서 교토 내 숙소로 짐을 운반할 수 있다. 가로·세로·높이 합이 2m 이내인 30kg 이하 수하물 1개당 1,500엔
홈페이지	kyoto.handsfree-japan.com/ko

교토역에서 이용할 수 있는 철도 노선을 알려주세요.

교토역은 수많은 노선이 오간다. 노선에 따라 탑승하는 역의 위치가 다르므로 미리 확인해놓자.

JR 교토역(JR 京都駅)

JR 하루카 はるか(30번 플랫폼)	신오사카(新大阪), 텐노지(天王寺), 간사이 국제공항(関西空港) 방면
JR 나라선 奈良線(8·9·10번 플랫폼)	나라(奈良), 우지(宇治) 방면
JR 토카이도산요 본선 東海道山陽本線 (5번 플랫폼)	고베(神戸), 히메지(姫路), 오사카(大阪) 방면

킨테츠 교토역(近鉄京都駅)

킨테츠 나라(近鉄奈良), 카시하라진구마에(橿原神宮前), 카시코지마(賢島) 방면

지하철 교토역(地下鉄京都駅)

카라스마선	고쿠사이카이칸(国際会館) 방면, 타게다(竹田) 방면

주황빛 토리이가 끝없이 이어지는 곳
후시미이나리 신사
稲荷神社

일본에 있는 3만여 개 이나리 신사의 본거지로 4km에 걸쳐 끝없이 늘어선 주황빛 토리이 터널인 '센본토리이(千本鳥居)'로 유명하다. '외국인에게 가장 인기 있는 일본 여행지' 중 1위를 차지한 곳으로 영화 〈게이샤의 추억〉, 〈나는 내일, 어제의 너와 만난다〉에 등장해 더욱 유명세를 탔다. 여우를 모시는 신사답게 곳곳에서 여우신 동상과 여우 머리 모양의 에마(소원패)를 발견할 수 있다.

JR 이나리역(稲荷駅)에서 도보 5분/케이한 후시미이나리역(伏見稲荷駅)에서 도보 7분 京都市伏見区深草薮ノ内町68 24시간 개방 075-641-7331 34.967138, 135.772673

STARBUCKS
키요미즈데라
& 기온
BEST 5
01
키요미즈데라에서
오토와 폭포수
마시기
02
에도 시대 풍경으로
인생 사진 남기기
03
교토의 특산품인
녹차 디저트
즐기기
04
니시키 시장에서
먹방
05
개성 듬뿍
편집 숍 쇼핑

교토의 진짜 매력을 느끼다

키요미즈데라, 기온

KIYOMIZUDERA 清水寺, GION 祇園

SECTION

키요미즈데라
KIYOMIZUDERA 清水寺

명실상부 교토의 대표 관광지로 야사카 신사, 코다이지 등 유서 깊은 사찰들이 이곳을 중심으로 모여 있다. 1년 내내 현지인과 여행자들로 붐비는데, 특히 벚꽃 철과 단풍철, 4월 말~5월 초가 절정이다. 키요미즈데라는 교토의 관광지 중에서 비교적 문을 빨리 열기 때문에 이곳에서 하루 일정을 시작하는 것이 좋다.

ACCESS

주요 이용 패스

- **오사카에서 이동** 교토-오사카 관광 패스, 간사이 레일웨이 패스
- **교토 내에서 이동** 지하철·버스 1일권, 간사이 레일웨이 패스

교토역에서 가는 법

- **교토에키마에 정류장**
  - 86·206번 시영 버스 15분 ¥230엔
- **키요미즈미치 정류장**
  - 도보 10분
- **키요미즈데라**

카와라마치에서 가는 법

- **시조카와라마치 정류장**
  - 207번 시영 버스 10분 ¥230엔
- **키요미즈미치 정류장**
  - 도보 10분
- **키요미즈데라**

키요미즈데라 상세 지도

본문에 표시한 각 스폿의 GPS 번호로 검색하면
보다 빠르게 정확한 위치를 찾을 수 있습니다.

01

키요미즈데라 清水寺

맑은 물이 흐르는 교토의 대표 명소

세계 문화유산에 빛나는 교토의 대표 사찰이다. 778년 나라에서 온 승려 겐신(賢心)이 맑은 물이 흐르는 오토와 폭포(音羽の滝)를 발견하고 그곳에 관음상을 모시면서 창건되었으며, 에도 시대 초기에 도쿠가와 이에미쓰가 재건해 현재에 이른다. 국보로 지정된 본당을 비롯해 인왕문, 서문, 삼층탑, 종루 등 중요 문화재도 다수 있어 늘 방문객이 많다. 도심 전경을 한눈에 볼 수 있는 본당 무대는 천수관음상에 춤을 바치던 곳으로, 12m가 넘는 느티나무 기둥에 노송나무 판자 410개가 깔려 있다. 본당 내부로 들어가 십일면천수관음상을 관람한 후 오쿠노인에 오르면 사시사철 모습을 달리하는 본당 풍광을 즐길 수 있다. 본당 아래로 이어진 계단을 따라 내려가면 수행자들이 즐겨 마시던 세 갈래의 맑고 가는 물줄기인 오토와 폭포가 등장한다. 왼쪽부터 차례로 학업, 연애, 건강에 효험이 있다고 전해져 365일 물을 마시려는 방문객들로 붐빈다. 단, 세 종류의 물을 다 마시면 효험이 없다고 하니 유의하자.

¥ 성인 500엔, 중학생 이하 200엔(당일 재입장 가능, 야간 특별 개장 제외) 🚶 케이한 키요미즈고조역(清水五条駅)에서 하차 후 도보 25분/시영 버스 86·202·206·207번 탑승 후 키요미즈미치(清水道) 또는 고조자카(五条坂) 정류장에서 하차, 도보 15분 📍 京都市東山区清水1丁目294 🕒 06:00~18:00(3·8·11월 야간 특별 개장 18:00~21:00) 📞 075-551-1234 🏠 www.kiyomizudera.or.jp 34.99485, 135.78504

02

산넨자카&니넨자카 三年坂&二年坂

에도 시대 말기부터 다이쇼 시대까지의 모습이 고스란히 남아 있는 상점가로 키요미즈데라를 둘러본 후 기온 방면으로 내려가는 길에 나란히 자리한다. 중요 전통 건물 보존 지구로 지정되어 있으며 공예품점, 기념품점, 전통 찻집, 음식점 등이 모여 있다. 100년 이상 된 목조 건물이 빼곡히 자리한 거리를 걷다 보면 에도 시대로 시간 여행을 떠나온 듯하다. 산넨자카의 어원에는 몇 가지 설이 있는데 이 길에서 넘어지면 3년 혹은 2년간 재수가 없어서 생긴 이름이라는 설이 가장 유력하다. 만에 하나 넘어지더라도 몸에 지니고 있으면 액을 막아준다는 부적과 호리병을 근처 상점에서 쉽게 살 수 있다.

시영 버스 86·202·206·207번 탑승 후 키요미즈미치(清水道) 정류장에서 하차, 도보 10분 京都市東山区清水2丁目221 34.99634, 135.78087

03

키요미즈자카 清水坂

키요미즈데라로 향하는 언덕길

키요미즈미치에서 키요미즈데라에 이르는 700m 길이의 언덕길로, 대중교통이 없어 오로지 걸어서만 방문할 수 있다. 각종 기념품점과 녹차 아이스크림, 전통 과자, 어묵 등을 판매하는 간이음식점이 즐비하다.

시영 버스 86·202·206·207번 탑승 후 키요미즈미치(清水道) 정류장에서 하차, 도보 10분
京都市東山区清水 2丁目161番地の5 10:00~21:00(상점별로 다름) 34.99574, 135.78175

04

지슈 신사 地主神社

인연의 신에게 바라는 사랑의 행운

키요미즈데라 본당에서 왼쪽 돌계단을 올라가면 나오는 신사로 창건 시기가 일본 건국 이전 신화 시대로 추측될 정도로 오랜 역사를 자랑하며, 인연의 신인 오오쿠니누시노 미코토와 그의 부모, 조부모까지 3대를 모두 모시고 있어 '인연(えんむすび)의 신사'로 불린다. 한쪽 돌을 든 채 눈을 감고 맞은편 돌까지 가면 사랑이 이루어진다는 '코이우라나이노이시(恋占 いの石, 사랑을 점치는 돌)'가 있어 연일 사람들로 북적인다.

◆ 2024년 현재 공사로 인해 입장이 금지되어 있다. 공사는 2025년 완료 예정이다.

¥ 무료(키요미즈데라 입장료 500엔) 京都市東山区清水1丁目317 09:00~17:00 075-541-2097 jishujinja.or.jp 34.99507, 135.78499

05

코다이지 高台寺

남편을 향한 아내의 그리움이 담긴 곳

1606년 도요토미 히데요시의 정실 네네가 남편의 명복을 빌기 위해 세운 사찰로 정식 명칭은 코다이지주쇼젠지(高台寿聖禅寺)다. 도쿠가와 이에야스의 재정적 지원 덕분에 넓은 부지에 장엄하고 화려하게 지었지만 화재 등으로 피해를 입어 오늘에 이른다. 네네가 남편을 그리워하며 달을 바라보던 곳, 칸케츠다이(観月台) 등이 모두 국가 중요 문화재로 지정되어 있다. 벚꽃 철과 단풍철에 아름다움이 배가 되는 경내 정원은 라이트업 기간에 더욱 빛을 발한다.

¥ [코다이지+코다이지쇼 미술관] 성인 600엔, 중고생 250엔, 초등생 이하 무료 [코다이지+코다이지쇼 미술관+엔토쿠인] 성인 900엔 시영 버스 202·206·207번 탑승 후 히가시야마야스이(東山安井) 정류장에서 하차, 도보 5분
京都市東山区下河原町526
09:00~17:00, 라이트업 3~5월, 8월, 10~12월 일몰 후~21:30 075-561-9966 www.kodaiji.com
35.00076, 135.78111

01

아라비카 교토 히가시야마점 アラビカ京都 東山

교토에서 시작되어 세계적으로 유명해진

%라는 로고를 사용해 '응' 커피라는 이름으로 한국에서도 유명해진 아라비카. 아라비카 커피 창업자는 세계 여행 중 부자들이 행복하지 못한 모습을 보고 어떻게 살아야 할까 고민하다, 한 잔의 맛있는 커피만 있으면 된다는 생각으로 아라비카를 창업했다고 한다. 풍경이 좋은 아라시야마점이 더 유명하지만 본점은 히가시야마점이며, 이곳에 가야 아라비카 커피의 참맛을 알 수 있다. 오전에는 한가하지만 곧 긴 줄이 생기므로 서두르자.

카페라테 싱글 오리진 550엔 시영 버스 86·202·206·207번 탑승 후 키요미즈미치(清水道) 정류장에서 하차, 호칸지(法観寺) 방향으로 도보 4분/한큐 교토카와라마치역(京都河原町駅) 1B 출구에서 도보 15분 京都市東山区星野町87-5 09:00~18:00 075-746-3669 www.arabica.coffee 34.99863, 135.77829

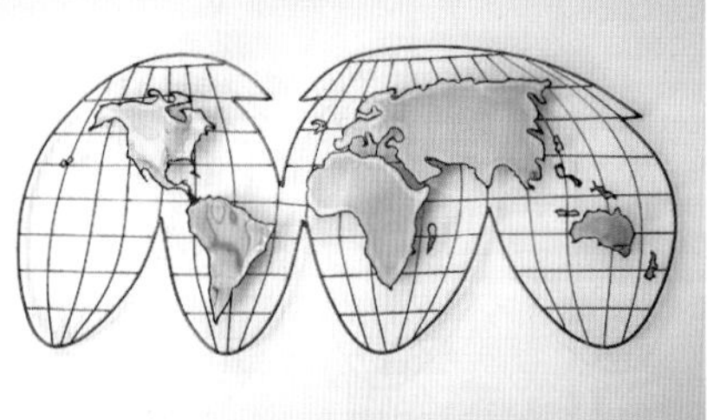

02

무게산보우 살롱 드 무게 無碍山房 Salon de muge

미쉐린 3스타의 요리를 맛보자

미쉐린 3스타 카이세키 요리점 키쿠노이(菊乃井)에서 만든 전통 카페다. 비교적 저렴한 가격에 키쿠노이의 맛을 경험할 수 있는데 5,500엔짜리 런치 코스(세금 별도)가 특히 인기다. 카페는 14시 45분부터 입장할 수 있으나 가급적 예약을 하자. 말차 파르페와 계절 디저트, 무게산보우 커피 같은 인기 메뉴 외에 전통적인 맛을 경험하고 싶다면 와라비 모찌와 말차를 주문해보자.

시구레메시벤또(時雨弁当) 5,500엔, 말차 파르페(抹茶パフェ) 1,980엔 한큐 교토카와라마치역(京都河原町駅) 1A 출구에서 도보 20분/시영 버스 12·46·201·202· 203·206· 207번 탑승 후 기온(祇園) 정류장에서 하차, 도보 9분
京都市東山区下河原通高台寺北門前鷲尾町524
런치 11:30~13:00, 카페 11:30~18:00(주문 마감 17:00, 화휴무) 예약 075-561-0015, 문의 075-744-6260
kikunoi.jp/kikunoiweb/Muge/ 35.00181, 135.78156

03

벤케이 히가시야마점 辨慶 東山店

질 좋은 가다랑어포로 우린 진한 육수

니시쿄고쿠(西京極)에 본점을 둔 벤케이 우동의 히가시야마 지점으로 키요미즈데라와 가까워 늘 손님이 많다. 엄선한 가다랑어포로 뽑은 진한 국물과 쫄깃하면서도 부드럽게 넘어가는 면이 일품이다. 대표 메뉴인 벤케이 우동과 함께 소 힘줄을 아낌없이 넣은 스지 카레 우동도 인기다.

벤케이 우동(べんけいうどん) 1,100엔, 스지 카레 우동(すじカレーうどん) 1,050엔, 자루 소바(ざるそば) 800엔 케이한 키요미즈고조역(清水五条駅) 4번 출구에서 도보 1분 五条大橋東入ル東橋詰町30-3 월~토 11:30~23:00(일 휴무) 075-533-0441 benkei-udon.jp 34.99566, 135.77006

04

소혼케 유도후 오쿠탄 키요미즈점 総本家 ゆどうふ 奥丹 清水

일본 최고의 두부 명가

380년 역사의 두부 명가로 교토의 수많은 두부 전문점 가운데 최고로 꼽힌다. 콩 본연의 단맛과 향이 극대화된 이곳 두부는 15대째 내려오는 비법을 통해 한결같은 맛을 유지하고 있다. 아름답게 꾸민 일본식 정원을 보며 식사를 즐길 수 있어 더욱 좋다. 준비한 두부가 소진되면 문을 닫으니 방문을 서두르자. 현금 결제만 가능하다.

옛 두부 정식(昔どうふ一通り) 4,400엔 · 케이한 기온시조역(祇園四条駅) 1번 출구에서 도보 15분/키요미즈고조역(清水五条駅) 5번 출구에서 도보 20분 · 京都市東山区清水3-340
평일 11:00~16:30, 토·일·공휴일 11:00~17:30(영업 종료 30분 전 주문 마감, 목 휴무)
075-525-2051 · tofuokutan.info · 34.99798, 135.78078

05

스타벅스 커피 니넨자카 야사카차야점 スターバックス コーヒー 京都二寧坂ヤサカ茶屋店

다다미에 앉아서 마시는 커피

2017년 일본 전통 구조의 옛 건물을 최대한 살려 오픈한 곳으로, 다다미가 깔린 여러 개의 작은 방에 앉아서 커피를 즐길 수 있다. 건물 내부는 일방통행으로 이동하도록 설계되어 1층 입구에서 주문하고 안쪽으로 들어가 커피를 받는다. 인기에 비해 협소해 늘 만석이라 자리 잡기가 힘들다.

스타벅스 라테(スターバックス ラテ) tall 495엔 시영 버스 86·202·206·207번 탑승 후 키요미즈미치(清水道) 정류장에서 하차, 키요미즈데라, 니넨자카 방향으로 도보 10분 京都市東山区桝屋町349 08:00~20:00 www.starbucks.co.jp 34.99825, 135.78079

06

교바아무 키요미즈점 京ばあむ 清水店

교토의 바움쿠헨 전문점

교토 명과로 꼽히는 오타베(おたべ)에서 운영하는 독일식 원형 케이크인 교바아무(바움쿠헨) 전문점. 최고 인기 상품인 교바아무는 우지 녹차와 질 좋은 교토산 두유를 사용해 촉촉하고 부드러워 커피, 홍차와도 잘 어울린다. 녹차로 만든 음료 메뉴와 아이스크림도 인기가 많다.

교바아무(京ばあむ) 3.5cm 1,490엔 케이한 키요미즈고조역(清水五条駅) 5번 출구에서 도보 15분 京都市東山区清水2丁目229 10:00~17:00 075-525-2180 kyobaum.shop 34.996, 135.78097

07

마르 블랑슈 키요미즈자카점 マールブランシュ 清水坂店

우지 녹차로 만든 수제 과자

키요미즈자카에 위치한 수제 과자 전문점으로 '최고의 녹차'로 꼽히는 우지 녹차로 만든 쿠키 차노카(茶の菓)가 대표 메뉴로 꼽힌다. 완벽한 굽기와 색깔을 자랑하며, 화이트 초콜릿의 고급스러운 풍미까지 한 번에 느낄 수 있어 선물용으로 특히 인기다.

한정 차노카 5장 810엔 케이한 키요미즈고조역(清水五条駅) 4번 출구에서 도보 15분 京都市東山区清水2-256 09:00~17:00 075-551-5885 www.malebranche.co.jp/store/82 34.99581, 135.78188

08

고켄 우이로 五建 ういろう

5대째 내려오는 교토 화과자계의 실력자

우이로는 쌀가루와 설탕을 물에 개서 대나무 통에 쪄낸 간식으로 우리의 찹쌀떡과 비슷하다. 팥, 말차, 흑설탕, 유자, 밤 등의 재철 재료를 사용한 우이로가 대표 메뉴다. 전국 과자 박람회에서 여러 번 수상한 이력이 있으며, 1855년 이래 5대에 이른 현재까지 일본 화과자계의 실력자로 인정받고 있다. 6월 30일에 먹으면 악운을 막는다는 양갱 미나즈키(水無月)와 쫀득한 식감이 일품인 세키한만주(赤飯まんじゅう)도 인기다.

우이로 1박스 972엔, 세키한만주 1개 162엔 케이한 키요미즈고조역(清水五条駅) 4번 출구에서 도보 4분 京都市東山区 五条橋東 2丁目18番地1 09:00~ 20:00 075-561-6101 www.gokenuiro.jp 34.99558, 135.77102

01

시치미야혼포 七味家本舗

7가지 향신료로 만든 시치미의 원조

17세기에 카와치야(河内屋)라는 이름의 음식점으로 문을 연 양념 전문점이다. 추운 겨울에 키요미즈데라를 찾는 참배객과 승려들에게 무료로 고춧가루 등을 섞은 뜨거운 물을 제공해 호평을 얻으면서 고춧가루, 초피, 검은깨, 차조기 등 7가지 재료를 섞어 만든 수제 향신료인 시치미(七味)를 가장 먼저 만들어 선보인 이후 지금까지 이어오고 있다.

케이한 키요미즈고조역(清水五条駅) 5번 출구에서 도보 25 분/시영 버스 86·202·206·207번 탑승 후 키요미즈미치(清水道) 또는 고조자카(五条坂) 정류장에서 하차, 언덕길로 도보 15분 京都市東山区清水2丁目221 09:00~18:00 0120-540-738
www.shichimiya.co.jp 34.9963, 135.78078

02

효탄야 瓢箪屋

산넨자카의 불운을 막아주는 아이템

산넨자카에 위치한 기념품점으로 1883년에 문을 열었다. 이곳의 표주박을 사 지니고 있으면 산넨자카에서 넘어졌을 때 재수가 없거나 죽을 수도 있다는 불운을 피한다는 전설인지 상술인지 모를 이야기가 전해진다. 원래는 고양이 관련 기념품점이었으나 지금은 표주박이 주력 상품이다.

시영 버스 86·202·206·207번 탑승 후 키요미즈미치(清水道) 정류장 하차, 키요미즈데라 방향으로 도보 10분 京都市東山区清水3-317 09:00~18:00 075-561-8188
34.9966, 135.78087

03

니이미 二井三

은은한 교토의 향

골목골목에 오래된 사찰이 많은 교토에서 필수품으로 꼽히는 향(香)을 판매하는 곳이다. '일본 다도의 완성자'라고 불리는 센노리큐의 스승인 다케 노조오가 조라쿠지(常楽寺)에 전한 향을 계승해 현재까지 유지하고 있다.

¥ 향(스틱형) 15개입 990엔~ 케이한 키요미즈고조역(清水五条駅) 5번 출구에서 도보 19분 京都市東山区高台寺南門前通下河原 東入る桝屋町351-4 10:00~18:00
075-551-2265 www.kou-niimi.com
34.99851, 135.78092

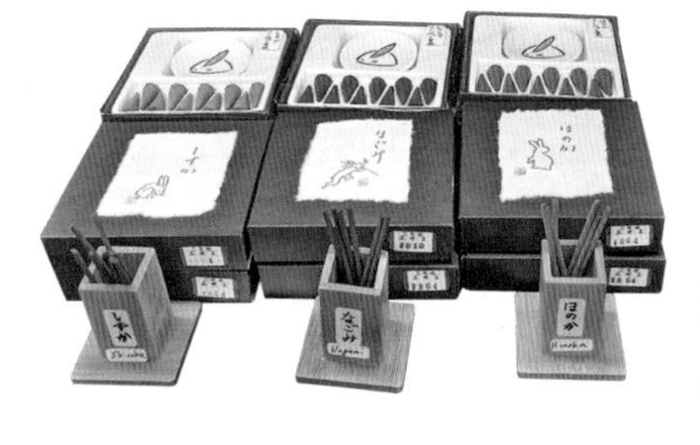

04

렌털 기모노 오카모토 レンタルきもの岡本

기모노 대여의 원조

교토의 노포 오카모토 직물점에서 교토 관광지의 기모노 대여 서비스를 위해 만든 곳이다. 본점 키요미즈데라점을 시작으로 기온점, 야사카노토마에점, 키요미즈히가시야마점, 코다이지점 등 교토 동부 주요 관광지와 인접하고, 한국어 홈페이지도 갖추고 있어 예약이 편리하다. 연간 15만 명 이상 이용하는 교토 최대의 기모노 렌털 숍이다. 짐 보관이 가능하니 참고하자.

¥ 세트 플랜(기모노+오비+가방+버선+조리) 3,000엔~, 헤어 세팅 500엔~ 키요미즈데라에서 도보 1분 京都市東山区清水2丁目237-1-1 09:00~18:00(반납은 18:00 전까지)
075-532-1320 www.okamoto-kimono.com
34.996279, 135.781670

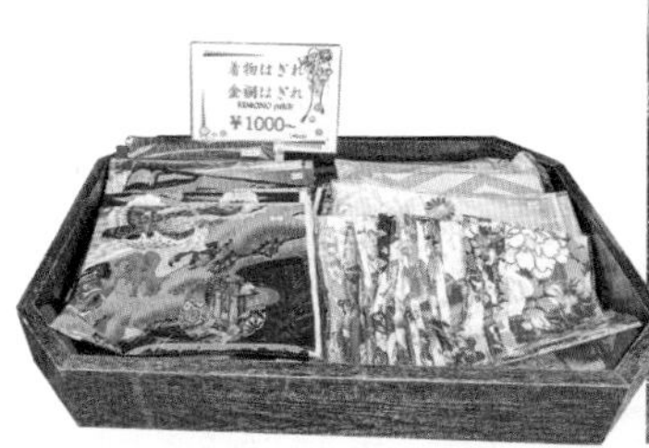

키요미즈데라 여행 정보 Q&A

키요미즈데라의 라이트업 시기에 대해 알려주세요.

키요미즈데라에서는 매년 봄(벚꽃 철), 여름(오봉), 가을(단풍철) 세 번에 걸쳐 야간 특별 관람전인 라이트업 이벤트를 진행한다. 기간 및 개폐 시간은 아래 표를 참고하되 매년 달라지므로 홈페이지에서 정확한 일정을 확인해야 한다. 또한 라이트업 관람 비용은 주간 관람 비용과 별도로 지불해야 한다.

	봄	여름	가을
기간	3월 중순~4월 중순	8월 14~16일	11월 중순~11월 말
입장료(어른/초·중생)	500엔/ 200엔	500엔/ 200엔	500엔/ 200엔
입장시간	18:00~21:00	19:00~21:00	18:00~21:00

키요미즈데라 근처에서 도보로 둘러볼 수 있는 곳을 알려주세요.

키요미즈데라에서 야사카 신사, 마루야마 공원까지 도보로 15분, 산주산겐도, 교토 국립 박물관, 귀무덤까지는 도보로 20~25분 걸린다.

키요미즈데라와 가까운 버스 정류장은 어디인가요?

키요미즈데라 여행 시 이용하는 버스 정류장은 키요미즈미치(清水道)와 고조자카(五条坂) 정류장이다. 카와라마치에서 출발할 경우 키요미즈미치 정류장, 고조자카 순으로 정차한다. 여행자들이 가장 많이 이용하는 207번 시영 버스는 두 정류장에서 모두 정차한다. 키요미즈데라를 향하는 길이 이 두 정류장 사이에 있기 때문에 어느 정류장에나 내려도 된다.

키요미즈미치(清水道)·고조자카(五条坂) 정류장 시영 버스 노선

교토역 방면	EX100·EX101·106·58·86·206번
헤이안 신궁	EX100·86번
긴카쿠지	EX100·202·206·86번 버스 탑승 후 기온에서 203번으로 환승
킨카쿠지	206번 버스 탑승 후 라쿠호쿠코코마에에서 204·205번으로 환승
니조성	202번
아라시야마	202번 버스 탑승 후 센본마루타마치에서 93·63·66 번으로 환승

SECTION

기온

GION 祇園

교토에서 가장 번화한 기온 지역은 오사카와 고베를 연결하는 한큐 교토카와라마치역, 오사카를 잇는 케이한 기온시조역이 있어 간사이 레일웨이 패스를 소지한 여행자라면 반드시 들르게 되는 곳이다. 니시키 시장을 시작으로 테라마치도리, 시조도리 등 서민들의 정취가 물씬 풍기는 상점가, 유서 깊은 전통 음식점과 찻집, 기념품점이 가득한 폰토초, 세련된 백화점이 들어서 있는 시조카와라마치까지 과거의 매력과 현재의 활기가 조화를 이루고 있다.

ACCESS

주요 이용 패스

- **오사카에서 이동** 교토–오사카 관광 패스, 간사이 레일웨이 패스, JR 간사이 미니 패스
- **교토 내에서 이동** 지하철·버스 1일권, 간사이 레일웨이 패스

교토역에서 가는 법

교토에키마에 정류장

시영 버스 EX100·58·86·106·206번
⏱11분 ￥230엔

기온 정류장에서 하차

교토에키마에 정류장

시영 버스 4·5·7·58·105·205번
⏱10분 ￥230엔

시조카와라마치 정류장에서 하차

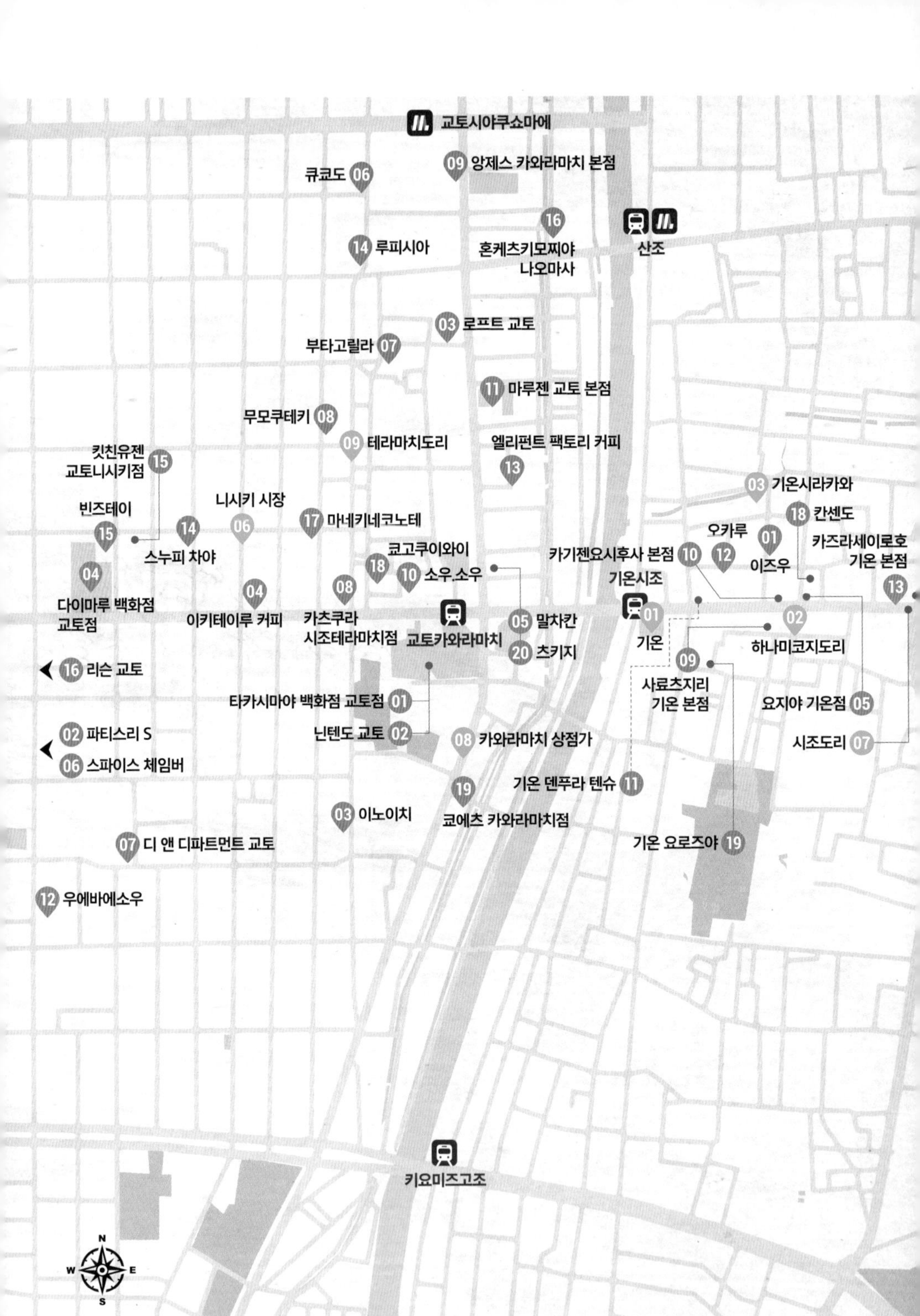
교토시야쿠쇼마에
09 앙제스 카와라마치 본점
큐쿄도 06
16
산조
14 루피시아
혼케츠키모찌야
나오마사
03 로프트 교토
부타고릴라 07
11 마루젠 교토 본점
무모쿠테키 08
09 테라마치도리
엘리펀트 팩토리 커피
13
킷친유젠
교토니시키점 15
03 기온시라카와
니시키 시장
빈즈테이
17 마네키네코노테
18 칸센도
오카루
01
카즈라세이로호
기온 본점
15
14
06
스누피 차야
코고쿠이와이
카기젠요시후사 본점 10
12
이즈우
18
10 소우.소우
기온시조
13
04
04
08
다이마루 백화점
교토점
01
02
이키테이이루 커피
카츠쿠라
시즈테라마치점
05 말차칸
교토카와라마치
기온
하나미코지도리
20 츠키지
16 리슨 교토
09
사료츠지리
기온 본점
타카시마야 백화점 교토점 01
요지야 기온점 05
02 파티스리 S
닌텐도 교토 02
08 카와라마치 상점가
시조도리 07
06 스파이스 체임버
기온 덴푸라 텐슈 11
19
03 이노이치
쿄에츠 카와라마치점
기온 요로즈야 19
07 디 앤 디파트먼트 교토
12 우에바에소우
키요미즈고조
N
W
E
S

기온 상세 지도

본문에 표시한 각 스폿의 GPS 번호로 검색하면
보다 빠르게 정확한 위치를 찾을 수 있습니다.

01

기온 祇園

'야사카 신사 앞에 위치한 마을'이라는 뜻으로, 카모강에서 히가시오지도리(東大路通)를 지나 야사카 신사에 이르는 지역을 가리킨다. 15세기에 오닌의 난으로 쑥대밭이 되었던 이곳은 19세기 초 300여 곳의 찻집이 들어서며 활기를 되찾았으며, 20세기 초부터 상업 시설이 생겨나며 지금의 모습을 갖췄다. 고급 요정이 있던 가부키 극장, 견습 게이샤인 마이코를 양성하던 기온코부카부렌조(祇園甲部歌舞練場) 등 세월의 흔적이 묻어 있는 건물도 여럿 자리하고 있다. 기온 거리에는 일본의 전통 가옥 마치야(町家)가 흔한데, 이를 개조한 찻집이나 화과자점이 늘고 있어 내부도 쉽게 구경할 수 있다. 해가 지면 기모노를 입은 마이코가 거리에 등장해 시선을 사로잡는다.

케이한 기온시조역(祇園四条駅)에서 도보 3분/한큐 교토카와라마치역(京都河原町駅)에서 도보 5분/시영 버스 EX100·12·46·58·86·106·201·202·203·206·207번 탑승 후 기온(祇園) 정류장에서 하차 京都市東山区祇園四条 10:00~20:00(상점마다 다름) 35.00375, 135.77243

02

하나미코지도리 花見小路通

고즈넉한 마치야의 풍취

기온의 중심을 가로질러 북쪽 산조도리, 남쪽 겐닌지로 이어지는 거리다. 시조도리를 경계로 북쪽에는 주점이 많고, 과거 겐닌지의 영지였던 남쪽은 마이코와 게이샤가 있는 찻집이나 요릿집이 즐비한 시가지로 거듭났다. 전통 가옥인 마치야 보존 지구로 지정되어 상대적으로 조용한 분위기에서 교토의 골목을 산책할 수 있다.

케이한 기온시조역(祇園四条駅) 6번 출구에서 도보 5분/한큐 교토카와라마치역(京都河原町駅) 1B 출구에서 도보 7분/시영 버스 12·46·201·202·203·207번 탑승 후 기온(祇園) 정류장에서 하차, 도보 2분
京都市東山区花見小路通 10:00~20:00(상점마다 다름) 35.00362, 135.77503

03

기온시라카와 祇園白川

TV와 영화에 자주 등장하는 벚꽃 명소

기온 중앙로를 기점으로 북쪽에 위치한 조그만 강으로, 강가를 따라 피어나는 화려한 벚꽃으로 유명하다. TV 드라마에도 자주 등장해 봄이면 인파로 북적인다. 전통 건물과 벚나무 그리고 좁은 강과 다리가 자아내는 분위기가 고즈넉해 웨딩 촬영 장소로도 인기가 높다.

케이한 기온시조역(祇園四条駅) 8번 출구에서 도보 1분/한큐 교토카와라마치역(京都河原町駅)에서 도보 8분 京都市東山区元吉町 末吉町大和 大路通四条上る 35.00553, 135.77414

04

마루야마 공원 円山公園

시민들의 안락한 쉼터

교토에서 가장 오래된 공원으로 1886년에 조성되었다. 3,000명 규모의 야외 음악당 등 여러 편의 시설을 갖춰 사계절 내내 시민들이 즐겨 찾는 곳이다. 1912년 일본의 유명 조경사 오가와 지헤가 조경을 맡아 지금의 모습을 갖추었다. 교토 최고의 벚꽃 명소로 꼽히며, 조명으로 화려함을 더한 밤에 방문하면 더욱 황홀한 풍경을 만끽할 수 있다.

케이한 기온시조역(祇園四条駅) 6번 출구에서 도보 10분/한큐 교토카와라마치역(京都河原町駅) 1A 출구에서 도보 15분/시영 버스 EX100·12·46·58·86·106·201·202·203·206·207번 탑승 후 기온(祇園) 정류장에서 하차, 도보 5분 京都市東山区円山町473 ¥ 무료 24시간 075-643-5405 35.00388, 135.78091

05

야사카 신사 八坂神社

기온 마츠리의 본거지

일본 전역에 있는 기온쇼자의 수호신을 모시는 기온 신사의 총본산으로 새해 첫 참배를 드리러 오는 신도가 100만 명에 이른다. 이곳은 1,000년 역사를 자랑하는 일본의 3대 축제 중 하나인 기온 마츠리가 열리는 곳으로도 유명하다. 1,000년여 전 역병을 물리치고 망자를 위로하기 위해 긴자 신사에서 드리던 제사에서 유래한 이 축제의 하이라이트는 신을 모신 가마인 야마보코의 거리 행진이니 놓치지 말자.

케이한 기온시조역(祇園四条駅) 6번 출구에서 도보 5분/한큐 교토카와라마치역(京都河原町駅) 1A 출구에서 도보 10분/시영 버스 EX100·12·46·58·86·106·201·202·203·206·207번 탑승 후 기온(祇園) 정류장에서 하차, 도보 3분

京都市東山区祇園町北側626

¥ 무료 24시간 075-561-6155

35.00365, 135.77855

06

니시키 시장 錦市場

교토의 식탁을 책임져온

1,300년의 전통을 자랑하는 시장으로 왕실에 생선을 공급하던 가게들이 시초. 해산물, 장류와 교토 전통의 절임 반찬 츠케모노를 주로 취급하며, 토종 채소 '교야사이(京野菜)'로 만든 반찬 가게도 많다. 시식 코너나 즉석 식품도 많아 한끼 때우기도 좋다.

한큐 카라스마역(烏丸駅) 13번 출구에서 도보 2분/시영 버스 3·4·5·7·10·11·12·32·46·58·59·201·203·205·207번 탑승 후 시조카와라마치(四条河原町) 정류장에서 하차, 도보 4분 京都市中京区錦小路通青町-高倉間 10:00~18:00(상점마다 다름) 35.005, 135.7649

07

시조도리 四条通

교토의 중심 거리

교토 시가지를 동서로 관통하는 거리로 야사카 신사 사쿠라몬에서 서쪽 마츠오카이샤까지 1km가량 이어진다. 카모강을 중심으로 동쪽 기온 시조도리와 서쪽 시조도리 쇼핑가로 나뉘며, 왕복 4차선 도로를 따라 노포부터 대형 백화점, 최신 쇼핑몰까지 다양한 상점이 자리한다. 교토 시영 버스 대부분이 이 앞을 지난다.

한큐 교토카와라마치역(京都河原町駅)에서 도보 1분/시영 버스 3·4·5·7·10·11·12·32·46·58·59·201·203·205·207번 탑승 후 시조카와라마치 정류장(四条河原町)에서 하차 京都市下京区四条烏丸 10:00~21:00(상점마다 다름) 35.00383, 135.77712

08

카와라마치 상점가 河原町商店街

300년 역사의 교토 대표 상점가

교토시 야쿠쇼마에역에서 교토카와라마치역까지 남북으로 이어진 쇼핑가다. 도요토미 히데요시의 교토 대개조 이후 탄생한 곳으로 에도 시대에는 이곳을 중심으로 동쪽에는 무사들이 살던 무가 저택, 서쪽에는 사찰이 즐비했다. 패션 매장부터 전통 기념품점까지 있어 쇼핑하기 좋다.

한큐 교토카와라마치역(京都河原町駅)에서 연결/시영 버스 3·4·5·7·10·11·12·32·46·58·59·201·203·205·207번 탑승 후 시조카와라마치 정류장(四条河原町)에서 하차 京都市中京区河原町六角下ル山崎町258 10:00~21:00(상점마다 다름) 35.0019, 135.76899

09

테라마치도리 寺町通り

희미해진 사찰 마을의 흔적

교토카와라마치역에 위치한 거리로 교토 시내를 남북으로 가로지른다. 교토 대개조 당시 세금 징수의 효율화와 교토 방위를 위해 거리 동쪽에 사원을 모은 데서 '사찰 마을 거리'라는 이름이 유래했다. 최신 브랜드와 음식점 등이 사찰 사이에 자리해 구경하는 재미가 있고 니시키 시장과도 이어진다.

한큐 교토카와라마치역(京都河原町駅) 9번 출구에서 도보 2분/시영 버스 3·4·5·7·10·11·12·32·46·58·59·201·203·205·207번 탑승 후 시조카와라마치 정류장(四条河原町)에서 하차 京都市中京区東大文字町 10:00~20:00(상점마다 다름) 35.00602, 135.76689

REAL GUIDE

니시키 시장 즐기기

니시키 시장은 '니시키 타베아루키(食べ歩き)', 다시 말해 '니시키 시장 먹방 투어'로 유명하다. '교토의 부엌'으로 불리는 니시키 시장에서 다양한 먹거리를 경험해보자.

마루츠네 가마보코텐
야타이무라 니시키 •
01
02 교노 오니쿠도코로 히로
03
04 카이
카리카리하카세 교토 니시키점
카라스마역

야타이무라 니시키 屋台村 錦

실내 포장마차에서 즐기는 저렴한 사케와 음식

1,300년의 역사를 자랑하는 만큼 오래된 느낌이 드는 니시키 시장이지만 최근 몰라보게 변화 중이다. 그 변화 중 하나가 실내 포장마차, 야타이무라. 시장 골목을 끼고 좌우로 마주보고 펼쳐진 공간에는 10개가 넘는 노점들이 즐비해 간단히 한잔 즐기기 좋다.

🕔 10:00~19:00

저자 추천, 니시키 시장에서 꼭 먹어봐야 하는
베스트 4

01 마루츠네 가마보코텐 丸常蒲鉾店

곱게 간 생선살에 우엉, 당근 등 갖은 채소를 넣고 튀긴 사츠마아게를 판매한다. 우리나라의 핫바와 비슷한 사츠마아게는 규슈 가고시마의 명물로 꼽힌다. 주문할 때 따뜻한 사츠마아게를 달라고 하면 기름에 다시 튀겨주는데 고소함이 배가 된다.

¥ 사츠마아게(あつあつさつま揚げ) 350엔

02 교노 오니쿠도코로 히로 京の お肉処 弘

최고급 흑우 와규를 취급하는 정육점으로 일본산 고급 와규를 즐길 수 있는 고기 고로케(민치카츠)가 NO.1을 자랑한다. 민치카츠 외에도 꼬치구이 등 맛있고 질 좋은 와규를 저렴한 가격에 즐길 수 있는 다양한 메뉴를 갖추고 있다.

¥ 히로 특제 민치카츠(弘 特製 ミンチカツ) 290엔

03 카리카리하카세 교토 니시키점
カリカリ博士京都錦店 Takoyaki

한입 깨물면 바삭하면서 부드럽고 촉촉한 속 재료가 입 안에 고루 퍼지는 최고의 타코야키를 맛볼 수 있다. 입안 가득 차는 큰 사이즈의 타코야키 6개가 단돈 300엔이다.

¥ 점보 타코야키(ジャンボたこ焼き) 350엔

04 카이 櫂

빨간 주꾸미 머리 안에 삶은 메추리알을 넣은 주꾸미 메추리조림을 선보인다. 붉은 식초와 매콤한 양념에 조린 주꾸미, 고소한 메추리알의 조합이 훌륭하다.

¥ 타코타마고(たこたまご) 500엔

REAL GUIDE

가장 일본다운 축제 **기온 마츠리**

매년 7월 한 달간 교토를 뜨겁게 달구는 기온 마츠리는 오사카의 텐진 마츠리, 도쿄의 간다 마츠리와 함께 일본의 3대 축제로 꼽힌다. 기온 마츠리는 크게 야마보코초에서 주관하는 공식 행사와 야사카 신사에서 주관하는 행사로 나뉘며, 전체 행사 가운데 '야마보코 순행'은 중요 무형 민속 문화재로 지정되어 있다.

기온 마스리는 야사카 신사의 신을 가마에 모시고 교토 시내를 돌며 재앙과 악귀를 물리치는 행사다. 서기 869년 교토에 역병이 돌아 많은 사람이 죽어나가자 원혼을 위로하고 무병장수를 기원하며 드리던 제사에서 시작됐다. 66개(당시 일본에 존재하던 소국가의 수)의 창을 꽂은 가마에 기온의 신을 모시고 헤이안 신궁의 정원인 신천원으로 보내 악귀를 쫓아냈다고 전해진다. 970년부터 매년 열리던 기온 마츠리는 오닌의 난(1467~1477년) 이후 30년간 중단되었다가 1500년에 야마보코 순행을 통해 재개되었다. 시조 무로마치를 중심으로 생겨난 상공업자들의 자치 조직을 통해 마을마다 고유의 야마보코를 제작하기 시작했으며, 치장에 경쟁이 붙으면서 문화재로 발전하기에 이르렀다.
가마는 속세의 임시 안치소라는 의미로, 신사에서 나오는 17일부터 신사로 돌아가는 24일을 간코사이(還幸祭)라고 하는데, 축제는 이를 기준으로 사키마츠리(前祭)와 아토마츠리(後祭)로 나뉜다. 14~16일에는 야마보코 순행 전야제인 요이야마(宵山)가 개최된다. 이때 집에서 보관하던 가보들이 전시되는데, 주로 병풍이 많아 병풍 마츠리라고도 불린다. 17일에는 마츠리의 하이라이트인 야마보코 순행(山鉾巡行)이 진행된다. 신이 탄 가마가 시내를 돌기 전 야마보코로 거리를 먼저 돌아보는 행사로, 수십 명이 엄청난 크기의 가마 수레를 지탱하고 밀며 도로를 행진한다. 산을 형상화한 가마 수레인 야마보코는 중요 민속 문화재로 등록되어 있으며, 일명 '움직이는 미술관'으로도 불린다. 2014년에 부활한 아토마츠리는 24일에 열린다. 사키마츠리와 식순은 같지만 야마보코 순행에 참여하는 가마의 수도 적고 규모도 작다.

🏠 **기온 마츠리 공식 홈페이지** www.gionmatsuri.or.jp

01

이즈우 いづう

다시마 숙성 고등어의 놀라운 풍미

1781년에 문을 연 고등어초밥 전문점으로 고등어초밥을 처음 만든 곳이다. 교토는 내륙에 위치해 생선 유통이 어려웠는데, 특히 성질 급한 고등어는 먹기가 더욱 어려웠다. 이곳은 소금간을 한 다시마로 고등어를 단단히 감싸 비린 맛을 없애고 보관 기간을 늘렸다. 긴 역사만큼이나 놀라운 맛을 자랑한다.

이즈우 교스시 모둠(京寿司盛合せ) 3,850엔, 사바즈시(鯖姿寿司) 4개 2,420엔 케이한 기온시조역(祇園四条駅) 9번 출구에서 도보 5분 京都市東山区八坂新地清本町367 월~토 11:00~22:00(주문 마감 21:30), 일·공휴일 11:00~21:00(주문 마감 20:30), 화 휴무 075-561-0751(예약 불가) izuu.jp/sushi 35.00484, 135.77451

02

파티스리 S パティスリーエス

교토에서 가장 맛있는 케이크 전문점

카라스마역 근처에 있는 교토 최고의 케이크 전문점으로 간판이 워낙 작아 찾기 힘들다. 무스류의 케이크가 주메뉴로 적절한 단맛과 신선한 과일이 조화를 이룬 케이크들을 선보인다. 커피도 상당히 맛있으니 커피와 케이크를 좋아한다면 꼭 들러보자.

사비(サビイ, 쇼콜라 케이크) 630엔, 에스(エス, 프로마주 케이크) 750엔 한큐 카라스마역(烏丸駅) 23번 출구에서 도보 7분/지하철 카라스마선 시조역(四条駅) 6번 출구에서 도보 5분

京都市下京区高辻通室町西入 繁昌町 300-1 カノン室町四条1階 11:00~19:00 (마지막 주문 18:30, 수·목 휴무)
075-361-5521 patisserie-s.com
35.00023, 135.75749

03

이노이치 猪一

이보다 더 맛있는 라멘이 있을까

교토카와라마치역에서 가까운 맛있는 라멘집이다. 쇼유라멘이라고는 믿기지 않을 정도로 맑고 깔끔한 국물을 선보여 가장 간사이다운 라멘집이라고 해도 손색이 없다. 생선 육수에 맑은 간장을 넣어 맛을 내는데 비린내가 전혀 없고 깊은 맛을 자랑한다.

다시소바 시로(出汁そば白) 1,400엔 한큐 교토카와라마치역(京都河原町駅) 10번 출구에서 도보 6분 京都市下京区恵美須之町 猪一 寺町仏光寺下ル恵美須之町528 화~토 11:00~14:30, 17:30~21:00 35.00079, 135.76673

04

이키테이루 커피 生きているコーヒー

원두 본연의 맛을 최대한 살려낸 한 잔

열풍 저온 로스팅으로 커피 원두 고유의 맛을 최대한 살려내는 곳. 최상급 원두를 사용하기 때문에 커피 맛은 보장되어 있다. 15가지가 넘는 커피를 맛볼 수 있으며 밸런스계, 쓴맛계, 산미계 등으로 분류해 커피 초보자도 쉽게 주문할 수 있다. 특히 모든 원두의 맛을 그래프로 표시해놓아 한눈에 비교할 수 있다. 바 같은 분위기의 인테리어와 음악으로 운치를 더하는데, 흡연실도 따로 있어 흡연자도 편하게 이용할 수 있다.

드립커피 750엔~2,000엔(원두 선택 가능), 원두 팩 100g 700엔~ 한큐 교토카와라마치역(京都河原町駅) 9번 출구에서 다이마루 백화점 방향으로 도보 3분 京都市下京区四条通麸屋町西入 立売東町みのや四条ビルB1F 10:00~19:00 075-255-3039 ikiteiru.com 35.004, 135.76521

05 말차칸 MACCHA HOUSE 抹茶館

인기 절정의 녹차 티라미수

사각형 나무 상자에 담긴 가루 녹차 티라미수 디저트로 핫한 카페, 말차칸. 최근 현지인과 관광객 모두에게 인기 많은 곳으로, 유명 녹차 회사 모리한(森半)의 제품을 사용하는데 달콤한 티라미수와 가루 녹차의 쌉싸래함이 잘 어우러진다. 호지차를 이용한 호지차 라테, 호지차 티라미수 등도 판매 중이며, 파르페 종류도 다양하다. 카와라마치 본점은 보통 30분~1시간 이상 대기 시간이 필요하기 때문에 사람이 적은 저녁 늦게 가거나 기다림을 각오해야 한다. 최근에 니넨자카에도 분점을 냈다.

티라미수 드링크 세트(ティラミスドリンクセット) 1,100엔 한큐 교토카와라마치역(京都河原町駅) 3B 출구에서 도보 1분 京都市中京区河原町通四条上ル米屋町382-2 11:00~18:00 075-253-1540 35.00449, 135.76947

06 스파이스 체임버 Spice Chamber

매콤하고 자작한 키마 커리가 일품

다진 고기를 듬뿍 넣고 국물을 자작하게 졸여서 만드는 인도의 키마 카레 전문점이다. 달달한 일본 카레와 달리 매콤해 우리 입맛에도 잘 맞는다. 메뉴는 오직 키마 카레 한 종류로 밥의 양과 치즈 토핑의 유무만 정할 수 있다. 요일에 따라 운영 시간이 다르고 휴무도 부정기적이니 미리 홈페이지에서 확인하는 것이 좋다.

키마 카레(キーマカレー) 1,200엔, 치즈 토핑 200엔 한큐 카라스마역(烏丸駅) 25번 출구에서 도보 3분 京都市下京区室町綾小路 下る白楽天町502番地 福井ビル1F 화~금 11:30~15:00, 18:00~21:00, 토 11:30~15:00(일·월 휴무) 075-342-3813(테이크아웃 예약 가능) www.spicechamber.com 35.00233, 135.75804

07

부타고릴라 とんかつ豚ゴリラ 新京極六角店

풍성한 육즙과 바삭한 튀김옷의 조화

교토에서 돈카츠 부문 랭킹 1위를 차지한 돈카츠 전문점. "요리사 스스로 납득할 만한 좋은 재료로 손님들이 만족할 만큼 대접한다"는 사훈을 바탕으로 최상급 재료로 만든 돈카츠를 저렴한 가격에 선보인다. 양이 푸짐한 데다 밥, 된장국, 양배추는 무한 리필이라 인기가 많다.

부타고리스페셜(豚ゴリスペシャル) 1,540엔 지하철 토자이선 교토시야쿠쇼마에역(京都市役所前駅)에서 도보 5분 京都市中京区松 ケ枝町426-1 京極ビル2F 11:00~21:30(주문 마감 21:00) 075-255-0369 35.00756, 135.76769

08

카츠쿠라 시조테라마치점 名代とんかつ かつくら 四条寺町店

교토에서 태어난 명품 돈카츠

교토에서 개업해 일본 전국으로 뻗어나간 돈카츠 전문점. 3가지 품종의 장점만을 모아 교배시킨 돼지고기와 식물성 기름, 직접 구운 빵가루를 사용해 바삭하고 건강한 저콜레스테롤 돈카츠를 선보인다. 엄청난 크기의 새우커틀릿과 히레카츠가 함께 나오는 카츠쿠라 정식이 최고 인기 메뉴.

키리시마SPF부타히레(霧島山麓SPF豚ヒレ) 120g 2,220엔, 키리시마SPF부타로스(霧島山麓SPF豚ロース) 120g 2,080엔
한큐 교토카와라마치역(京都河原町駅) 10번 출구에서 도보 1분
京都市中京区中之町寺町通四条上る559 11:00~21:00(주문 마감 20:30) 075-221-5261 www.katsukura.jp
35.004126, 135.766783

09

사료츠지리 기온 본점 茶寮都路里 祇園本店

우지 녹차로 만든 산뜻한 디저트

우지의 유명 녹차 전문점 츠지리(都路里) 계열 업체로 우지 녹차로 만든 다양한 메뉴를 선보인다. 최고 인기 메뉴는 녹차 크림, 카스텔라, 젤리, 경단, 셔벗, 단밤이 들어가는 특선사료 파르페다. 우리에게는 생소하지만 일본식 빙수의 기원으로 얼음 대신 한천 젤리가 들어가는 안미츠(あんみつ)도 유명하다.

특선츠지리파르페(特選都路里パフェ) 1,694엔, 호지차파르페(ほうじ茶パフェ) 1,694엔 케이한 기온시조역(祇園四条駅) 6번 출구에서 도보 5분 京都市東山区四条通祇園町南側 573-3 祇園辻利本店 2-3F 10:30~20:00 075-561-2257
giontsujiri.co.jp/saryo/store/kyoto_gion
35.00366, 135.77447

10

카기젠요시후사 본점 鍵善良房 本店

쫀득한 여름 별미 쿠즈키리를 맛보자

기온의 유명 음식점이나 사찰, 가부키 극장에 간식을 배달하던 300년 전통의 화과자점으로, 금으로 화려하게 장식한 찬합을 사용하는 것으로 유명하다. 인기 메뉴는 열쇠 모양 자개로 장식한 2단 찬합에 담겨 나오는 쿠즈키리(くずきり)다. 쿠즈키리는 칡 반죽을 투명하게 익혀 우동 크기로 잘라 설탕물에 담가 먹는 여름 별미로, 이곳에서는 요시노산 칡으로 만든 쿠즈키리를 진한 흑당에 넣어 먹는다.

쿠즈키리(葛切り) 1,400엔 케이한 기온시조역(祇園四条駅) 7번 출구에서 도보 3분 京都市東山区祇園町北側264 찻집 10:00~18:00(주문 마감 17:30), 과자 판매 09:30~18:00(월 휴무) 075-561-1818 kagizen.co.jp 35.00397, 135.77474

11

기온 덴푸라 텐슈 ぎおん天ぷら「天周」

바삭하고 폭신한 마성의 튀김옷

고소한 기름 냄새가 코끝을 자극하는 기온 거리 초입에 위치한 튀김 전문점이다. 두껍지만 바삭함을 유지하는 비법은 튀김옷으로, 많은 이의 사랑을 받고 있다. 점심시간에는 합리적인 가격의 런치 메뉴를 맛보려는 사람들로 늘 붐빈다. 저녁에는 코스 요리만 취급한다.

[점심] 아나고텐동(穴子天丼) 1,450엔, 믹스텐동(ミックス天丼) 1,850엔 [저녁] 코스(コース) 6,900엔 케이한 기온시조역(祇園四条駅) 7번 출구에서 도보 2분/한큐 교토카와라마치역(京都河原町駅) 1A 출구에서 왼쪽으로 도보 5분 京都市東山区祇園四条通縄手東入北側244 11:00~14:00, 17:30~21:30(주문 마감 20:30) 075-541-5277 tensyu.jp 35.00396, 135.7736

12

오카루 おかる

게이샤와 마이코가 즐겨 찾는 우동 맛집

기온의 인력거꾼, 마이코, 게이샤들이 자주 찾는 수타 우동 전문점. 고등어, 가다랑어 등 신선한 생선 4종과 최상급 다시마로 우려내 맛이 깊고 면발도 쫄깃하다. 면에 스며든 진한 카레 맛이 일품인 치즈 니쿠 카레 우동과 적당한 크기로 자른 유부와 걸쭉한 소스를 섞어 먹는 안카케 우동이 인기다. 유명 인사들의 사인과 '쿄마루우치와(京丸うちわ)' 부채가 걸려 있는데, 이는 게이샤와 마이코들의 이름이 적힌 일종의 명함이다.

치즈 니쿠 카레 우동(チーズ肉カレーうどん) 1,220엔 케이한 기온시조역 7번 출구에서 도보 3분/한큐 교토카와라마치역(京都河原町駅) 1A 출구에서 도보 5분 京都市東山区八坂新地富永町132 일~목 11:00~15:00, 17:00~다음날 02:00, 금·토 11:00~15:00, 17:00~다음날 02:30 075-541-1001 35.004322, 135.774093

13

엘리펀트 팩토리 커피 ELEPHANT FACTORY COFFEE

깊고 진한 커피가 일품

2007년에 개업해 10년 넘게 커피 애호가들로부터 맛을 인정받은 커피 전문점. 작고 아늑한 실내는 고서와 CD가 가득하지만 군더더기 없이 깔끔하다. 대표 메뉴는 EF커피로 과테말라 원두를 직접 로스팅해서 내리는 드립 커피인데, 한정 수량이라 일찍 가지 않으면 판매가 종료되기 일쑤다. 맛이 매우 진하고 쓴맛이 강해 중화시킬 수 있도록 초콜릿도 함께 준다. 무겁고 진한 커피를 좋아한다면 꼭 가보자.

EF커피(EFコーヒー) 800엔 한큐 교토카와라마치역(京都河原町駅) 3B 출구에서 도보 3분
京都市中京区蛸薬師通木屋町西入ル備前島町309-4 HKビル 2F 월~일 13:00~다음날 00:30, 목 13:00~18:30 075-212-1808 35.00583, 135.76983

14

스누피 차야 SNOOPY 茶屋

귀여운 스누피와 녹차 디저트

스누피를 테마로 한 곳으로 1층은 스누피 모양의 떡과 아이스크림 그리고 각종 캐릭터 상품을 판매하고, 2층은 우드스톡 캐릭터 전문점 겸 카페로 운영한다. 귀여운 스누피 캐릭터를 이용한 음료와 파르페, 식사류는 너무 귀여워 먹기 미안할 정도다.

스누피 아즈키즈쿠시파르페(スヌーピー あずき尽くしパフェ) 1,294엔, 스누피 도라야키(スヌーピー どら焼き) 378엔 한큐 카라스마역(烏丸駅) 13번 출구에서 도보 7분(니시키 시장 내)
京都市中京区中魚屋町錦小路柳馬場西入中魚屋町480 10:00~18:00
www.snoopychaya.jp 35.00492, 135.76381

15

빈즈테이 びーんず亭

다양한 원두를 사고 싶다면

니시키 시장 입구 오른쪽으로 커다란 유리병이 늘어서 있는 곳이 바로 빈즈테이다. 빈즈테이는 이름 그대로 원두 전문 판매점으로 직접 로스팅한 다양한 원두를 판매한다. 주인의 취향에 맞게 블렌딩한 커피도 맛볼 수 있는데 가격이 저렴하고 맛도 괜찮은 편이다. 취급하는 원두가 다양해서 웬만한 원두는 거의 구매 가능하니 직접 커피를 내려 마시는 사람들은 꼭 들러보자.

홋토커피(ホットコーヒー) 220엔, 아이스커피(アイスコーヒー) 340엔 한큐 카라스마역(烏丸駅) 19번 출구에서 도보 2분 京都市中京区高倉通錦小路下ル 11:00~18:00(화·수 휴무) 075-213-1445 www.beanstei.com 35.00488, 135.76263

16

혼케츠키모찌야 나오마사 本家月餅家直正

4대째 내려오는 교토 화과자의 시초

1804년에 생긴 화과자 전문점. 초기에 팔던 생과자를 종이에 싸 소맷자락에 넣어 운반했는데 소맷자락이 더러워지지 않도록 숯불에 구운 과자 츠키모찌(月餅)를 선보인 것이 시초다. 이곳의 간판 메뉴는 달콤한 팥소를 고사리 전분으로 감싼 와라비 모찌인데, 두부보다 더 부드럽다. 500~600년 된 화과자 노포가 즐비한 교토에선 아직 아마추어라고 말하는 주인의 겸손함이 기분 좋은 곳이다.

와라비모찌 3개 870엔, 츠키모찌 1개 190엔 시영 버스 7번 탑승 후 카와라마치산조(河原町三条) 정류장에서 하차, 도보 3분 京都市中京区木屋町三条上ル8軒目 10:15~18:00(목·셋째 주 수 휴무) 35.00943, 135.7706

17

이즈쥬 いづ重

사바즈시를 비롯한 교스시를 맛볼 수 있는 100년 경력의 노포로, 야사카 신사 맞은편에 있다. 인기 메뉴 역시 사바즈시로 촉촉하고 눅진한 고등어의 맛이 식욕을 자극한다. 틀에 밥과 재료를 넣고 눌러 만드는 오사카식 초밥인 하코즈시와 짭짤한 유부에 밥, 우엉, 유자 등이 들어간 특이한 이나리즈시(유부초밥)도 인기가 많다.

사바즈시(鯖寿司) 하프 사이즈 3,102엔(세금 별도), 하코즈시(上箱寿司) 2,376엔(세금 별도) 케이한 기온시조역(祇園四条駅) 7번 출구에서 도보 8분/시영 버스 202·206·207번 탑승 후 기온(祇園) 정류장에서 하차, 도보 2분 京都市東山区祇園町北側292-1 10:30~19:00(수·목 휴무) 075-561-0019 35.003976, 135.777069

18 칸센도 甘泉堂

즉석에서 만드는 오색 모나카

기온 골목 안쪽, 한 사람이 겨우 지나갈 정도로 좁은 곳에 위치하기 때문에 지나치기 쉽지만 이곳의 오색 모나카와 부드러운 미즈요칸(물양갱, 4~9월 한정 판매)은 오래도록 기억에 남을 맛이다. 주문 즉시 반죽에 유자, 팥, 콩, 된장으로 만든 달콤한 소를 채워 모나카를 만드는데, 바삭한 겉과 지나치게 달지 않은 소가 최상의 조화를 이룬다. 모양도 포장도 예뻐 특별한 기념품이나 선물로 구입하기도 좋다.

오색 모나카(五しき最中) 220엔, 미즈요칸(水羊羹) 2,000엔
케이한 기온시조역(祇園四条駅) 7번 출구에서 도보 5분
京都市東山区祇園町北側344-6 10:30~19:00
075-561-2133 35.00429, 135.77539

19 기온 요로즈야 祇をん 萬屋

기온 하나미코지의 좁은 골목에 있는 우동집으로 언제나 줄이 길게 늘어설 정도로 인기가 많다. 대표 메뉴는 교토 특산물인 쿠조네기를 듬뿍 넣은 쿠조네기우동으로 깊은 맛의 육수와 산뜻한 쿠조네기가 최상의 맛을 이끌어낸다.

네기우동(ねぎ) 1,500엔 케이한 기온시조역(祇園四条駅) 6번 출구에서 도보 4분/한큐 교토카와라마치역(京都河原町駅) 1번 출구에서 도보 8분 京都市東山区花見小路四条下ル二筋 目西入ル小松町555-1 12:00~15:00, 17:30~18:30 075-551-3409 35.00275, 135.77398

20 츠키지 築地

바로크 양식의 실내에 바로크풍 음악까지 마치 중세 유럽에 온 듯한 분위기를 자아낸다. 교토에 최초로 비엔나커피를 소개한 곳으로, 대표 메뉴 역시 비엔나커피다. 내부에 금연석과 흡연석 구분이 없으며, 점원들이 바쁘게 돌아다니며 손님을 맞이해 조금 어수선하다는 점은 감수해야 한다. 손님이 몰리지 않을 시간에 찾아가는 것이 특유의 분위기를 즐기기에 좋다.

비엔나커피(ウインナー 珈琲) 750엔 한큐 교토카와라마치역(京都河原町駅) 3A 출구에서 도보 2분 京都市中京区米屋町384-2 11:00~17:00 075-221-1053 aquadina.com/kyoto/spot/3808/ 35.00436, 135.76969

01

타카시마야 백화점 교토점 高島屋

교통이 편리한 쇼핑의 메카

1831년에 개업한 타카시마야 교토점은 한큐 교토카와라마치역과 연결되어 있어 한큐선을 이용하는 여행자들이 주로 방문한다. 지하 1층 식품관에서는 전통 화과자, 채소절임, 교토 반찬 등을 팔며, 5층에는 기모노, 유카타 등의 전통 의상점과 포켓몬 센터, 키티 숍 같은 캐릭터 전문 숍이 있다. 여름에는 옥상에 마련된 아사히 가든에서 시원한 맥주도 즐길 수 있다. 2023년 10월 전문점 존 T8을 증축해 다양한 상점이 추가되었는데, 그 중 7층에 있는 닌텐도 교토는 일본 내에서 세 번째로 오픈한 매장으로 주목받고 있다. 애니메이션 매니아들의 성지 만다라케도 4층에 입점해 있다.

한큐 교토카와라마치역(京都河原町駅)과 바로 연결/케이한 기온시조역(祇園四条駅) 3번 출구에서 도보 5분 京都市下京区御旅町39
10:00~20:00 075-221-8811 takashimaya.co.jp/kyoto

35.00315, 135.76821

02

닌텐도 교토 Nintendo Kyoto

마리오와 함께하는 교토 여행

도쿄와 오사카에서 매일 성황을 이루는 닌텐도 숍이 교토에도 오픈했다. 특히 닌텐도 본사가 교토에 있는 만큼 교토 매장은 더 세심하게 신경을 쓴 모양새다. 타카시마야 백화점 S.C T8 건물 7층에 있으며 넓고 쾌적한 매장에서 마리오, 젤다의 전설, 동물의 숲, 요시 등 닌텐도에서 등장하는 캐릭터를 이용해 만든 다양한 용품을 만날 수 있다. 교토 한정으로 발매되는 굿즈도 있으니 놓치지 말자. 에스컬레이터를 타고 8층으로 올라가면 야외 포토존이 나오는데, 직원의 안내하에 마리오와 기념사진을 찍을 수도 있다. 사람이 많이 몰리는 주말·공휴일에는 정리권(번호표)을 배부한다. 개점 전에는 1층 마리오상(像) 앞, 개점 후에는 7층 점포 앞에서 받을 수 있다.

한큐 교토카와라마치역(京都河原町駅)에서 도보 2분, 케이한 기온시조역(祇園四条駅)에서 도보 5분 京都市下京区四条通寺町東入2丁目御旅町35 京都髙島屋S.C.T8 7階
10:00~20:00 0570-008-188 www.nintendo.co.jp/officialstore 35.003545, 135.768258

03

로프트 교토 LOTF 京都

교토에서도 만나다

한큐 교토카와라마치역과 케이한 산조역 중간에 자리한 미나 교토(mina京都) 쇼핑몰에 입점해 있다. 문구 덕후라면 놓쳐서는 안 되는 곳! 잡화, 로프트 마켓과 여행 용품 코너, 미용과 건강 관련 용품, 문구, 가정용품, 인테리어, 생활 잡화와 시즌 한정 제품 등이 다채롭게 준비되어 있다. 특히 교토 한정으로 개최하는 여러 애니메이션의 팝업 스토어를 활발하게 만나볼 수 있다. 5,000엔이상 구매 시 각층에서 결제를 마친 후 5층 혹은 6층에 마련되어있는 택스 프리 카운터에서 면세 수속이 가능하다.

지하철 토자이선 교토시야쿠쇼마에역(京都市役所前駅) 3번 출구에서 도보 5분/케이한 산조역(三条駅) 6번 출구에서 도보 5분/한큐 교토카와라마치역(京都河原町駅) 3A 출구에서 도보 6분(미나 교토 4~6층) 京都市中京区河原町通三条下ル大黒町58 ミーナ京都4~6F 11:00~21:00 075-255-6210 www.loft.co.jp 35.00778, 135.76868

04

다이마루 백화점 교토점 京都大丸

백화점 지하 식품관의 정석

기온에서 가장 오래된 백화점으로 1736년에 문을 열었으며, 1912년에 지금의 카라스마 자리로 이전했다. 지하 1층부터 지상 8층까지 생활 전반을 아우르는 매장이 집결해 있다. 그중 '데파치카'라 불리는 지하 1층 식품관P.152은 백화점 식품관의 정석으로 불릴 정도로 다양하고 풍부한 먹을거리를 자랑한다.

한큐 카라스마역(烏丸駅)과 바로 연결/케이한 기온시조역(祇園四条駅) 4번 출구에서 도보 12분
京都市下京区四条通高倉西入立売西 町79 지하2층~2층 10:00~20:00, 3층~7층 10:00~19:00, 8층(식당가) 11:00~22:00
075-211-8111
daimaru.co.jp/kyoto
35.00428, 135.762

REAL GUIDE

여행 고수가 추천하는 **다이마루 백화점 식품관 인기 매장 BEST 6**

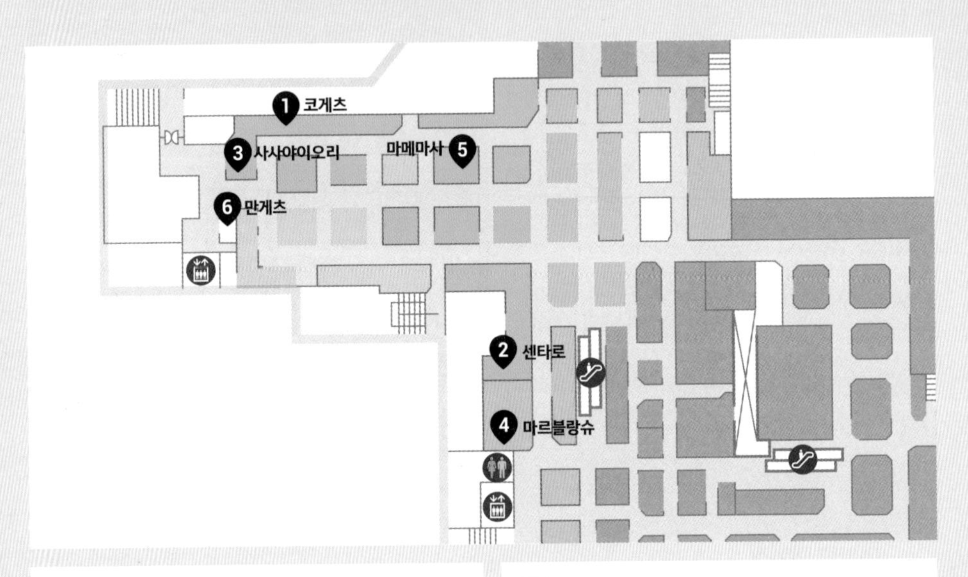

1 코게츠 鼓月

1945년 교토에서 개업한 노포 화과자 전문점으로 교토에서 빼놓을 수 없는 기념품이다. 바삭한 와플 질감의 센베이 사이에 부드러운 크림이 들어간 유명한 센주센베이(千寿せんべい)가 인기 상품이다. 그 외 부드러운 팥 앙금을 돌돌 말아 만든 교노리큐우(京の離宮)나 먹기 아까울 정도로 고운 자태를 자랑하는 양갱도 인기!

센주센베이 8개입 1,512엔

2 센타로 仙太郎

교토에 본사를 둔 화과자 전문 노포. 잘게 자른 차조기 잎을 넣은 보타모찌(쌀 모양이 그대로 살아 있는 찹쌀떡)가 인기 메뉴로 교토 전통 방식으로 만들어 산뜻한 향을 자랑하며 양도 푸짐해 1개만 먹어도 배부르다. 교토 다이마루 한정으로 판매하는 흑당 당고도 별미다.

오하기(おはぎ) 303엔~, 고존지모나카(ご存じ最中) 303엔

3 사사야이오리 笹屋伊織

1716년 교토에서 문을 연 화과자 노포로 300년간 변함없이 사랑받아온 곳이다. 동그란 모양의 일반 도라야키를 돌돌 말아 대나무 껍질에 포장해 고급스럽다. 만드는 데 시간이 오래 걸리는 탓에 매달 21일에만 한정 판매하던 전통을 이어 지금도 매달 20~22일에만 구입할 수 있다. 다른 날은 센베이, 만주, 양갱 등을 맛볼 수 있다.

도라야키(どら焼き) 1,944엔, 만쥬(千客万来) 162엔

5 마메마사 豆政

교토의 명물인 콩 과자를 만드는 노포로 시치미 맛, 카레 맛 등 다양한 콩 과자가 있다. 땅콩에 우유, 딸기, 말차, 커피, 바나나 맛 크림 옷을 입힌 크림 오색콩은 알록달록한 색깔과 아기자기한 포장 덕에 선물용으로도 인기가 높다.

크림 오색콩(クリーム五色豆) 702엔

4 마르블랑슈 マールブランシュ

교토의 인기 양과자점으로 녹차 맛 쿠키에 화이트 초콜릿을 샌드한 쿠키 차노카로 유명하다. 그중 교토에서만 파는 진한 녹차 풍미가 일품인 오코이차랑그드샤(お濃茶ラングドシャ)와 고급 우지 녹차와 생초콜릿이 촉촉한 식감을 자아내는 말차 퐁당 쇼콜라 나마차노카는 반드시 맛봐야 하는 인기 디저트.

말차 퐁당 쇼콜라 나마차노카(生茶の菓) 3개입 897엔

6 만게츠 満月

1856년에 창업한 화과자 노포로 교토의 명과 아자리모찌를 선보이며 현지인들의 사랑을 한몸에 받고 있다. 쫄깃하고 부드러운 반죽과 팥소의 조화가 일품인 아자리모찌는 간식은 물론 선물용으로도 훌륭하다.

아자리모찌(阿闍梨餅) 1개 141엔

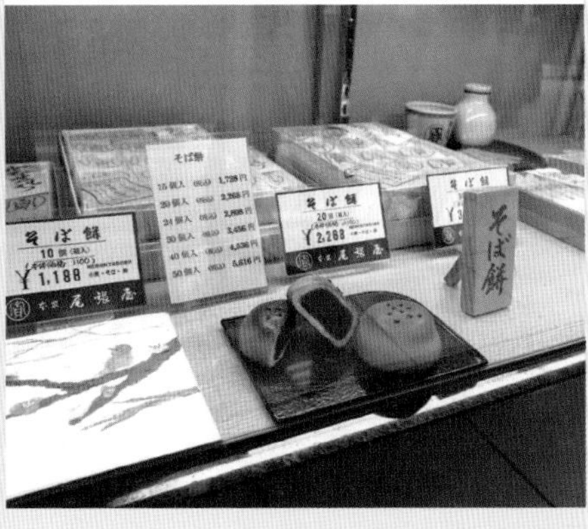

05

요지야 기온점 よーじや 祇園店

교토의, 교토에 의한 화장품

교토에 본사를 둔 화장품 전문 브랜드로 1904년에 문을 열었다. 오픈 당시 주력 상품은 이쑤시개였으나, 과거 '후루야카미'라 불리던 기름종이를 작은 수첩처럼 만들어 1권에 5전을 받고 판 것이 오늘날의 요지야를 만든 기름종이의 시초다. 이후 후루야카미가 마이코와 게이샤들의 호평 속에 일본 전역에 알려지면서 전체 브랜드가 엄청난 유명세를 탔다. 일등 공신인 기름종이를 비롯해 유자 립밤, 핸드크림, 손거울, 문구류 등이 총망라되어 있으며, 2층에서는 기초 화장품과 색조 화장품을 테스트하고 상담도 받을 수 있다.

한큐 교토카와라마치역(京都河原町駅) 1A 출구에서 도보 7분/케이한 기온시조역(祇園四条駅) 7번 출구에서 도보 4분 京都市東山区祇園町北側270-11 월~금 10:30~18:30, 토·일, 공휴일 10:30~19:00(시즌에 따라 변동) 075-541-0177 www.yojiya.co.jp/store/gion 35.00395, 135.77522

06

큐쿄도 鳩居堂

종이로 만든 희귀 아이템

1663년에 개업해 300년 넘게 같은 자리를 지키고 있는 유서 깊은 문구점이다. 원래는 약과 향을 만들어 팔던 한약방이었으나 당나라에서 약재와 함께 붓, 종이를 들여오면서 서예 전문점으로 변신, 이후 그림엽서, 편지지, 부채, 파우치, 액세서리 등을 판매하는 문구점으로 자리 잡았다. 종이 용품, 고급 서예 용품, 디자인 상품까지 총 1만여 점에 달하는 아이템을 갖추고 있다. 내부 사진 촬영은 금지되어 있다.

지하철 토자이선 교토시야쿠쇼마에역(京都市役所前駅) 1번 출구에서 도보 4분/한큐 교토카와라마치역(京都河原町駅) 9번 출구에서 도보 8분 京都市中京区寺町姉小路上ル下 本能寺前町520 10:00~18:00 075-231-0510 www.kyukyodo.co.jp 35.00996, 135.76709

07

디 앤 디파트먼트 교토 ディアンドデパートメント 京都

시간이 증명한 좋은 물건을 취급

"시간이 증명한 좋은 물건을 판다"라는 롱 라이프 디자인을 테마로 디자이너 나가오카 겐메이가 설립했다. 디자인을 하지 않는 디자이너의 독특함을 반영하듯 이곳은 고즈넉한 사찰 안에 있다. 실제 건물을 보기 전까지는 이곳이 정말 맞는지 두리번거리게 된다. 매장이 자리한 지역의 일상을 드러내는 장소를 표방하고자 교토의 특산품, 공예품 등을 주로 다룬다. 경내엔 편집 숍 외에 일본 가정식이나 교토의 디저트를 다다미방에서 맛볼 수 있는 D&D CAFE도 있다.

¥ D&DEPARTMENT PROJECT 러기지 태그 1,836엔, 에코 백 3,996엔 지하철 카라스마선 시조역(四条駅) 5번 출구에서 도보 5분 京都市下京区高倉通仏光寺下ル新開町397 本山佛光寺内 11:00~18:00(수 휴무) 075-343-3217
www.d-department.com 35.00018, 135.76264

08

무모쿠테키 mumokuteki

편안하고 내추럴한 편집 숍

'먹는 것, 입는 것, 만드는 것, 사용하는 것, 아는 것, 느끼는 것이 삶을 만들어나간다'는 콘셉트의 편집 숍. 무목적(無目的)과 발음이 동일한 이름처럼 매장은 편안하고 내추럴한 분위기에서 생활 전반에 이르는 다양한 소품을 취급한다. 지하 1층과 지상 1층에서는 옷과 소품, 가구를 판매하고, 2층에서는 채식 레스토랑을 운영한다. 니시키 시장과 인접한 테라마치도리에 위치해 접근성이 좋다.

¥ 달걀과 버터를 사용하지 않은 쿠키 334엔, 유기농 후리카케 421엔, 내추럴(오가닉) 토트백 5,292엔
한큐 교토카와라마치역(京都河原町駅) 9번 출구에서 도보 5분
京都市中京区伊勢屋町261
11:00~19:00(부정기 휴무)
075-213-7733
www.mumokuteki.com
35.00655, 135.76647

09

앙제스 카와라마치 본점 ANGERS 河原町本店

고품격 생활, 아름다운 디자인

'고품격 생활, 아름다운 디자인'을 테마로 한 편집 숍으로 전 세계의 문구, 주방용품, 의류, 서적 등을 구비하고 있다. 낡은 은행을 개조해 고풍스러움을 더한 카와라마치 본점은 북유럽, 일본 등에서 엄선한 제품을 선보인다. 1층은 디자인 잡화, 인테리어, 서적을, 2층은 의류, 보디 제품, 어린이 용품을, 3층은 커피 용품, 주방용품, 공예품 등을 취급한다.

¥ ANGERS 오리지널 손수건 1,980엔 🚶 교토시약쇼마에역(京都市役所前駅)에서 도보 1분/케이한 산조역(三条駅) 6번 출구에서 도보 6분 📍 京都市中京区河原町三条上ル西側 🕓 11:00~20:00 🏠 www.angers.jp 🌐 35.01013, 135.76878

10

소우.소우 SOU.SOU

교토를 대표하는 디자인

새로운 일본 문화의 창조를 콘셉트로 버선, 의류, 가방 등을 제작해 판매하는 교토의 로컬 브랜드다. 숫자가 반복되는 디자인으로 우리나라에서도 유명하다. 일본식 조리 모양의 운동화와 버선 등을 판매하는 SOU.SOU 타비(足袋), 아동복 매장 와라베키(わらべぎ), 가방과 파우치 등을 판매하는 호테이(布袋) 등 7개의 매장으로 나뉘어 있다. 2층에서는 SOU.SOU 디자인의 천도 구매할 수 있다.

¥ 가마구치 백 3,740엔 🚶 한큐 교토카와라마치역(京都河原町駅) 9번 출구에서 도보 2분(호테이) 📍 京都市中京区新京極通四条上ル中之町569-10 🕓 12:00~20:00(수 휴무) 🏠 www.sousou.co.jp 🌐 35.00429, 135.76798

11

마루젠 교토 본점 丸善 京都本店

교토 최대 규모의 서점

교토 최대 규모의 서점으로 약 1,000평의 면적에 장서 100만여 권을 보유했다. 1907년에 오픈한 마루젠 교토 지점은 가지이 모토지로의 소설 〈레몬〉의 무대가 되었으며, 몇 차례의 이전을 거쳐 2005년에 폐점했다가 10년 후 교토 BAL 지하 1~2층에 리뉴얼 오픈했다. 일본 서적, 서양 서적, 문구 등 다양한 상품을 판매하고 카페도 운영해 많은 이가 찾고 있다.

한큐 교토카와라마치역(京都河原町駅) 3A 출구에서 도보 7분 京都市中京区河原町通 三条下ル山崎町 251 B1~B2 11:00~20:00 075-253-1599 35.00697, 135.76945

12

우에바에소우 上羽絵惣

일본 최고(最古)의 화구점에서 만드는 천연 매니큐어

1751년에 창업한 일본 최고의 화구 전문점으로 현재 10대까지 이어지고 있다. 화구 전문점이지만, 이곳을 유명하게 만든 것은 호분(조가비를 태워 만든 백색 안료)을 원료로 만든 천연 매니큐어다. 매니큐어 특유의 자극적인 냄새가 없으며, 발랐을 때 매우 가볍고 빨리 마른다는 장점이 있다. 또한 270여 년에 걸쳐 일본의 색을 취급해온 화구 전문점답게 온화하고 우아한 색감을 다양하게 취급하고 있다.

¥ 호분 네일 매니큐어 1,452엔~, 호분 네일 매니큐어 전용 리무버 764엔~ 지하철 카라스마선 시조역(四条駅) 5번 출구에서 도보 5분 京都市下京区東洞院通松原上ル燈籠町東側 09:00~17:00(토·일 공휴일 휴무) 075-351-0693 www.gofun-nail.com 34.99963, 135.7613

13

카즈라세이로호 기온 본점 かづら清老舗 祇園本店

에도 시대부터 이어진 동백기름의 명가

1865년 연극이 성황을 이루던 에도 시대, 극장이 즐비한 지금의 테라마치도리인 쿄고쿠에 창업한 화장품·장신구 전문점으로, 당시 연극배우의 가발, 머리 장신구 등을 전문으로 취급한 시마야라는 가게가 시초다. 헤이안 시대부터 식용, 등화용, 화장용으로 사용하던 동백기름을 머리치장에 이용해 당시 배우와 게이샤들의 입소문을 탄 것을 계기로 현재까지 인기를 얻고 있다. 촉촉하면서도 은은한 동백기름의 멋스러움을 꾸준히 전파하고자 자체 농장도 운영 중이다. 대표 제품은 동백 에센스 오일로 뛰어난 보습력과 흡수력을 자랑한다.

¥ 카즈라세이 국산 특제 동백기름 2,145엔 🚶 시영 버스 201·203·207번 탑승 후 기온(祇園) 정류장에서 하차, 도보 1분/케이한 기온시조역(祇園四条駅) 7번 출구에서 도보 5분 📍 京都市東山区四条通祇園町北側285 🕔 10:00~18:00(수 휴무) 📞 075-561-0672 🏠 www.kazurasei.co.jp 35.00392, 135.77663

14

루피시아 테라마치산조점 LUPICIA 寺町三条店

교토 홍차의 은은한 맛

세계 각국의 홍차와 녹차를 판매하는 루피시아의 교토 산조점이다. 입구에 진열된 100여 종의 차는 향을 맡아볼 수 있고, 일부 시음도 가능하다. 차마다 영어와 일어로 간단한 설명도 붙어 있어 원하는 차를 선택할 수 있다. 유자와 매화의 상쾌한 향이 일품인 가라코로(からころ), 재스민과 용안을 훈연해 만든 타투(TATTOO), 호지차와 계피를 섞어 만든 가리가네닛키(雁ヶ音日記)가 인기 품목이며, 사계절을 주제로 한 레카트르 세종(Les quatre saisons)은 산조점에서만 구입할 수 있다.

🚶 지하철 토자이선 교토시야쿠쇼마에역(京都市役所前駅) 1번 출구에서 도보 5분/한큐 교토카와라마치역(京都河原町駅) 9번 출구에서 도보 10분 📍 京都市中京区寺町通三条上ル天性寺 前町530 🕔 10:00~19:00 📞 075-257-7318 🏠 www.lupicia.co.jp 35.00899, 135.76709

15

킷친유젠 교토니시키점 きっちん遊膳 京都錦店

특별한 젓가락을 만날 수 있는

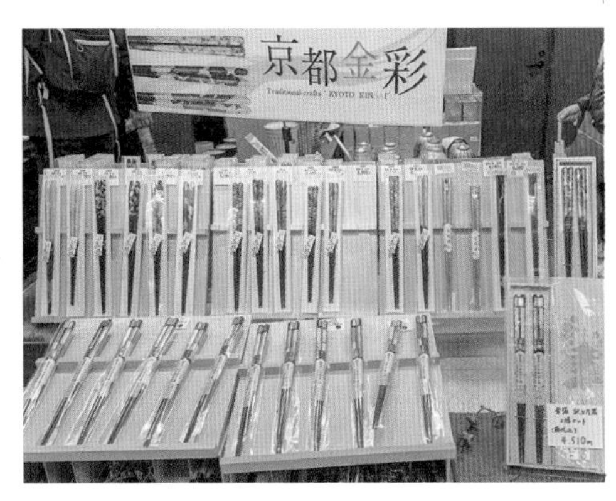

약 800종류의 다양한 젓가락을 구비한 수제 젓가락 전문점. 매일 사용하는 도구인 만큼 더 신중히, 전문가의 조언을 받아 내 손에 꼭 맞는 젓가락을 고를 수 있다. 의미 있는 메시지를 새길 수 있는 각인 서비스도 무료로 제공해 인기가 높다.

¥ 수제 젓가락 900엔~ 한큐 카라스마역(烏丸駅) 13번 출구에서 도보 2분/시영 버스 3·5·11·12·31·32·46·58·201·203·207번 탑승 후 시조타카쿠라(四条高倉) 정류장에서 하차, 도보 4분
京都市中京区錦小路通高倉東入中魚屋町499
10:00~18:00 075-212-3390 www.telacoya.co.jp
35.00509, 135.76307

16

리슨 교토 Lisn Kyoto リスン京都

교토의 향이 담긴 세련된 인센스 전문점

1705년 교토에서 창업한 선향 전문점, 쇼헤이도에서 론칭한 인센스 전문샵. 리슨에서 선보이는 향은 인위적이지 않으면서 현대적이고 세련되어 젊은 세대에게도 인기가 높다. 종류가 무척 다양한데 직접 시향도 가능하며, 합리적인 가격에 소량도 구매 가능해 선물용으로도 좋다.

¥ 인센스 스틱 10개 550엔~ 한큐 카라스마역(烏丸駅) 23·25번 출구에서 직결/3·11·31·32·46·201·203·207번 탑승 후 시조카라스마(四条烏丸)에서 하차 후 도보 2분
京都市下京区烏丸通四条下ル COCON KARASUMA 1층
11:00~19:00 075-353-6468 www.lisn.co.jp
35.00312, 135.75894

17

마네키네코노테 まねきねこのて 招喜屋

복을 부르는 고양이를 비롯해 개구리, 부엉이, 돼지, 금붕어를 주제로 만든 공예품과 행운의 부적을 선보인다. 고양이는 금전과 인복, '돌아오다(帰る, 카에루)'와 발음이 같은 개구리는 건강과 교통안전 등을 상징한다고 한다. 기념품이나 선물을 마련하기에 안성맞춤이다.

케이한 기온시조역(祇園四条駅) 3번 출구에서 도보 12분/한큐 교토카와라마치역(京都河原町駅) 11번 출구에서 도보 5분
京都市中京区錦小路通麩屋町東入鍛冶屋町221-2
10:00~18:00 075-213-2960
mrucompany.co.jp 35.00509, 135.76622

18

쿄고쿠이와이 京極井和井

교토의 색깔을 담은 소품 가게

30년째 기온의 번화가 신쿄고쿠(新京極)에 자리 잡고 있는 기념품점. 비단 세공품과 잡화, 부채, 교토 색종이, 교토 향(京線香), 키요미즈야키 도자기 등 교토와 관련된 다양한 기념품을 판매한다.

한큐 교토카와라마치역(京都河原町駅) 9번 출구에서 도보 3분 京都市中京区新京極四条上ル 11:00~20:00 075-221-0314 kyoto-iwai.co.jp 35.00441, 135.76733

19

쿄에츠 카와라마치점 京越 河原町店

가장 합리적인 금액을 원한다면

SNS 핫스폿으로 각광받는 기모노 렌털 숍. 관광객들이 찾기 가장 좋은 곳에 위치한 키요미즈점, 카와라마치점과 아라시야마점 세 곳을 운영 중이며, 고풍스러운 디자인에서부터 귀여운 MZ 감성까지 모두가 만족할 만한 다양한 디자인의 기모노를 3만 벌 이상 구비하고 있다. 커플 요금, 학생 요금 등 다양한 요금제를 선보이는 합리적인 가게로 헤어 세트를 예약하는 고객에 한해 머리 장식을 무료로 이용할 수 있는 특전도 있다. 한국어 홈페이지도 있고 캐리어 등의 짐 보관도 가능하다. 착장 후 마무리까지 1인당 약 30분이 소요되니 시간에 여유를 두는 것이 좋다.

¥ 사전 웹 결제 시 풀세트 3,190엔~
한큐 교토카와라마치역 1B 출구에서 도보 4분 京都府京都市下京区天満町456-25 杉田ビル
09:00~18:30(반납 마감 18:00)
kyoetsu-gion.com
35.000896, 135.769089

기온 여행 정보 Q&A

간사이 국제공항과 기온 간 이동이 가능한가요?

코로나 19 여파로 리무진 노선이 축소되어 현재 간사이 국제공항에서 기온까지 한 번에 가는 방법은 없다. 리무진을 타고 교토역에서 내려 버스를 타고 이동하거나 하루카 편도권으로 간사이 국제공항↔교토역 구간을 이용하고, 교토역↔기온 간은 교토 시내버스를 이용하는 방법도 있다.

이용 가능한 교통 티켓 및 패스

간사이 국제공항에서 바로 교토 기온으로 갈 경우, 가장 저렴한 방법은 간사이 국제공항역→덴가차야역→아와지역→교토카와라마치역으로 두 번 환승해야 하며 요금은 1,670엔이다. 차라리 하루카 편도 할인 티켓을 구매하여 한번에 교토역까지 편하게 이동 후, 버스로 기온으로 이동하는 것을 더 추천한다(하루카 비용 약 2만 원+시내 버스 230엔). 만약 첫날부터 간사이 스루패스를 이용하려는 관광객이라면 한 번에는 갈 수 없고 위처럼 갈아 타야 해 조금 번거롭다.

여행의 도움을 받을 수 있는 관광안내소가 있나요?

한큐 교토 관광안내소(阪急京都 観光案内所)

위치	한큐 교토카와라마치역 중앙 개찰구 밖(7번 출구 근처)
시간	08:30~17:00(연중무휴)
서비스	한국어 및 영어 안내, 관광·교통 안내 및 상담, 관광 정보, 팸플릿 제공 및 구입 가능
구입 가능 패스	지하철 1일권, 지하철·버스 1일권

기온에서 이용할 수 있는 버스 정류장를 알려주세요.

시조카와라마치(四条河原町) 정류장과 시조케이한마에(四条京阪前) 정류장, 기온(祇園) 정류장을 가장 많이 이용하게 된다. 케이한선의 경우 시조카와라마치 정류장까지 도보로 이동해야 하기 때문에 가까운 시조케이한마에 정류장과 기온 정류장을 이용하는 것이 편하다.

시조케이한마에 A정류장 (기온시조역 7·8번 출구 근처)

- **46번**: 기온, 헤이안 신궁
- **201번**: 기온, 하쿠만벤
- **203번**: 긴카쿠지
- **207번**: 키요미즈데라, 토후쿠지

시조케이한마에 B정류장 (기온시조역 6번 출구 근처)

- **12번**: 리츠메이칸 대학, 니조성
- **46번**: 카미카모 신사
- **201번**: 시조오미야, 센본이마데가와
- **203번**: 키타노텐만구
- **207번**: 시조오미야, 토지

시조케이한마에 C정류장 (기온시조 9번 출구 맞은편)

- **10번**: 오무로닌나지
- **11번**: 아라시야마, 사가
- **12번**: 산조케이한
- **59번**: 긴카쿠지, 료안지

긴카쿠지
BEST 5
01
긴카쿠지의 풍경 즐기기
02
철학의 길 산책하기
03
일본식 정원에서 말차 카푸치노 마시기
04
난젠지 수로각에서 사진 찍기
05
우동 맛집 방문

천천히 걷는 여행의 즐거움

긴카쿠지

GINKAKUJI 銀閣寺

#사색의길 #일본정원 #단풍명소 #벚꽃명소 #운하산책 #수로 #교토사진명소

긴카쿠지 지역은 긴카쿠지와 철학의 길이 자리한 북부, 오카자키 공원, 교토 미술관, 헤이안 신궁이 있는 남부로 나누어 여행하는 것이 좋다. 오카자키 공원, 헤이안 신궁을 둘러본 후 버스를 이용해 긴카쿠지로 이동하자. 이후에는 철학의 길, 에이칸도, 난젠지 순으로 돌아보는 것이 좋다. 철학의 길을 따라 긴카쿠지에서 에이칸도로 가는 데 40분 정도 소요되고, 난젠지에서 관람을 마치고 버스 정류장으로 가는 데도 꽤 시간이 걸리는 만큼 중간중간 휴식을 취하며 일정을 조율하자.

ACCESS

주요 이용 패스

- **오사카에서 이동** 교토-오사카 관광 패스, 간사이 레일웨이 패스
- **교토 내에서 이동** 지하철·버스 1일권

교토역에서 가는 법

교토에키마에 정류장
시영 버스 5·7번 ⓒ35분 ¥230엔
긴카쿠지미치 정류장

카와라마치에서 가는 법

시조카와라마치 정류장
시영 버스 5·7·32·203번 ⓒ25분 ¥230엔
긴카쿠지미치 정류장

긴카쿠지 상세 지도

본문에 표시한 각 스폿의 GPS 번호로 검색하면
보다 빠르게 정확한 위치를 찾을 수 있습니다.

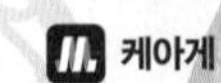

01

긴카쿠지 銀閣寺

유네스코 세계 문화유산에 빛나는 흑빛 사찰

무로마치 막부의 8대 쇼군 아시카가 요시마사의 회한이 담긴 미완의 사찰이자 교토의 대표 명소로, 본래 명칭은 '히가시야마지쇼지(東山慈照寺)'다. 원래는 요시마사가 은퇴 후 기거할 목적으로 지은 저택으로, 외조부인 아시카가 요시미츠가 지은 긴카쿠지에 금박을 입힌 것처럼 이곳 외관에 은박을 입히려 했으나 오닌의 난과 재정난으로 은을 구하지 못해 옻칠로 마감한 상태에서 공사가 중단됐으며, 요시마사 사망 후 미완의 건축물로 지금까지 전해 내려오고 있다. 웬만한 단층 건물 높이만 한 나무 담벼락으로 둘러싸인 참배로를 따라 문을 들어서면, 흰 모래로 만든 모래 정원 긴샤단(銀沙灘)과 달빛을 감상하기 위해 모래를 쌓아 올린 고게츠다이(向月台)가 나온다. 고게츠다이 너머로 보이는 2층짜리 목조 누각이 긴카쿠지의 중심인 은각관음전이다. 1층 신쿠덴(心空殿)은 일본의 전통 주택 구조, 2층 조온카쿠(潮音閣)는 중국 사원 양식으로 지었으며, 지붕에는 청동으로 만든 봉황 조각상이 있다. 긴샤단 북쪽에는 요시마사의 개인 사원이자 현존하는 최고(最古)의 서원 건물인 도구도(東求堂)가 있다. 도구도 앞에 있는 긴쿄치(錦鏡池) 뒤로 연결된 관람 순로를 따라 올라가면 본당 풍경이 한눈에 보이는 전망대가 나온다.

¥ 성인·고등학생 500엔, 중학생 이하 300엔 시영 버스 EX100·5·7·32·102·105·203·204번 탑승 후 긴카쿠지미치(銀閣寺道) 정류장에서 하차, 도보 5분 京都市左京区銀閣寺町2
3~11월 08:30~17:00, 12~2월 09:00~16:30 075-771-5725 shokoku-ji.jp
35.02702, 135.7982

02

철학의 길 哲学の道

에이칸도 부근 냐쿠오지 신사에서 긴카쿠지까지 수로를 따라 이어진 2km 길이의 산책로다. 봄에는 수로 양옆으로 만개한 벚꽃이 터널을 만들고, 가을에는 아름다운 단풍으로 물들며 환상적인 분위기를 자아내 '아름다운 일본 거리 100선'에도 이름을 올렸다. 메이지 시대에는 주변에 문인이 많이 살아 '문인의 길(文人の道)'로, 일본 철학자 니시다 기타로와 나나베 하지메가 산책하던 길이라 해서 '철학의 오솔길(哲学の小径)' 등으로 불렸다. 곳곳에 기념품점, 아기자기한 카페들도 자리하고 있다.

시영 버스 EX100·5·7·32·102·105·203·204번 탑승 후 긴카쿠지미치(銀閣寺道) 정류장에서 하차, 도보 3분 京都市左京区鹿ケ谷法然院西町 35.02682, 135.79535

03

에이칸도 永観堂

단풍과 아미타여래상의 아름다운 조화

정토종 젠린지파의 총본산으로 정식 명칭은 '젠린지(禅林寺)'다. 8세기에 창건되었으며 에이칸 율사(永律師)가 이곳에서 염불 수행을 한 이후 이 같은 이름이 붙여졌다. 단풍 명소뿐만 아니라 '뒤돌아본다'는 뜻의 미카에리 아미타여래(みかえり阿弥陀像) 관음상도 유명하다.

¥ 성인 600엔, 고등학생 이하 400엔 🚶 시영 버스 5번 탑승 후 난젠지·에이칸도미치(南禅寺·永観堂道) 정류장에서 하차, 도보 6분/긴카쿠지에서 철학의 길을 따라 도보 40분 📍 京都市左京区永観堂町48 🕘 09:00~17:00 📞 075-761-0007 🏠 eikando.or.jp 35.01437, 135.79541

04

난젠지 南禅寺

"절경이로다 절경이로다!"

일본 최초의 왕실 사찰로, 정문 격인 산몬(三門)은 전투에서 사망한 무사들의 명복을 기리는 22m 높이의 2층 건물이다. 〈산몬고잔노키리(楼門五三桐)〉라는 가부키에서 난젠지를 두고 "절경이로다. 절경이로다!"라고 외친 곳으로도 유명하다. 1800년 후반에는 비와호의 물을 끌어오기 위해 수로각도 설치했다. 고요한 분위기로 화보 배경으로 자주 등장한다.

¥ 경내 무료, [호조테이엔] 성인/고등학생/초·중생 600/500/400엔, [산몬] 600/500/400엔, [난젠인] 400/350/250엔 🚶 시영 버스 5번 탑승 후 난젠지·에이칸도미치(南禅寺·永観堂道) 정류장에서 하차, 도보 10분 📍 京都市左京区南禅寺福地町 🕘 12~2월 08:40~16:30, 3~11월 08:40~17:00(12월 28~31일 휴무) 🏠 nanzen.net 35.01124, 135.79325

05

헤이안 신궁 平安神宮

과거의 영광을 다시 한번

1895년 간무 일왕의 헤이안(교토) 천도 1,100주년을 기념해 창건했다. 신사는 천도 당시 정무를 보던 조도인(朝堂院)을 60%로 축소시킨 형태다. '신의 동산'이라는 뜻의 신엔(神苑)은 일본 정원의 선구자 오가와 지헤가 조성한 곳으로, 30,000㎡의 부지에 3개의 연못과 정원수가 아름답게 수놓여 있다.

¥ [경내] 무료, [신엔] 600엔 ⓒ 06:00~18:00(2월 15일~3월 14일·10월 06:00~17:30, 11월 1일~2월 14일 06:00~17:00), [신엔] 08:30~15:30(2월 15일~3월 14일·10월 08:30~17:00, 11월 1일~2월 08:30~16:30) 🚶 시영 버스 EX100·5·46·86·105번 탑승 후 오카자키코엔 비주츠칸·헤이안진구마에(岡崎公園 美術館·平安神宮前) 정류장에서 하차 📍 京都市左京区岡崎西天王町 🏠 heianjingu.or.jp 🌐 35.01598, 135.78242

06

교토 국립 근대미술관 京都 国立近代美術館

간사이 중심의 근대 미술 작품이 총망라된

국립 근대미술관의 교토 분관. 일본 근대 미술사 중에서도 교토 중심의 간사이 미술에 비중을 뒀다. 교토 화단의 서양화, 일본화 등 회화 작품과 더불어 도예, 염직 등의 공예작품도 다룬다. 헤이안 신궁의 참배로, 난젠지와 가깝다.

¥ [4층 컬렉션 갤러리] 성인 430엔, 대학생 130엔, 고등학생 이하 및 65세 이상 무료(기획전은 경우에 따라 다름) 🚶 시영 버스 32·46번 탑승 후 오카자키코엔 롬 시어터 교토 미야코멧세마에(ロームシアター京都·みやこめっせ前) 정류장에서 하차/시영 버스 3·32·201· 202·203·206번 탑승 후 히가시야마니조·오카자키코엔구치(東山二条·岡崎公園口) 정류장에서 하차, 도보 5분 📍 京都市左京区岡崎円勝寺町26-1 ⓒ 10:00~18:00(월 휴무) 🏠 www.momak.go.jp 🌐 35.01237, 135.78197

01 야마모토멘조 山元麺蔵

기다림이 아깝지 않은 교토 우동의 명가

일본 전국에서 열 손가락 안에 꼽는 우동 전문점이다. 일본산 밀을 혼합 숙성시켜 쫄깃하고 매끄러운 면발과 깊은 맛의 육수를 맛볼 수 있다. 카운터석 10개, 4인 테이블 2개가 전부로 규모가 작고, 오픈 전에 가더라도 최소 30분은 기다려야 하지만 맛이 워낙 훌륭해 감수할 만하다. 우엉에 얇은 튀김옷을 입혀 바삭하게 튀긴 츠치고보 텐푸라(土ゴボウ天プラ)는 우동과 함께 먹기 좋다.

◆ 오전 9시에서 11시까지 전화를 통해 예약한 손님만 입장 가능.

코미아브라노 규토츠치고보우노 츠케멘(香味油の牛と土ゴボウのつけ) 1,350엔, 토리사사미텐 자루(鶏ささみ天ざる) 1,250엔, 교카레 우동(京カレーうどん) 1,100엔, 츠치고보 텐푸라(土ゴボウ天プラ) 500엔 지하철 토자이선 히가시야마역(東山駅) 1번 출구에서 도보 15분/시영 버스 5번 탑승 후 도부츠엔마에(動物園前) 정류장에서 하차, 도보 2분 京都市左京区岡崎南御所町34 월·화·금 10:00~16:00, 수 10:00~15:30, 토·일·공휴일 10:00~17:00(목 휴무, 부정기 휴무 있음) 075-751-0677 www.yamamotomenzou.com 35.01429, 135.78482

02

블루보틀 커피 교토 카페 ブルーボトルコーヒー 京都カフェ

커피계의 애플

'개인의 향기가 묻어나는 커피 체인'이라는 콘셉트로 2002년 미국 오클랜드에서 시작된 커피 전문점으로 교토 블루보틀은 간사이 1호점이다. 난젠지 참배로와 가까우며, 100년 이상 된 2층 고택 두 채를 리모델링해 2018년 3월에 오픈했다. 건물 한 동은 굿즈와 원두를 판매하고 한 동은 카페로 운영 중인데, 판매 숍에는 원두와 오리지널 굿즈, 교토 한정 굿즈를 전시 및 판매하고 있으며, 자연광이 풍부한 큰 유리창으로 개방감을 더한 카페에서는 사계절의 아름다움을 즐기며 커피를 마실 수 있다. '커피계의 애플'이라는 애칭을 가진 블루보틀은 하늘빛 병이 그려진 로고를 인증하는 여행객들 사이에서 나날이 인기를 더해가고 있다.

블렌드 드립 커피 594엔~, 카페라테 657엔, 에스프레소 577엔
시영 버스 5번 탑승 후 난젠지·에이칸도미치(南禅寺·永観堂道) 정류장에서 하차, 도보 10분 京都市左京区南禅寺草川町64
09:00~18:00 075-746-4453 bluebottlecoffee.jp
35.01141, 135.78947

03

오멘 긴카쿠지 본점 おめん 銀閣寺本店

교토 츠케 우동의 선구자

1967년 긴카쿠지 부근에 문을 연 우동 전문점으로, 면을 육수에 찍어 먹는 츠케 우동을 교토에서 가장 먼저 선보였다. 특히 이곳의 면은 첨가물 없이 일본산 밀로만 반죽해 구수한 향과 쫀득쫀득한 식감을 자랑한다. 재철 채소와 최상품 다시마, 가다랑어포로 우린 국물이 일품인 오멘이 인기 메뉴이며, 고등어초밥도 맛있다.

오멘 보통 1,350엔, 대 1,460엔 시영 버스 EX100·5·7·32·102·105·203·204번 탑승 후 긴카쿠지마에(銀閣寺前) 정류장에서 하차, 도보 5분
京都市左京区浄土寺石橋町74 월~금 10:30~18:00, 토·일·공휴일 10:30~16:00, 17:00~20:30(목 휴무) 075-771-8994
35.02625, 135.795

01

호호호자 ホホホ座

책이 많은 기념품 판매점

"이 서점에 대해서 한마디로 정의해주세요"라는 요청에 서점 주인은 "책이 많은 기념품 판매점"이라고 대답했다. 이곳은 책뿐만 아니라 다양한 기념품, 액세서리, 엽서, 생활용품, CD, 옷 등을 함께 판매한다. 책도 책이지만 귀엽고 예쁜 물건이 많아 책보다는 그 물건들에 더 눈이 간다. 2층은 중고 서점과 자기로 된 차 도구 등을 판매하며, 1층과는 별도로 운영되는 독립 서점이다.

시영 버스 203번 탑승 후 긴린샤코마에(錦林車庫前) 정류장에서 하차, 도보 3분 京都市左京区浄土寺馬場町71 ハイネストビル1F 1층 11:00~19:00, 2층 11:30~19:00(부정기 휴무) 1층 075-741-6501, 2층 075-771-9833 hohohoza.com 35.02333, 135.79284

긴카쿠지 여행 정보 Q&A

오사카에서 출발하는 이동 경로를 알려주세요.

오사카에서 긴카쿠지까지 가는 직행 노선은 없다. 오사카에서 교토역이나 기온시조역, 교토카와라마치역까지 열차로 이동한 후 버스로 환승해야 한다. 한큐선 이용자는 교토카와라마치역에서 내려 시조카와라마치 정류장에서 5·7·32·105·203번 버스, 케이한선 이용자는 기온시조역에서 내려 기온 정류장에서 EX100·203번 버스를 타면 된다. JR 이용자는 교토역에서 내려 교토에키마에 정류장 A번에서 EX100·5·7·105번 버스를 이용하면 된다.

걸어서 둘러볼 수 있는 곳을 알려주세요.

긴카쿠지 입구 앞, 수로를 따라 이어진 철학의 길을 통해 주변 관광지로 쉽게 이동할 수 있다. 철학의 길을 따라 도보 25~30분이면 에이칸도와 난젠지가 나온다. 난젠지에서 도보로 15분 거리에는 헤이안 신궁과 오카자키 공원이 자리한다. 긴카쿠지에서 헤이안 신궁까지도 걸어서 갈 수는 있지만 체력 소모가 커 버스 이용을 추천한다.

긴카쿠지와 가까운 버스 정류장은 어디인가요?

긴카쿠지 주변에는 긴카쿠지마에(銀閣寺前)와 긴카쿠지미치(銀閣寺道) 버스 정류장이 있으며, 긴카쿠지마에 정류장보다 긴카쿠지미치 정류장을 지나는 버스 노선이 더 많다.

긴카쿠지미치 정류장 시영 버스 노선

교토역 방면	EX100·5·7·105번
헤이안 신궁	EX100·5·32·105번
킨카쿠지	102·204번
아라시야마	32번 탑승 후 긴린샤코마에(錦林車庫前) 정류장에서 93번으로 환승

니조성 &
교토 고쇼
BEST 5

01
세계 문화 유산으로
지정된 니조성
관광

02
교토 국제 만화
박물관에서 추억의
만화 보기

03
정지용과 윤동주의
넋이 서린 도시샤
대학 시비 방문

04
일본 왕실 정원
교토 고쇼 구경

05
일왕도 즐겨 찾는
혼케 오와리야
소바 먹기

일본 역사의 중심

니조성&교토 고쇼

NIJO CASTLE&KYOTO GOSHO 二条城&京都御所寺

#왕실정원 #일본왕궁 #윤동주 #서시 #역사드라마 #니노마루정원

교토의 화려한 과거를 엿볼 수 있는 니조성과 교토 고쇼는 긴카쿠지 지역과 함께 둘러보기에 좋다. 니조성과 도시샤 대학을 제외하면 음식점이나 쇼핑몰이 많지 않으니 일정을 세심하게 짜자. 명소 간 거리가 가까워 도보 여행이 가능하며, 시영 버스를 타면 긴카쿠지로도 쉽게 갈 수 있다.

ACCESS

주요 이용 패스

- **오사카에서 이동** 교토-오사카 관광 패스, 간사이 레일웨이 패스, JR 간사이 미니 패스
- **교토 내에서 이동** 지하철·버스 1일권, 간사이 레일웨이 패스

교토역에서 가는 법

- **교토역**
  - 지하철 카라스마선(烏丸線) 10분 ¥260엔
- **이마데가와역**

- **교토에키마에 정류장**
  - 시영 버스 9·50번 16분 ¥230엔
- **니조조마에 정류장**

카와라마치, 기온에서 가는 법

- **산조케이한역**
  - 지하철 토자이선(東西線) 3분
- **카라스마오이케역**
  - 지하철 카라스마선(烏丸線) 3분 ¥260엔
- **이마데가와역**

- **산조케이한마에 정류장**
  - 시영 버스 12번 18분 ¥230엔
- **니조조마에 정류장**

니조성 & 교토 고쇼 상세 지도

본문에 표시한 각 스폿의 GPS 번호로 검색하면
보다 빠르게 정확한 위치를 찾을 수 있습니다.

니시진 토리이와로 10

송버드 커피 05

니조성 01

N
W E
S

SEE EAT SHOP

02 도시샤 대학

이마데가와

04 교토 고쇼

센토 고쇼

교토 제2적십자병원

세이코샤 01

진구마루타마치

마루타마치

카모강

02 교토벤리도

15 신신도 테라마치점

08 카페 비브리오틱 하로!

킷사 마도라구 02

플립 업 11

01 혼케 오와리야 본점

르 프티멕 오이케점 12

03 교토 국제 만화 박물관

13 그란디루 오이케점

교토시야쿠쇼마에

카라스마오이케

06 파이브란

16 스마트 커피

산조

03 위켄더스 커피

이노다 커피 본점 07

14 와루다

01

니조성 二条城

왕실을 견제하기 위해 만든 도쿠가와 가문의 성

1603년 도쿠가와 이에야스가 교토 왕실을 수호하고 교토 방문 시 머물기 위해 세운 성이다. 원래는 규모가 작았는데 3대 쇼군 이에미츠가 증축해 규모가 커졌다. 왕실 수호라는 명분으로 지었지만 곳곳의 화려한 장식을 통해 도쿠가와 가문의 부와 권력을 과시하고 왕실 세력을 견제하려 한 속내가 엿보인다. 동서 480m, 남북 360m로 혼마루와 니노마루로 나뉘어 있었으나 1750년 벼락으로 천수각이 소실되고, 1788년 혼마루 궁전까지 소실되면서 현재는 그 터만 남아 있다. 이후 국가 소유가 되었다가 왕실로 편입되는 등 여러 차례 주인이 바뀌었는데, 1939년 일본 왕실이 교토시에 하사했다. 1994년 유네스코 세계 문화유산으로 지정되었으며, 교토 사람들이 사랑하는 벚꽃 명소로도 유명하다.

¥ [입장료+니노마루 궁전 입장료] 성인 1,300엔, 중고생 400엔, 초등학생 300엔 시영 버스 9·12·50번 탑승 후 니조조마에(二条城前) 정류장에서 하차/지하철 토자이선 니조조마에역(二条城前駅) 1번 출구에서 도보 1분 京都市中京区二条通堀川西入二条城町541 08:45~17:00(입장 마감 16:00, 1·7·8·12월 월~화 /12월 26일~1월 3일 휴무) 075-841-0096 35.01422, 135.74821

02

도시샤 대학 同志社大学

윤동주와 정지용의 시비를 찾아서

도시샤 대학은 시인 윤동주와 정지용이 유학한 곳이다. 해리스 이화학관과 도시샤 예배당 사이에 조성된 연못에는 윤동주의 시 '하늘과 바람과 별과 시', 정지용의 시 '압천(鴨川)'을 새긴 시비가 있다. 1943년 당시 재학생이던 윤동주는 한글로 시를 썼다는 이유로 체포당해 후쿠오카 형무소에서 복역 중 옥사했다. 그 넋을 기리고자 영면 50주년인 1995년 도시샤 한인교우회에서 시비를 건립했다.

지하철 카라스마선 이마데가와역(今出川駅) 3번 출구에서 도보 4분/시영 버스 59·102·201·203번 탑승 후 카라스마이마데가와(烏丸今出川) 정류장에서 하차, 도보 5분 京都市上京区今出川通り烏丸東入 075-251-3120 www.doshisha.ac.jp 35.03009, 135.76068

03

교토 국제 만화 박물관 京都国際マンガミュージアム

일본 최초의 만화 종합 문화 시설

일본 최초의 만화 종합 문화 시설로, 폐교를 개조해 2006년 개관했다. 지하 1층부터 지상 3층 규모로 30만 점이 넘는 만화 작품을 소장하고 있다. 박물관의 하이라이트는 1층에서 3층까지 총 200m에 이르는 만화의 벽에 꽂힌 총 5만 권의 단행본으로 자유롭게 열람할 수 있다. 지하 1층 뮤지엄숍에서는 애니메이션 캐릭터 관련 상품을 판매한다.

¥ 성인 1,200엔, 중고생 400엔, 초등생 200엔 지하철 카라스마선·토자이선 카라스마오이케역(烏丸御池駅) 2번 출구에서 도보 1분 京都市中京区烏丸通御池上ル 10:30~17:30(입장 마감 16:30, 수 휴무) 075-254-7414 kyotomm.jp 35.01191, 135.7593

04

교토 고쇼 京都御所

500여 년간 일왕의 거처이자 집무실로 사용된 왕궁으로, 시민 공원인 교토 교엔 안에 있다. 내부에는 왕들의 즉위식이 열린 시신덴(紫宸殿), 거처였던 세이료덴(清凉殿)과 쇼고쇼(小御所) 등이 남아 있다. 폭포와 시내가 어우러진 왕실 정원은 벚꽃 철과 단풍철에만 일반에 공개된다.

¥ 무료(여권 지참 필수) 지하철 카라스마선 이마데가와역(今出川駅) 3번 출구에서 도보 10분/시영 버스 59·102·201·203번 탑승 후 카라스마이마데가와(烏丸今出川) 정류장에서 하차, 도보 5분 京都市上京区京都御苑3 3·9월 09:00~16:30(입장은 15:50까지), 4~8월 09:00~17:00(입장은 16:20까지), 10~2월 09:00~16:00(입장은 15:20까지) 일어 투어 09:30, 10:30, 13:30, 14:30, 영어 투어 10:00, 14:00 sankan.kunaicho.go.jp 35.02541, 135.76212

REAL GUIDE

도쿠가와 권력의 상징
니조성 둘러보기

도쿠가와 이에야스의 공식 교토 거처로 세운 니조성은 크게 혼마루와 니노마루 궁전으로 나뉜다.
성이라기보다는 부와 권력을 과시하기 위해 요새화한 궁전에 가깝다.
현재 유네스코 세계 문화유산으로 지정되어 있다.

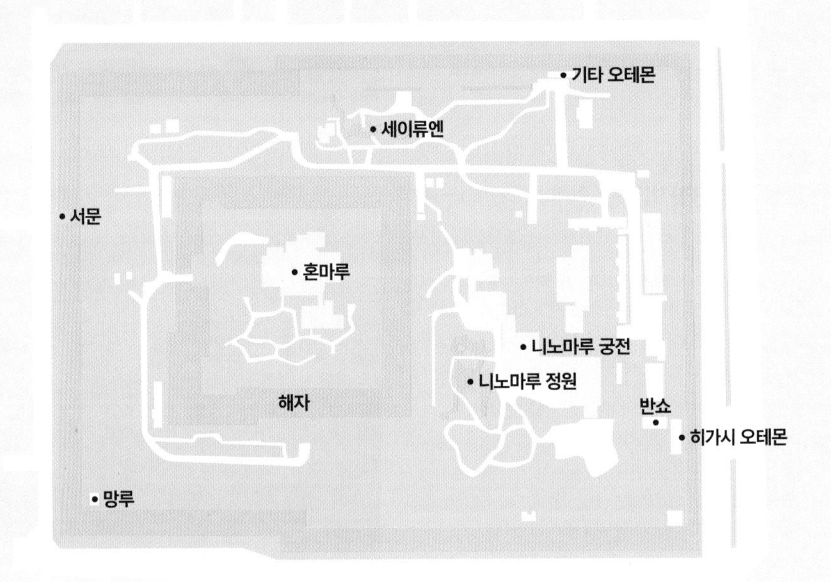

모모야마 시대의 무가풍 서원
니노마루 궁전 二の丸御殿

경호원 집결지, 현관 마루, 큰 방, 소철의 문, 구로쇼인, 시로쇼인 등 6동이 동남쪽에서 서북쪽으로 이어진다. 3,300㎡의 면적에 33개의 방이 있으며, 난간의 조각과 각종 장식이 금으로 치장되어 무척 화려하고 호화롭다. 동북쪽에 부엌과 욕실이 있으며, 모두 중요 문화재로 지정되어 있다. 암살자의 침입을 막기 위해 발을 디딜 때마다 새 울음소리가 나게 만든 것으로도 유명하다.

니조성의 정문
히가시 오테몬 二条城東大手門

니조성은 동서남북으로 성문이 1개씩 있다. 호리가와 대로에 접한 히가시 오테몬이 정문이며, 남문과 서문은 바깥 해자 위에 놓인 다리가 철거되면서 폐쇄되었고, 북문인 기타 오테몬도 평상시에는 닫혀 있다.

지천회유식 정원
니노마루 정원 二の丸庭園

연못 중앙에 섬을 상징하는 돌을 두고, 그 좌우에 학과 거북이 모양의 돌을 배치한 지천회유식 정원으로, 고보리 엔슈의 작품이다. 방에서 정원이 보이도록 설계되었는데, 이후 고미즈노오 일왕 행차 때 연못 남쪽의 궁궐에서도 볼 수 있도록 개조했다.

서양풍 정원
세이류엔 清流園

에도 시대의 유명 거상인 스미노쿠라 료이의 집터로 건물 일부와 정원석 800개를 기증받아 만들었다. 니조성과 어울리도록 '웅장'과 '우아'를 모티프로 전국에서 유명 돌 300개를 수집해 다실을 새로 지어 1965년에 완성했다. 지천회유식 일본 정원과 서양 조경 양식이 혼합되어 있으며, 니조성을 방문하는 국빈, 공빈의 접대 장소로도 이용되고 있다.

TIP

니조성 전체 관람 시간은 2시간 정도이며, 니노마루고텐(니노마루 어전)에서만 1시간 이상 소요된다.

옛 모습을 그대로 간직한
혼마루 本丸

1626년에 도쿠가와 이에미츠가 증축한 건물로 니조성 안쪽에 자리하고 있다. 과거 니조성에는 5층 천수각이 있었는데 1750년의 벼락과 1788년의 큰 화재로 소실되어 지금은 터만 남아 있다. 현재 건축물은 교토 고쇼에 있던 계궁 궁전을 1893년부터 2년에 걸쳐 옮겨 건축한 것으로 중요 문화재로 지정되어 있다. 현재는 비공개로 둘러볼 수는 없다.

01

혼케 오와리야 본점 本家 尾張屋 本店

일왕이 즐겨 찾는 소바집

550년 역사를 지닌 교토 소바의 살아 있는 전설로, 일왕이 교토를 방문할 때마다 꼭 찾는 음식점으로도 유명하다. 대표 메뉴인 호라이 소바는 '와리고(わりご)'라는 5단 찬합에 담겨 나오는 냉소바로 각 단에 있는 새우튀김, 표고버섯, 지단, 오이, 다시마, 참깨 등의 다양한 고명과 함께 장에 비벼 먹으면 된다. 1층은 화과자와 차를 판매하는 찻집이다.

호라이 소바(宝来蕎麦) 2,970엔, 니신 소바(にしん蕎麦) 1,650엔 지하철 카라스마선·토자이선 카라스마오이케역(烏丸御池駅) 3-1번 출구에서 도보 2분 京都市中京区車屋町通二条下ル仁王 門突抜町322 11:00~15:30(주문 마감 15:00), 과자 판매 09:00~17:30(1월 1~2일 휴무) 075-231-3446(예약 가능) honke-owariya.co.jp 35.01279, 135.76012

02 킷사 마도라구 La Madrague

달걀 샌드위치 어디까지 먹어봤니

4cm 두께의 부드러운 달걀찜이 들어간 달걀 샌드위치로 엄청난 유명세를 타고 있는 곳이다. 빵에 바른 치즈와 케첩 등의 소스가 맛을 더해준다. 완전 예약제로 운영되며, 당일 전화 예약만 가능하고 시간대를 가게에서 지정하는 형식이라 일정 조정이 어려울 수 있으니 참고하자.

코로나노 타마고 샌드위치(コロナの玉子サンドイッチ) 990엔 한큐 카라스마역(烏丸駅) 22번 출구에서 도보 16분, 지하철 토자이선·카라스마선 카라스마오이케역(烏丸御池駅) 1번 출구에서 도보 9분/시영 버스 15·31·51번 탑승 후 카라스마오이케(烏丸御池) 정류장에서 하차, 도보 6분 京都市中京区押小路通西洞院 東入ル北側 08:00~18:00(음식 주문 마감 17:00, 음료 주문 마감 17:30) 075-744-0067(전화 예약만 가능) madrague.info 35.01229, 135.75562

03 위켄더스 커피 WEEKENDERS COFFEE 富小路

교토 최고의 로스팅 카페 중 한 곳

최근 매우 핫한 로스터리 카페. 교토를 비롯한 주변 도시의 많은 카페에서 이 집 원두를 받아서 사용할 정도로 로스터리로서의 명성이 매우 높다. 로스팅 전문점이고 커피 판매는 부수적으로 하다 보니 실내는 좌석이 없고 서서 커피를 마셔야 하는데, 이마저도 4명이 들어가면 꽉 찬다. 하지만 원두 자체가 매우 좋아서 커피 맛이 아주 뛰어나다. 그날그날 바리스타가 원두를 골라 오늘의 커피로 제공하며, 원두를 직접 골라 마실 수도 있다. 저울에 무게를 재 정성스레 내린 커피는 쓴맛이 거의 없고 부드러우면서 향이 깊다. 원두는 100g 단위로 판매하며 드립백도 판매한다.

드립 커피(ドリップコーヒー) 490엔(원두 선택 가능) 한큐 교토카와라마치역(京都河原町駅) 9번 출구에서 도보 6분 京都市中京区富小路六角下ル西側骨屋之町560 07:30~18:00(수 휴무/수요일이 공휴일인 경우 영업) 075-724-8182 www.weekenderscoffee.com 35.00678, 135.76449

04

클램프 커피 사라사 Clamp Coffee Sarasa

작은 숲속 아지트에서 즐기는 커피

관광객이 너무 많아 '관광 공해'라는 말까지 나오는 복잡한 교토에서, 한가롭고 여유로운 카페를 찾는다면 이곳을 찾아가자. 니조성의 성벽 옆 좁다란 골목 안에 있는 카페 사라사. 세월의 흔적이 느껴지는 창과 그 밖으로 보이는 녹색 나뭇잎, 은은한 조명의 실내, 투박한 나무 테이블과 의자가 마음을 편하게 해주고, 조용한 실내에 흐르는 잔잔한 음악과 진한 커피 향에 여행에 지친 몸과 마음이 절로 치유된다. 산지와 원두의 특성에 맞춰 자가 배전으로 로스팅된 커피의 맛도 뛰어나고 원두도 구입할 수 있다.

드립 커피 500엔 지하철 도자이선 니조조마에역(二条城前駅) 3번 출구에서 도보 6분/시버스 46번, 201번 니조에키마에(二条駅前) 정류장에서 도보 5분 京都市中京区西ノ京職司町67-38 10:00~18:00(부정기 휴무) 075-822-9397 cafe-sarasa.com 35.011494, 135.745653

05

송버드 커피 SONGBIRD COFFEE

새 둥지와 알을 형상화한 카레

새 둥지에 놓인 알 모양의 카레가 인상적인 카페. 밥과 구운 양파, 계란으로 모양을 낸 독특한 플레이팅이 돋보이는 것뿐만 아니라 맛 또한 뛰어나다. 또 다른 주력 메뉴, 두툼하고 부드러운 빵 사이에 속이 꽉 찬 달걀 샌드위치는 보기만 해도 배부를 정도다. 둘 다 포기하지 못하겠다면 반반 런치를 고르는 것이 정답. 여러 도시의 유명한 커피 로스터들에게 원두를 제공받아 내리는 커피 역시 맛 좋기로 유명하다.

반반런치(半々ランチ) 1,500엔, 커피 620엔~
지하철 도자이선 니조조마에역(二条城前駅) 2번 출구에서 도보 5분
京都市中京区西竹屋町529 2F
10:00~18:30(목 휴무) 075-252-2781
www.songbird-design.jp

06 파이브란 ファイブラン(fiveran)

멋진 실내에서 맛있는 슈크림 빵을

넓찍한 실내에 모던한 내·외관을 갖추고 있는 이곳은 오픈 1~2시간 후면 대부분의 빵이 매진되는 인기 절정의 베이커리 카페다. 모던한 분위기로 사랑을 듬뿍 받고 있는데 대표적인 메뉴는 파티쉐르. 가리비 모양을 한 슈크림 빵으로 달지 않고 부드러운 슈크림이 가득 들어 있어 아주 맛있다. 실내는 두 파트로 구분되어 있으며, 입구 쪽은 빵 진열대와 계산대, 좁은 중앙 통로를 지나 더 안쪽으로 들어가면 커피와 구입한 빵을 먹을 수 있는 카운터석과 테이블석이 있다. 파티쉐르는 1인당 5개만 구매 가능하다.

파티쉐르(パティシエール) 241엔(1인 5개 한정 판매)
지하철 카라스마선·토자이선 카라스마오이케역(烏丸御池駅) 6번 출구에서 도보 4분/100엔 순환 버스 카라스마오이케 정류장(烏丸御池)에서 하차, 도보 5분 京都市中京区役行者町377 09:00~18:00(화·수 휴무, 매진 시 조기 종료) 075-212-5696(예약 가능) 35.009, 135.7579

07 이노다 커피 본점 INODA Coffee

교토 커피의 대명사

이노다 커피는 교토에 커피를 보급시키는 데 가장 큰 역할을 한 카페다. 스마트 커피나 츠키지같이 더 오래된 곳들도 있지만 교토 커피 하면 역시 이노다 커피로 통한다. 이노다 커피 본점은 옛 건물이 있는 자리에 확장해서 증축했으며 좌석도 매우 많다. 이곳의 재미있는 점은 옛날 건물에도 들어갈 수 있고 신축 건물에도 들어갈 수 있는데, 과거에는 실내를 유럽풍으로 꾸몄지만 신축한 곳은 일본의 전통적인 부분을 많이 가미했다는 점이다. 과거에는 서양을 동경했지만 요즘은 전통을 다시 찾는 점이 한눈에 보여 과거의 일본과 현재의 일본의 차이를 느낄 수 있다. 대표 커피인 아라비아의 진주는 진하고 깊은 첫맛에 깔끔한 끝 맛을 가졌다. 로스팅된 다양한 원두를 계산대 근처 원두 코너에서 구입할 수도 있다.

아라비아의 진주(アラビアの真珠) 750엔, 케이크 세트 1,280엔 한큐 카라스마역(烏丸駅) 16번 출구에서 도보 6분 京都市中京区堺町通三条下ル道祐町140 07:00~18:00(주문 마감 17:30) www.inoda-coffee.co.jp 35.00817, 135.76321

08

카페 비브리오틱 하로! カフェ ビブリオティック ハロー!

숲속의 책방 같은 곳

카페 이름과 입구 주변을 가득 메운 커다란 나무로 정체성을 강하게 드러내는 곳. 숲속의 비밀 도서관 느낌이 물씬 풍기는 카페다. 실내에는 곳곳에 커다란 식물이 자라는 화분이 있고, 벽면은 비브리오틱(bibliotic, 손글씨나 문서를 연구한다는 의미)이라는 이름 답게 책으로 꽉 차 있다. 카페에서 직접 베이킹과 커피 로스팅을 하고 있으며, 직접 구운 빵을 이용한 다양한 샌드위치를 맛볼 수 있다. 커피 맛도 물론 수준급이다. 그 외에도 다양한 식사 메뉴가 있어, 원목 인테리어와 식물이 가득한 아늑한 분위기에서 느긋하게 즐길 수 있다.

레귤러 커피(regular coffee) 500엔, 믹스 샌드위치(mixed sandwich) 1,200엔 케이한 산조역(三条駅) 12번 출구에서 도보 13분/100엔 순환 버스 야나기바바오이케(柳馬場御池) 정류장에서 하차, 도보 5분 京都市中京区二条通柳馬場東入ル晴明町650 11:00~23:30 075-231-8625
35.01377, 135.76415

09

키친파파 キッチンパパ

햄버그스테이크를 파는 쌀가게

가게 앞에서 당황하며 간판과 가게 안을 살피는 사람들이 보인다면 안심해도 좋다. 이곳은 1856년부터 운영 중인 쌀가게(大米米穀店) 안쪽에 자리한 음식점으로 바삭한 새우튀김과 육즙 가득한 햄버그스테이크가 인기 메뉴다. 쌀집에서 운영하는 만큼, 그날그날 도정한 쌀로 지은 밥 역시 맛있다. 날마다 메뉴가 바뀌는 히가와리구루메(日替わりグルメ)가 알차다.

평일 점심 한정 오히루노키마구레함바그(お昼のきまぐれハンバーグ) 1,300엔, 토·일·공휴일 한정 스페셜런치(スペシャルランチ) 1,680엔~, 저녁 지카세햄버그(自家製ハンバーグ) 1,400엔 시영 버스 6·46·206번 탑승 후 센본카미다치우리(千本上立売) 정류장에서 하차 京都市上京区上立売通千本東入 姥ケ西町591 11:00~13:30, 17:30~19:30(목 휴무, 재료 소진 시 조기 종료) 075-441-4119
kitchenpapa.net
35.03248, 135.74247

10

니시진 토리이와로 西陣 鳥岩楼

몽글몽글한 달걀과 짭조름한 닭고기의 만남

10시간 동안 정성 들여 만든 육수를 베이스로 한 전골 미즈타키와 오야코동을 메인 메뉴로 선보이는 곳이다. 반숙 달걀과 짭조름한 닭고기의 조화가 일품인 오야코동은 정오부터 오후 2시까지만 판매한다. 먹기 좋은 크기로 자른 닭과 각종 채소를 넣고 끓인 미즈타키를 맛보려면 반드시 예약해야 하며, 2인 이상 주문 가능하다.

미즈타키(水炊き) 6,000엔, 오야코동(親子丼) 1,000엔 시영 버스 201·203번 탑승 후 호리카와이마데가와(堀川今出川) 정류장에서 하차, 도보 5분 京都市上京区五辻通智恵光院西入ル五辻町75
11:30~15:00(목 휴무)
075-441-4004
35.03099, 135.74667

11

플립 업 Flip up

아침부터 줄을 서는 인기 절정의 빵집

아침부터 고소한 냄새와 함께 김이 모락모락 피어나는 이곳은 성인 3~4명만 들어가도 꽉 찰 정도로 좁다. 이 작은 가게가 일찍부터 쉴 틈 없이 북적이는 이유는 당연히 이곳의 빵이 아주 맛있기 때문. 대표 메뉴는 크루아상에 바나나 크림을 넣은 크루아상노바나나와 초코 베이글이다. 특히 크루아상노바나나는 부드럽고 고소한 빵과 바나나 특유의 단맛과 식감이 잘 살아 있는 크림이 조화를 이룬다. 초코 베이글은 베이글 가장자리에 초콜릿이 듬뿍 들어 있으며, 통밀을 이용한 듯하지만 식감이 부드럽고 쫀득함이 살아 있어 커피와 아주 잘 어울린다. 다른 빵집에 비해 가격도 착해서 더욱 애정이 가는 곳.

크루아상노바나나(クロワッサンのバナナ) 200엔, 초코 베이글(チョコベーグル) 230엔 지하철 카라스마선·토자이선 카라스마오이케역(烏丸御池駅) 2번 출구에서 도보 4분/100엔 순환 버스 카라스마오이케 정류장(烏丸御池)에서 하차, 도보 5분 京都市中京区押小路通室町東入ル蛸薬師町292-2 화~토 07:00~18:00, 일 07:00~16:00(매진 시 조기 영업 종료, 월 휴무)
075-213-2833(예약 가능) aquadina.com/kyoto/spot/5506/ 35.01235, 135.75826

12

르 프티멕 오이케점 Le Petitmec 御池店

프랑스인들이 인정하는 진짜 프랑스 빵

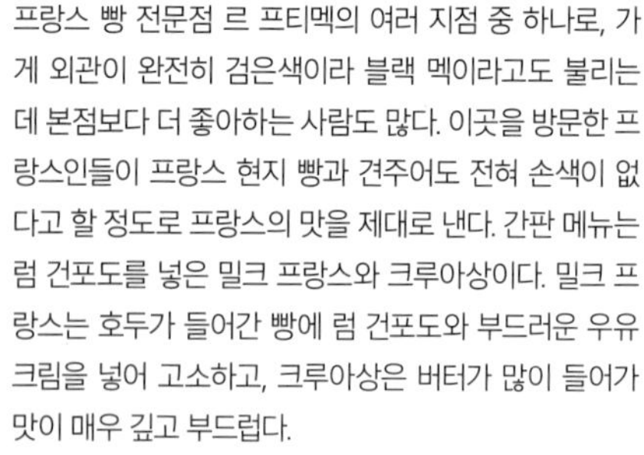

프랑스 빵 전문점 르 프티멕의 여러 지점 중 하나로, 가게 외관이 완전히 검은색이라 블랙 멕이라고도 불리는데 본점보다 더 좋아하는 사람도 많다. 이곳을 방문한 프랑스인들이 프랑스 현지 빵과 견주어도 전혀 손색이 없다고 할 정도로 프랑스의 맛을 제대로 낸다. 간판 메뉴는 럼 건포도를 넣은 밀크 프랑스와 크루아상이다. 밀크 프랑스는 호두가 들어간 빵에 럼 건포도와 부드러운 우유 크림을 넣어 고소하고, 크루아상은 버터가 많이 들어가 맛이 매우 깊고 부드럽다.

럼 레이즌 밀크 프랑스(ラムレーズン入りミルクフランス) 300엔, 커피 294엔 지하철 카라스마선·토자이선 카라스마오이케역(烏丸御池駅) 2번 출구에서 도보 3분/100엔 순환 버스 카라스마오이케(烏丸御池) 정류장에서 하차, 도보 5분 京都市中京区衣棚通御池上ル下妙覚寺186 ビスカリア光樹 1F 09:00~18:00(연말연시만 휴무) 075-212 7735(예약 가능) lepetitmec.com 35.01131, 135.75706

13

그란디루 오이케점 グランディール 御池店

고소하고 부드러운 황금 멜론빵

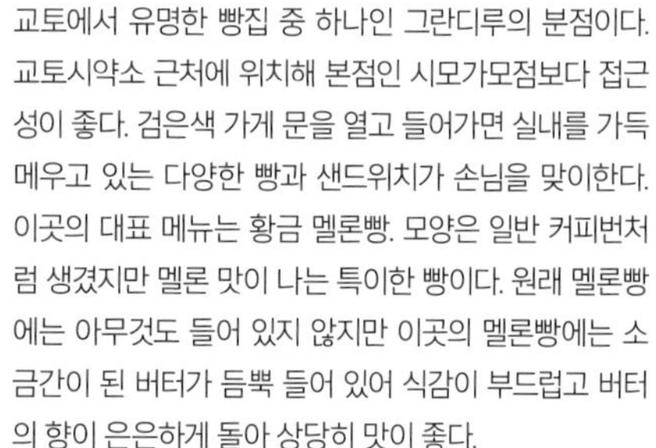

교토에서 유명한 빵집 중 하나인 그란디루의 분점이다. 교토시약소 근처에 위치해 본점인 시모가모점보다 접근성이 좋다. 검은색 가게 문을 열고 들어가면 실내를 가득 메우고 있는 다양한 빵과 샌드위치가 손님을 맞이한다. 이곳의 대표 메뉴는 황금 멜론빵. 모양은 일반 커피번처럼 생겼지만 멜론 맛이 나는 특이한 빵이다. 원래 멜론빵에는 아무것도 들어 있지 않지만 이곳의 멜론빵에는 소금간이 된 버터가 듬뿍 들어 있어 식감이 부드럽고 버터의 향이 은은하게 돌아 상당히 맛이 좋다.

황금 멜론빵(黄金のメロンパン) 200엔 케이한 산조역(三条駅) 12번 출구에서 도보 8분/100엔 순환 버스 교토시야쿠쇼마에(京都市役所前) 정류장에서 하차, 도보 5분 京都市中京区寺町御池上ル上本能寺前町480-2 1F 08:00~19:00(연중무휴) 075-231-1537 35.01156, 135.76711

14

와루다 Walder ワルダー

독일 빵과 토스트 식빵이 유명한 곳

독일 빵을 만드는 곳으로 딱딱한 바게트류가 맛있다. 간판이 딱히 눈에 띄지 않아서 찾기 어렵지만 문을 열고 안으로 들어가면 작은 가게 안쪽을 가득 메우고 있는 빵에 눈이 휘둥그레진다. 그중 유독 커다란 식빵들이 쭉 늘어서 있는데, 이곳의 추천 메뉴인 와루다 토스트. 식빵이 쫄깃해서 아무것도 바르지 않고 빵만 먹어도 될 정도다.

와루다 토스트(ワルダートーストと) 378엔(세금 별도) 한큐 교토카와라마치역(京都河原町駅) 9번 출구에서 도보 8분/케이한 산조역(三条駅) 6번 출구에서 도보 10분 京都市中京区麩屋町六角下ル坂井町452 ハイマート·ふや町 1F 09:00~19:00(목 휴무) @bakery.walder 35.00702, 135.76583

15

신신도 테라마치점 進々堂 寺町店

100년 역사의 빵집

카페와 베이커리를 겸하고 있는 신신도가 100여 년 동안 지속될 수 있었던 것은 맛을 지키면서도 변화에 민감하게 대응해온 결과다. 대표 메뉴는 레트로 바게트 1924와 전립생활 팡 드 미. 레트로 바게트는 1924년에 처음 내놓은 바게트의 맛을 지금까지 변함없이 지켜오고 있는 신신도의 역사라고 할 수 있다. 전립생활 팡 드 미는 전립분 비율이 80%라 건강에 좋으면서도 부드럽고 통밀의 향이 풍부하다.

레트로 바게트 1924(レトロバゲット 1924) 378엔, 전립생활 팡 드 미(全粒生活"パン・ド・ミ) 10장 1,100엔, 모닝 치즈토스트 세트(음료 포함) 800엔 케이한 진구마루타마치역(神宮丸太町駅) 3번 출구에서 도보 10분 京都市中京区寺町通竹屋町下ル久遠院前町674 레스토랑 07:30~18:00, 카페 07:30~19:00 www.shinshindo.jp 35.01564, 135.76707

16

스마트 커피 Smart Coffee

교토에서 가장 오래된 카페

스마트 커피는 교토에서 가장 오래된 커피 전문점으로, 1932년 창업 이래 같은 자리에서 지금까지 전통을 이어가고 있는 교토 커피의 살아 있는 역사다. 내부는 여러 번의 리모델링을 거쳐서 깔끔하면서도 고전적인 분위기다. 커피는 직접 로스팅한 원두를 사용하며, 맛이 부드러우면서도 끝에 쓴맛과 신맛이 따라온다.

핫케이크 세트(ホットケーキ SET) 1,300엔, 원두 200g 1,200엔 한큐 교토카와라마치역(京都河原町駅) 9번 출구에서 도보 8분/케이한 산조역(三条駅) 6번 출구에서 도보 8분 京都市中京区寺町通三条上ル天性寺前町537 1층 까페 08:00~19:00(연중무휴), 2층 런치 11:00~14:30(화 휴무) www.smartcoffee.jp 35.00944, 135.76709

01 세이코샤 誠光社

서점 위기 시대를 착한 상생으로 극복하는

유명 서점 '케이분샤'의 직원이었던 호리베 아츠시가 2015년에 독립해 문을 연 서점이다. 대형 서점이 난무하고 작은 서점이 점점 사라지는 시대라며 위기론만 말하지 말고 직접 작은 서점을 차리자고 생각해 창업했으며, 출판사와 이익을 나누는 착한 서점을 목표로 하고 있다. 아담한 서점이지만 철학, 예술, 사회과학 등 다양한 분야의 책을 엄선해놓았으며, 작지만 음반 판매 코너도 마련되어 있다.

시영 버스 7번 탑승 후 카와라마치마루타마치(河原町丸太町) 정류장에서 하차, 도보 3분/케이한선 진구마루타마치역(神宮丸太町駅) 3번 출구에서 도보 5분 京都市上京区中町通丸太町上ル俵屋町437 10:00~20:00(연중무휴 12월 31~1월 3일 제외) 075-708-8340 www.seikosha-books.com 35.01829, 135.76956

02 교토벤리도 京都便利堂

일본 문화재가 담긴 명작 그림엽서

130여 년 전통의 그림엽서 전문점이다. 일본 국보와 중요 문화재, 해외 세계 문화유산의 사진을 이곳만의 기술로 인쇄해 엽서로 만들어 선보인다. 미술관, 박물관의 특별 허가를 통해 만든 엽서인 만큼 사진 촬영은 금지될 수 있으니 참고하자.

지하철 가라스마선 마루타마치(丸太町)역 4번출구에서 도보 7분 京都市中京区新町通竹屋町下ル弁財天町302 10:00~19:00(일 휴무) 075-231-4351 www.kyotobenrido.com 35.01558, 135.75643

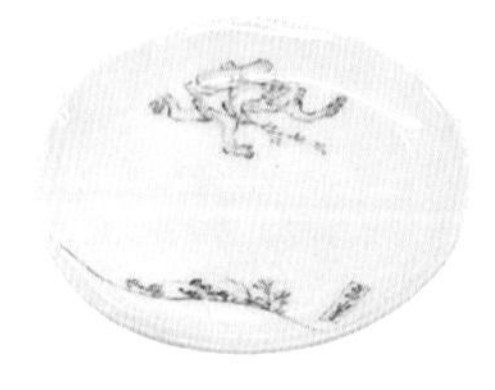

니조성, 교토 고쇼 여행 정보 Q&A

니조성, 교토 고쇼와 가까운 버스 정류장은 어디인가요?

교토 고쇼 주변의 버스 정류장은 카와라마치이마데가와(河原町今出川), 카라스마이마데가와(烏丸今出川)다. 니조성에서 이용할 수 있는 버스 정류장은 니조조마에(二條城 前)와 호리카와마루타마치(堀川丸太町)다.

카와라마치이마데가와(河原町今出川)·카라스마이마데가와(烏丸今出川) 정류장 시영 버스 노선

기온	203번
헤이안 신궁	203번
긴카쿠지	7·203번(7번은 카라와마치이마데가와 정류장에서만 탑승 가능)
킨카쿠지	59번
교토역	7번(7번은 카와라마치이마데가와 정류장에서만 탑승 가능)

니조조마에(二条城前)·호리카와마루타마치(堀川丸太町) 정류장 버스 노선

교토역 방면	9·50번
키요미즈데라	202번(호리카와마루타마치 정류장에서만 탑승 가능)
헤이안 신궁	204번(호리카와마루타마치 정류장에서만 탑승 가능)
긴카쿠지	204번(호리카와마루타마치 정류장에서만 탑승 가능)
킨카쿠지	12번
아라시야마	93번(호리카와마루타마치 정류장에서만 탑승 가능)

니조성 관람 소요 시간은 어떻게 되나요?

니조성은 크게 국보인 니노마루 궁전, 특별 명승지인 니노마루 정원, 혼마루 궁전, 세이류엔으로 나뉜다. 비공개인 혼마루를 제외한 나머지 세 곳은 자유롭게 입장할 수 있다. 니조성 전체 관람 시간은 2시간 정도이며, 니조성의 중심인 니노마루고텐(니노마루 어전)에서만 1시간 이상 소요된다.

교토 북부
BEST 5
01
일본 왕실의 별궁
슈가쿠인리큐
관광
02
숨겨진 명소
타카노강
산책하기
03
이치조지에서
교토 라멘
즐기기
04
단풍 명소
키부네 신사에서
참배도 촬영
05
오하라에서
사색하기

교토의 숨은 보석
교토 북부
NORTHERN KYOTO 京都 北部

#왕실정원 #해상왕장보고 #십이지신신사 #벚꽃산책로 #전국라멘격전지 #일본라멘

교토 북부는 우리나라 여행자들에게 잘 알려진 곳은 아니지만 볼거리가 다채롭다. 일본 왕실 정원인 슈가쿠인리큐, 해상왕 장보고를 모시는 신사인 세키산젠인, 산책하기 좋은 타카노강과 카모 강변, 라멘 격전지로 불리는 이치조지도 이 지역에서 만나볼 수 있다. 물의 신을 모시는 키부네 신사, 멋진 단풍에 둘러싸여 온천욕을 즐길 수 있는 쿠라마 온천도 빼놓을 수 없다.

ACCESS

교토역에서 가는 법

- **교토에키마에 정류장**
- 시영 버스 5번 ⓒ44분 ¥230엔
- **슈가쿠인역 앞 정류장**

카와라마치에서 가는 법

- **기온시조역**
- 케이한선 ⓒ6분 ¥230엔
- **데마치야나기역**
- 에이잔 전철 ⓒ7분 ¥220엔
- **슈가쿠인역**

- **시조카와라마치 버스 정류장**
- 시영 버스 5번 ⓒ25분 ¥230엔
- **슈가쿠인역 앞 정류장**

교토 북부 상세 지도

본문에 표시한 각 스폿의 GPS 번호로 검색하면
보다 빠르게 정확한 위치를 찾을 수 있습니다.

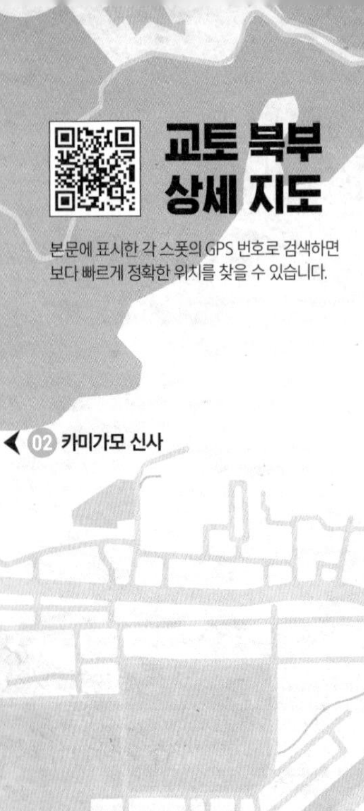

01 시모가모 신사 下鴨神社

십이지신에게 소원을 빌어보자

카모(賀茂)씨의 씨족신 카모타케쓰누미노 미코토(賀茂 建角身命)와 그의 아들 다마요리히메노 미코토(玉依姫命)를 모시기 위해 지은 신사로, 정식 명칭은 카모미오야 신사(賀茂御祖神社)다. 55채의 사전(祀典) 가운데 십이지신을 모시는 건물 12채를 비롯한 34채가 중요 문화재로 지정되어 있으며, 유네스코 세계 문화유산으로도 등재되어 있다. 교토에서 가장 오래된 신사로, 교토의 3대 축제 중 하나로 헤이안 시대 왕실의 신사 참배 행렬을 재현하는 아오이마츠리(葵祭)가 열리는 곳으로도 유명하다.

¥ 무료 🚶 케이한 데마치야나기역(出町柳駅) 5번 출구에서 도보 15분/시영 버스 4·205번 탑승 후 시모가모진자마에(下鴨神社前) 정류장에서 하차 📍 京都市左京区下鴨泉川町59
🕓 06:00~17:00 📞 075-781-0010
🏠 www.shimogamo-jinja.or.jp 📍 35.03918, 135.773

02

카미가모 신사 上賀茂神社

우아한 왕실 신사의 진면목

카모씨의 조상신이자 번개의 신인 카모와케이카즈치 미코토(賀茂別雷命)를 모시는 신사다. 정식 명칭은 카모와 케이카즈치 신사(賀茂別雷神社)지만 간단히 카모 신사로 불리며, 유네스코 세계 문화유산으로 등재되어 있다. 신이 강림했다고 전해지는 카모산을 형상화한 2개의 원뿔형 모래탑이 악한 기운을 쫓아낸다고 한다.

¥ 무료 🚶 시영 버스 4·46번 탑승 후 카미가모진자마에(上賀茂神社前) 정류장에서 하차, 도보 5분
📍 京都市北区上賀茂本山339 🕔 05:30~17:00
📞 075-781-0011 🏠 kamigamojinja.jp
35.05928, 135.75252

03

슈가쿠인리큐 修学院離宮

일본 왕실의 아름다움을 간직한 별궁

1653년부터 2년간 조성한 일왕의 별궁으로, 일본 왕실 특유의 아름다움을 만끽할 수 있다. 54만㎡에 달하는 넓은 부지에 카미노오차야(上御茶屋), 나카노오차야(中御茶屋), 시모노오차야(下御茶屋) 등 3개의 정원이 연결되어 있으며 그중 거대 인공 연못이 조성되어 있는 카미노오차야가 최고로 꼽힌다. 이곳은 일왕 사유지로 궁내청 홈페이지에서 미리 참관을 신청해야 입장 가능하며, 18세 미만 미성년자의 입장은 제한되어 있다. 입장 3개월 전부터 3일 전까지 인터넷으로 신청할 수 있으며 한 번에 4명까지 신청 가능하다. 입장 가능 시간은 9시, 10시, 11시, 13시 30분, 15시이며 각 회당 50명씩 입장, 80분간 둘러볼 수 있다.

¥ 무료 🚶 에이잔 전철 슈가쿠인역(修学院駅)에서 도보 15분/시영 버스 5번 탑승 후 슈가쿠인리큐미치(修学院離道) 정류장에서 하차, 도보 10분 📍 京都市左京区修学院藪添 🕔 09:00~15:00 (월 휴무) 📞 075-211-1215
🏠 sankan.kunaicho.go.jp/guide/shugakuin.html
35.05356, 135.79963

04

만슈인 曼殊院門跡

왕실 별궁 양식이 녹아든 고전적 정원

왕족이나 귀족의 자제가 지주로 있는 몬제키 사원으로 여러 국보급 문화재를 소장하고 있다. 일본 왕실 별궁의 건축 양식이 도입된 곳으로, 당시의 식기와 불상이 잘 보존되어 있어 구경하는 재미가 쏠쏠하다. 가운데 위치한 나무와 돌은 학과 거북이를 나타내는데 보는 각도에 따라 모습이 바뀌어 흥미를 자아낸다.

¥ 성인 600엔, 고등학생 500엔, 중학생 이하 400엔
에이잔 전철 슈가쿠인역(修学院駅)에서 하차, 도보 20분
京都市左京区一乗寺竹ノ内町42 09:00~17:00(입장 마감 16:30) 075-781-5010 manshuinmonzeki.jp
35.0489, 135.80294

05

세키잔젠인 赤山禅院

해상왕 장보고를 모신 신사

슈가쿠인리큐에서 북쪽으로 10분 거리에 위치한 이곳은 엔랴쿠지의 승려 엔닌(円仁)의 제자 안에(安慧)가 장보고와 신라인들에게서 받은 은혜를 기리기 위해 세운 신사다. 울창한 숲으로 둘러싸여 있어 단풍이 물드는 가을에 특히 아름답다.

¥ 무료 에이잔 전철 슈가쿠인역(修学院駅)에서 하차, 도보 20분/시영 버스 5번 탑승 후 슈가쿠인리큐도(修学院離宮) 정류장에서 하차, 도보 15분 京都市左京区修学院開根坊町18 09:00~16:30 075-701-5181
35.05587, 135.80133

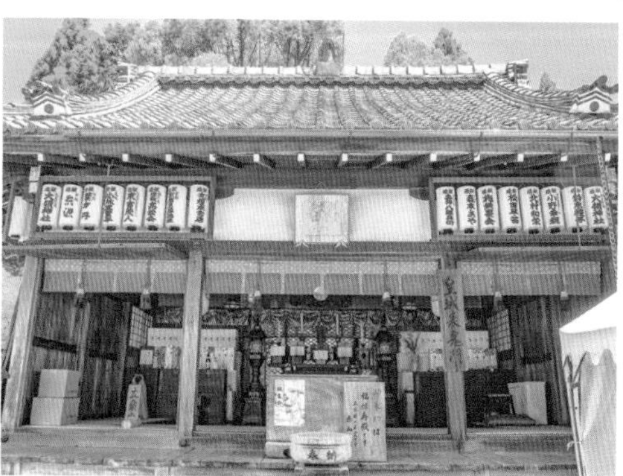

06

타카노강 高野川

여행 중 즐기는 산책의 여유

교토 북부를 유유히 흐르는 타카노강은 평소에는 딱히 볼거리가 많지 않지만 봄가을에는 하천을 따라 늘어선 벚나무와 단풍나무가 아름다움을 뽐내 시원한 강바람을 맞으며 산책을 즐기기 좋다. 관광을 즐긴 후 이치조지에서 라멘을 먹고, 근처 강가를 산책하며 여유를 즐겨보자.

케이한 데마치야나기역(出町柳駅) 5번 출구에서 도보 1분/시영 버스 3번 탑승 후 데마치야나기에키마에(出町柳駅前) 정류장에서 하차, 도보 1분 35.03092, 135.77251

01

타카야스 高安

카페 분위기에서 즐기는 최고의 라멘

누린내나 느끼함 없이 깔끔한 라멘을 선보이는 곳으로 실내 분위기가 모던하고 깔끔하다. 점심에는 라멘과 카라아게, 밥이 포함된 푸짐한 카라아게 정식이 인기가 좋다.

중화 소바(中華そば) 920엔, 카라아게 정식(からあげ定食) 1,520엔 에이잔 전철 이치조지역(一乗寺駅)에서 도보 5분/시영 버스 5번 탑승 후 이치조지키요미즈마치(一乗寺清水町) 정류장에서 하차, 도보 3분 京都市左京区一乗寺高槻町10 11:30~다음날 02:00 075-721-4878 takayasuramen.com 35.0451, 135.78512

02

멘야 곳케이 麺屋 極鶏

컵라면으로도 출시

'교토의 라멘 격전지'로 불리는 이치조지에서도 가장 인기 있는 곳이다. 대표 메뉴는 닭을 푹 고아 만든 토리파이탄 계열의 토리다쿠 라멘으로, 마치 닭죽에 면을 넣은 듯 고소한 맛이 일품이다. 일본의 유명 라멘 회사인 마루짱에서 컵라면으로 출시해 편하게 맛볼 수도 있다.

토리다쿠(鶏だく) 라멘 1,000엔 에이잔 전철 이치조지역(一乗寺駅)에서 도보 7분/시영 버스 5번 탑승 후 이치조지키요미즈마치(一乗寺清水町) 정류장에서 하차, 도보 7분 京都市左京区一乗寺西閉川原町29-7 11:30~22:00(월 휴무) 075-711-3133 35.0472, 135.78713

03

텐카잇핀 총본점 天下一品総本店

교토를 대표하는 전국구 라멘집

1971년 긴카쿠지 주변에서 노점으로 시작해 일본 전역에 체인점을 두고 있다. 진하게 우려낸 닭 육수에 13가지 채소를 섞어 국물을 뽑아내며 농도 선택이 가능하다.

콧테리 라멘(こってりラーメン) 920엔, 규스지 라멘(牛すじラーメン) 1,300엔 에이잔 전철 이치조지역(一乗寺駅)에서 도보 10분/시영 버스 5번 탑승 후 이치조지키노모토마치(一乗寺木ノ本町) 정류장에서 하차, 도보 1분 京都市左京区一乗寺白川通北大路下ル西側メゾン白川 1F 11:00~다음날 01:00 075-722-0955 tenkaippin.co.jp 35.03948, 135.79158

01

케이분샤 이치조지점 恵文社一乗寺店

요리책 앞에 요리 도구가?

이치조지의 한적한 곳에 자리하고 있는 케이분샤는 영국 신문 〈가디언〉이 꼽은 '세계 서점 베스트 10'에도 선정된 적 있는 유명한 서점이다. 외진 곳에 있는데도 이 서점이 유명한 이유는 단순히 복고풍 콘셉트 때문만은 아니다. 진열된 책은 모두 직원들이 엄선해서 고른 것이며, 각 책의 테마와 관련된 상품을 함께 판매하고 있기 때문이다. 이를테면 요리책이 있는 서가 앞에는 요리와 관련된 주방기구, 패션 관련 책장 앞에서는 옷을 같이 판매하고 있다는 점에서 더욱 특별하다.

에이잔 전철 이치조지역(一乗寺駅)에서 도보 5분 京都市左京区一乗寺払殿町10 11:00~19:00(연말연시 연휴) 075-711-5919 keibunsha-store.com 35.04399, 135.78491

REAL PLUS

교토의 숨은 명소
키부네·쿠라마

쿠라마와 키부네 지역은 국내 여행 가이드북이나 인터넷에도 많이 소개되지 않은 교토의 숨은 명소다. 근사한 풍광을 자랑하는 키부네 신사와 텐구의 본거지인 쿠라마, 여름철 교토 여행의 진수라 할 수 있는 키부네강에서 즐기는 식사, 울창한 숲속에 위치한 쿠라마 온천까지, 교토와는 다른 매력을 품은 이곳으로 여행을 떠나보자.

이동하기

교토역 - 키부네·쿠라마 교토역 → (시영 버스 7번, 30분, 230엔) → 데마치야나기역 → (도보 1분) → 에이잔 데마치야나기역 → (에이잔 전철, 31분, 470엔) → 쿠라마

기온 - 키부네·쿠라마 기온시조역 → (케이한선, 7분, 230엔) → 데마치야나기역 → (도보 1분) → 에이잔 데마치야나기역(에이잔 전철, 31분, 470엔) → 쿠라마 * 키부네 다음 역이 쿠라마

유용한 패스

교토에서 쿠라마와 키부네 신사만 관광한다면 이득을 볼 수 있는 패스가 없지만 쿠라마·키부네 지역과 이치조지, 슈가쿠인 등을 하루에 모두 관광할 계획이라면 에이잔 1일 승차권 에에킷푸가 유용하다. 일정상 오사카에 있는 숙소에서 출발해 쿠라마와 키부네 신사만 당일치기로 방문할 계획이라면 교토, 오사카 관광 승차권 쿠라마&키부네 지역 확대판(Kyoto-Osaka Sightseeing Pass Greater KURAMA&KIBUNE area)을 이용하는 것이 좋다. 이 티켓을 소지하면 케이한선 모든 노선, 에이잔선 모든 노선을 이용할 수 있어 약 340엔을 절약할 수 있으며, 여행사 등에서는 패스를 조금 더 저렴하게 구매할 수 있다. 더욱이 케이한 전철의 무제한 탑승이 가능해 우지, 후시미이나리 신사, 토후쿠지, 기온시조, 키요미즈고조 등 케이한선이 닿는 다른 여행지로도 무료로 이동할 수 있다.

에이잔 1일 승차권 에에킷푸 山電車1日乗車券えぇきっぷ

- **요금** 성인 1,200엔 • **구입처** 에이잔 데마치야나기역, 키부네구치역, 쿠라마역
- **사용 기간** 발매 당일(2024년 4월 1일~2025년 3월 31일)
- **유효 구간** **에이잔 전철** 전 구간 **추천** 교토에 묵으면서 에이잔 전철 노선에 있는 관광지를 하루 동안 자유롭게 관광할 이용객

게이한 교토·오사카 관광 승차권(구라마&기부네 지역 확대판)
KYOTO-OSAKA SIGHTSEEING PASS(Greater KURAMA & KIBUNE area)

- **요금** 성인 1,700엔(현지 구매 1,800엔)
- **구입처** 국내 여행사, 간사이 투어리스트 인포메이션 센터(간사이 국제공항 제1터미널, 교토타워), 교토타워 호텔, 교토 센추리 호텔, THE THOUSAND KYOTO
- **사용 기간** 발매 당일(2024년 4월 1일~2025년 3월 31일)
- **유효 구간** **케이한 전철** 전 구간(오쓰선 제외) **에이잔 전철** 전 구간

나만 알고 싶은

키부네
貴船

키부네 지역은 울창한 숲이 있고 맑은 계곡물이 흐르는 교토 북부의 명소다. 여름에는 계곡물 위 평상에서 시원한 바람과 물 흐르는 소리를 즐기고, 가을에는 아름다운 단풍을 만날 수 있다.

키부네 신사 貴船 神社

사계절의 아름다움을 오롯이 느낄 수 있는

일본 내 450여 개 키부네 신사의 총본산으로 키부네강을 따라 세워져 있다. 물을 지배하는 신 '다카오카미노카미'를 모시고 있으며, 소원을 비는 나무판인 에마(繪馬)가 시작된 곳으로도 알려져 있다. 물의 신을 모시는 신사답게 농업·어업·양조업자들이 많이 방문하며 일본 내에서도 영험한 신사로 불린다. 예부터 뿌리라는 뜻의 발음이 같은 '키부네(氣生根)'로도 표기하면서 운수대통의 효험을 얻을 수 있는 곳으로 추앙받아 왔지만 키부네 신사를 관광 명소로 만든 일등 공신은 오모테몬까지 이어진 돌계단 참배도다. 환상적인 라이트업과 함께 사계절의 아름다움이 고스란히 담긴 풍경 덕분에 사람들의 발길이 끊이지 않는다. 키부네 신사 옆 키부네강을 따라 많은 식당과 찻집이 있는데, 교토 사람들은 특히 여름이면 더위를 이겨내기 위해 키부네강 상류에 자리한 식당에서 계곡의 냉기를 느끼며 음식을 즐긴다.

에이잔 전철 키부네구치역(貴船口駅)에서 하차, 도보 25분 또는 키부네구치역(貴船口駅)에서 교토 버스 33번 탑승 후 키부네(貴船) 정류장에서 하차, 도보 5분 京都市左京区鞍馬貴船町180 ¥ 무료 06:00~20:00(겨울철 ~18:00) 075-741-2016 kifunejinja.jp 35.12184, 135.7629

TIP

물에 띄우는 점괘
미즈우라 미쿠지

키부네 신사에는 다른 신사에서는 볼 수 없는 특별한 오미쿠지(운세 종이, 水占おみくじ)가 있다. 처음에는 아무 글자도 보이지 않다가 '고신스이(御神水)'라고 불리는 신수에 점괘 종이를 띄우면 수신(水神)의 도움을 받아 점괘가 서서히 나타난다. QR 코드로 번역도 가능하니 꼭 한번 경험해보자.

덴베이 でんべい

키부네 신사 근처에 있는 카이세키 레스토랑이다. 키부네 계곡의 맑은 물로 만든 자가제면의 소바와 제철 재료를 아낌없이 사용한 가마솥밥이 인기 메뉴. 키부네 신사 근처의 음식점들은 여름이면 계곡에 평상을 설치해 손님을 맞이하는 것으로 유명한데, 이곳 역시 경쾌한 물소리와 신록을 배경으로 계곡의 냉기를 느끼며 여유로운 식사를 즐길 수 있다. 1인 8,000엔 이상 하는 주변 음식점들과 달리 이곳에서는 3,000~4,000엔대의 단품 메뉴를 맛볼 수 있다는 점이 가장 큰 매력이다.

소바 1,300엔~ 에이잔 전철 키부네구치역(貴船口駅)에서 도보 28분 또는 키부네구치역(貴船口駅)에서 교토 버스 33번 탑승 후 키부네(貴船) 정류장에서 하차, 도보 5분/키부네 신사에서 도보 2분 京都市左京区鞍馬貴船町39
11:00~16:00(6~9월: 11:00~17:00, 목 휴무)
35.120968, 135.762927

TIP

자연이 선사한 눈부신 풍경

에이잔 단풍 터널 叡山電車 もみじのトンネル

에이잔 전철 데마치야나기역에서 쿠라마역으로 향하는 열차를 타고 20분쯤 이동하면 절경이 등장한다. 이치하라역(市原駅)과 니노세역(二ノ瀬駅) 사이 250m 구간에 자리한 280여 그루의 단풍나무가 아름다운 터널을 이루고 있는데, 해당 구간에 다다르면 탑승객을 위해 열차가 서서히 달린다. 여름의 초록빛이 가득한 아오모미지(青もみじ, 5월 초~10월 중순), 진홍빛 터널을 구경할 수 있는 모미지(もみじ, 11월 중), 새하얀 세계가 눈앞에 펼쳐지는 설경(1~2월)까지 자연이 선사한 풍경에 감탄이 절로 나온다. 단풍 터널을 포함한 모든 풍경은 에이잔 전철의 차창으로만 볼 수 있다. 단풍 터널을 절정으로 느낄 수 있도록 차체 표면을 유리창으로 만든 파노라마 트레인 키라라(きらら, 에이잔 전철)를 이용하는 것도 좋다. 특히 단풍철에 엄청난 인기를 끄는 만큼 자리 경쟁은 감안해야 한다.

교토 여행의 숨은 보석

쿠라마
鞍馬

쿠라마는 에이잔 전철 종착역으로 거대한 텐구를 볼 수 있다. 또한 온천으로 몸을 풀기에도 좋고, 쿠라마데라에서부터 키부네 신사 서문까지 이어지는 트레킹 코스를 따라 즐기는 풍경도 절경이다.

쿠라마데라 鞍馬寺

신비로운 풍경

770년 불교의 보급을 위해 중국에 간 감진 대사의 수제자 간테이(鑑禎)가 비사문천을 본존으로 안치하면서 개창한 사찰이다. 속세와 성역을 구분하는 인왕문을 시작으로 유키 신사와 키부네 신사 서문까지 총 2km에 달하는 참배로가 백미로 꼽힌다. 트레킹 코스로도 유명하며 거대한 고목들에 둘러싸인 신비로운 풍경 덕에 참배객들의 발길이 끊임없이 이어진다. 헤이안 시대 무장인 우시와카마루가 수행한 곳으로도 유명하다.

¥ 고등학생 이상 500엔, 중학생 이하 무료 에이잔 전철 쿠라마역(鞍馬寺駅)에서 도보 5분 京都市左京区鞍馬本町1074 09:00~16:15 075-741-2003 www.kuramadera.or.jp 35.11798, 135.77098

TIP

텐구들의 총대장
쿠라마텐구 鞍馬天狗

일본 전국 각지의 영산에 전해져 내려오는 텐구들의 총대장으로 불린다. 텐구(天狗, 일본의 전설에 등장하는 괴물)는 대텐구, 소텐구, 가라스텐구(까마귀), 기노하텐구 등의 계층으로 나뉘는데, 쿠라마텐구는 대텐구 중에서도 가장 상위 등급에 속한다. 보통 쿠라마데라의 본존인 비사문천이 밤에 변신하는 모습으로 불리는데, 헤이안 시대의 무장 우시와카마루가 쿠라마데라에서 유년기를 보낼 때 그가 신동이라는 소문을 전해 들은 부처가 그에게 화신, 곧 쿠라마텐구를 보내 병법을 연마했다는 유명한 이야기도 전해온다. 쿠라마역 바로 앞에 있는 텐구상은 사진 촬영 명소로도 유명세를 타고 있다.

쿠라마 온천 くらま 温泉

쿠라마에서 즐기는 최고의 힐링

상쾌한 숲속 공기를 마시며 피로를 풀 수 있는 온천으로 일본인 사이에서도 유명한 온천 명소다. 미네랄 함량이 풍부한 단순 황화수소천이 온천수를 이루고 있어 신경통과 류머티스, 당뇨병, 피부 미용, 요통에 효과가 좋다고 알려져 있다. 노천탕인 봉록탕과 본관대욕탕(냉수탕, 거품탕, 사우나)을 모두 이용할 수 있는 당일 코스(日帰りコース)와 봉록탕을 1회 이용할 수 있는 노천 코스(露天風呂コース)가 있다. 당일 코스의 경우 수건과 유카타가 무료로 제공되나 노천탕 코스는 수건을 대여해야 하므로 수건을 미리 챙겨가는 것이 좋다.

◆ 2024년 하반기 재오픈 예정. 방문 전 홈페이지에 운영 재개 공지가 있는지 꼭 확인할 것.

¥ [당일 온천 코스] 성인/초등학생 미만(4~12세) 2,500/1,600엔, [노천탕 코스] 1,000/700엔 🚶 에이잔 전철 쿠라마역(鞍馬寺駅) 하차 후 무료 송영 버스로 3분 📍 京都市左京区鞍馬本町520 🕓 10:00~21:00(동절기 노천탕 ~20:00) 📞 075-741-2131 🏠 www.kurama-onsen.co.jp 📍 35.11925, 135.77654

TIP

쿠라마·키부네히가에리킷푸를 이용하자

교토에 숙소를 두고 쿠라마 신사와 온천, 키부네 신사로 당일 여행을 떠날 계획이라면 쿠라마·키부네히가에리킷푸(鞍馬·貴船日帰りきっぷ)을 이용하는 것이 좋다. 2,000엔에 토후쿠지~데마치야나기간 케이한 전철(교토 구간), 에이잔 전철(전 노선), 교토 시버스를 무제한으로 이용할 수 있으며 패스 제시 시 쿠라마·키부네 트레킹 입산비(愛山費)가 할인된다. 에이잔 전철 데마치야나기역에서 구입할 수 있다.

REAL PLUS

고즈넉한 시골 마을
오하라
大原

오하라는 교토 북부의 고즈넉한 시골 마을로 교토역에서 버스로 약 1시간 거리다. 오래된 신사와 사찰이 무수히 자리한 정적인 분위기의 교토와 달리 따스한 정감이 넘치며, 히에이 산록으로 둘러싸인 자연경관이 아름다워 현지인들 사이에서도 관광 명소로 손꼽힌다. 보고 있으면 시간 가는 줄 모를 만큼 신비로운 이끼 정원과 자연이 선사한 액자 정원까지 볼거리 가득한 마을 오하라로 여행을 떠나보자.

이동하기

교토역 - 오하라 교토에키마에 버스 정류장 → (교토 버스 17번, 65분, 630엔) → 오하라

기온 - 오하라 시조카와라마치 버스 정류장 → (교토 버스 17번, 50분, 590엔) → 오하라

TIP

오하라 여행 노하우

교토 도심에서 오하라까지의 버스 왕복 요금은 1,180~1,260엔이므로, 오하라만 왕복한다고 하더라도 지하철·버스 1일 승차권(1,100엔)을 구입하는 것이 좋다.

호센인 宝泉院

자연이 만든 예술 작품

우리나라의 범패(불교 음악)와 유사한 불교 음악인 텐다이쇼묘(天台声明)의 전문 도량(불교에서 도를 닦기 위해 설정한 구역)으로 1013년에 창건된 천태종 사찰이다. 이곳이 유명해진 이유는 호센인의 중앙 무대라고 할 수 있는 반칸엔(盤桓園) 덕분이다. 서원의 기둥과 상부를 가로지르는 상인방이 자연스럽게 액자 모양을 갖추고 700여 년 역사의 일본 천연 기념물인 교토 3대 오엽송(五葉の松)을 담아 움직이는 액자를 보고 있는 듯한 기분이 든다. 마루에 박힌 작은 대나무에 귀를 기울이면 우물로 떨어지는 물방울 소리가 들리는 스이킨쿠츠도 구경할 수 있다. 입장료에 간단한 다과 세트가 포함되어 있으니 따뜻한 차를 마시며 살아 있는 정원을 감상해보자.

¥ 성인/중고생/초등생 900/800/700엔(다과 세트 포함) 교토 버스 17번 탑승 후 오하라(大原) 정류장에서 하차, 도보 15분 京都市左京区大原勝林院町187 09:00~17:00 075-744-2409 hosenin.net 35.12133, 135.83398

산젠인 三千院

익살스러운 지장보살이 극락으로 안내하는

입구의 '산젠인몬제키(三千院門跡)' 비석이 말해주듯 황족들이 주지를 지낸 몬제키 사원으로 8세기 말에서 9세기 초에 창건되었다. 성곽을 연상시키는 높은 돌담에 둘러싸인 관문 고텐몬(御殿門)을 시작으로 손님을 맞이하는 전각 가쿠덴(客殿), 연못 정원이 아름다운 슈헤키엔(聚碧園), 주요 법회가 이뤄지는 신덴(宸殿), 산젠인을 가장 유명하게 만든 이끼 정원이 이어지는 유세이엔(有清園), 극락정토를 표현한 오조고쿠라쿠인(往生極楽院), 3m 높이의 관음상이 안치된 간논도(観音堂)가 자리하고 있다. 특히 신덴에서 오조고쿠라쿠인으로 향하는 길에 펼쳐진 이끼 정원과 곳곳에서 익살스러운 표정으로 여행객을 맞는 지장보살들은 마치 극락정토로 안내하듯 신비로운 분위기를 내뿜는다.

¥ 성인/중고생/초등생 700/400/150엔
교토 버스 17번 탑승 후 오하라(大原) 정류장에서 하차, 도보 10분 京都市左京区大原来迎院町540 08:30~17:00(3월~12월 7일), 09:00~16:30(12월8일~2월)
075-744-2531 sanzenin.or.jp
35.1197, 135.83433

킨카쿠지
BEST 5
01
킨카쿠지에서
기념 사진 찍기
02
료안지에서
꼭꼭 숨은 1개의
돌 찾기
03
닌나지에서 교토에
서 가장 늦게 피는
벚꽃 즐기기
04
키타노텐만구에서
학문의 신에게 학업
운 빌어보기
05
토요우케차야에서
두부 요리 맛보기

눈부신 금빛 누각 킨카쿠지
KINKAKUJI 金閣寺

#금빛누각 #그림엽서 #카레산스이정원 #벚꽃명소 #황실사원닌나지

킨카쿠지를 중심으로 교토 서부를 여행할 계획이라면, 킨카쿠지-료안지-묘신지 순서로 돌아보는 것이 효율적이다. 킨카쿠지 일대는 도보와 버스를 적절히 혼용해 돌아보면 훨씬 편하고 빠르게 여행을 즐길 수 있는 만큼, 미리 버스 노선을 익혀두는 것이 좋다.

ACCESS

주요 이용 패스

- **오사카에서 이동** 교토-오사카 관광 패스, 간사이 레일웨이 패스, JR 간사이 미니 패스
- **교토 내에서 이동** 지하철·버스 1일권

교토역에서 가는 법

교토에키마에 정류장
시영 버스 205번 40분 ¥230엔
킨카쿠지미치 정류장

카와라마치, 기온에서 가는 법

시조카와라마치 정류장
시영 버스 12·59·205번 37분 ¥230엔
킨카쿠지미치 정류장

한큐 교토카와라마치역
한큐 교토선 5분 ¥170엔, 사이인역 하차
니시오지시조 정류장
시영 버스 205번 17분 ¥230엔
킨카쿠지미치 정류장

02 료안지
리츠메이칸 대학교
02 오코노미야키 카츠
03 닌나지
료안지
토지인
오무로닌나지
묘신지
N
W
E
S

킨카쿠지 상세 지도

본문에 표시한 각 스폿의 GPS 번호로 검색하면 보다 빠르게 정확한 위치를 찾을 수 있습니다.

01

킨카쿠지 金閣寺

유네스코 세계 문화유산에 빛나는 교토의 상징

화려한 금빛 누각이 인상적인 킨카쿠지는 교토를 대표하는 상징물로 정식 명칭은 로쿠온지(鹿苑寺)다. 가마쿠라 시대에 저택으로 지었으며, 1397년 쇼군 아시카가 요시미쓰가 별장으로 사용하기 위해 개축했다. 요시미쓰 사후 그의 유언에 따라 로쿠온지 선종 사찰로 바뀌었지만 금박을 입힌 3층 사리전이 유명세를 타면서 '킨카쿠지(금각사)'라는 이름으로 불리게 되었다. 기타야마 문화를 상징하는 3층 누각은 층마다 건축 양식이 다른데, 특히 금박을 씌워 화려함을 더한 3층 구쿄초(究竟頂)가 가장 유명하다. 킨카쿠지는 교토를 초토화시킨 15세기 오닌의 난에도 별다른 피해를 입지 않았으나 1950년 한 사미승이 불을 지르면서 소실되어 1955년에 재건했다. 화려한 금빛 누각이 녹아든 정원을 보고 있노라면 염원이 현실이 된 듯한 기분이 든다.

¥ 고등학생 이상 500엔, 중학생 이하 300엔
시영 버스 12·59·204·205번 탑승 후 킨카쿠지미치(金閣寺道) 정류장에서 하차, 도보 5분
京都市北区金閣寺町1 09:00~17:00
075-461-0013 shokoku-ji.jp/kinkakuji/ 35.03937, 135.72924

02

료안지 龍安寺

카레산스이 정원의 정수

1450년 무사 호소카와 가쓰모토가 귀족 후지와라의 별장을 개조해 세운 선종 임제종 사찰이다. 1467년부터 10년에 걸친 오닌의 난과 1797년 화재 등으로 건물 대부분이 소실되었으며, 본당인 방장과 일부 건물만 보전되어 있다. 중요 문화재로 지정된 방장은 1797년 화재 후 세이겐인(西源院)에서 옮겨 온 것으로, 방장을 나서면 료안지의 대표 볼거리인 카레산스이(枯山水) 정원이 등장한다. 넓게 펼쳐진 흰 모래 위로 섬을 의미하는 15개의 돌이 동서 방향으로 무리지어 배치되어 무한한 우주를 그리고 있다. 어디에서 보든 돌은 14개만 보일 뿐 1개는 보이지 않는데, '인간은 불완전한 존재'라는 선종의 메시지를 전하고 있다.

¥ 성인 600엔, 고등학생 500엔, 중학생 이하 300엔 시영 버스 59번 탑승 후 료안지마에(竜安寺前) 정류장에서 하차 京都市右京区龍安寺御陵下町13 08:00~17:00, 12~2월 08:30~16:30 075-463-2216 www.ryoanji.jp 35.03449, 135.71826

03

닌나지 仁和寺

교토에서 가장 늦게 벚꽃이 피는 곳

교토 서쪽 일대는 헤이안 시대부터 경치가 좋기로 유명해 왕족과 귀족들의 별장이 많았다. 당시 귀족들은 미타 신앙으로 귀의해 산장을 절로 개조하고는 했는데, 이곳 역시 코코 일왕이 아미타 삼존을 모시기 위해 지은 사찰이 시초다. 코코 일왕 사후 888년 우다 일왕은 금당에 당시 연호인 '닌나'를 붙여 '다이나이산 닌나지(大內山仁和寺)'라 이름 짓고 이곳의 첫 번째 몬제키(황족, 귀족 승려)가 되었다. 이후 약 1,000년간 왕족들이 절의 주지를 이어받는 몬제키 사원으로 이어져 오다 1467년에 오닌의 난으로 파괴되었으며, 그로부터 150년 뒤 도쿠가와 이에미쓰가 재건했다. 내부에는 약사여래불이 안치된 레이메이텐(霊明殿), 국보로 지정된 본존 아미타여래가 있는 콘도(金堂) 등 문화재가 많다. 교토에서 벚꽃이 가장 늦게 피는 곳으로도 잘 알려져 있으며 유네스코 세계 문화유산으로 지정되었다.

¥ [경내] 무료 [고덴] 성인 800엔, 고교생 이하 무료 [레이호칸(보물 전시실)] 성인 500엔, 고교생 이하 무료 [벚꽃 철] 성인 500엔, 고교생 이하 무료 🚶 시영 버스 10·26·59번 탑승 후 오무로닌나지(御室仁和寺) 정류장에서 하차 📍 京都市右京区御室大内33 🕒 3~11월 09:00~17:00, 12~2월 09:00~16:30 📞 075-461-1155 🏠 ninnaji.or.jp 🌐 35.03109, 135.71381

04

키타노텐만구 北野天満宮

아름다운 매화로 물든 학문의 신사

헤이안 시대를 대표하는 학자 겸 정치인인 스가와라노 미치자네(菅原道真)를 학문의 신으로 모시는 신사다. 실제 인물을 신으로 모신 최초의 신사로 입시철이면 합격을 기원하는 수험생과 학부모들이 몰려들어 장사진을 이룬다. 국보로 지정된 본당 가운데에 있는 '합격의 종'을 울린 뒤 인사 두 번, 박수 두 번, 인사 한 번을 하면 합격을 빌어주고 사악한 기운을 씻어준다고 한다. 이곳은 일본에서 손꼽히는 매화 명소이기도 하다. 매년 2월 말 매화 정원에서 축제가 열려 성황을 이룬다.

¥ 경내 무료(보물전 성인 1,000엔, 중고생 500엔, 초등학생 250엔), 매화 시즌·단풍 시즌 중학생 이상 1,200엔, 초등학생 600엔 🚶 시영 버스 10·50·203번 탑승 후 키타노텐만구마에(北野天満宮前) 정류장에서 하차 📍 京都市上京区馬喰町 北野天満宮社務所 🕒 07:00~17:00 📞 075-461-0005 🏠 kitanotenmangu.or.jp 🌐 35.0314, 135.73512

01

곤타로 킨카쿠지점 京都 権太呂 金閣寺店

'키누카케의 길'의 명소

킨카쿠지와 료안지를 잇는 세계 문화유산 순환 코스로 유명한 '키누카케의 길'에 자리한 아담하고 소박한 식당이다. 인기 메뉴는 깊은 맛의 특제 육수와 부드러운 닭고기, 달걀이 어우러진 오야코동과 그릇의 반을 차지하는 커다란 새우튀김이 인상적인 텐푸라 소바다. 일본식 정원을 바라보며 교토 정통의 소바 맛을 즐길 수 있어 늘 붐빈다. 선물용 세트도 구입 가능하다.

오야코동(親子丼) 1,400엔, 니싱소바(にしんそば) 1,500엔, 텐푸라 소바(天ぷらそば) 1,650엔 시영 버스 12번 또는 59번 버스 탑승 후 키쿠카사소우몬초(衣笠総門町) 정류장 하차하면 바로 앞 京都市北区平野宮敷町26 11:00~21:30 (수 휴무) 075-463-1039 gontaro.co.jp 35.03609, 135.72909

02

오코노미야키 카츠 お好み焼き 克

트립어드바이저에서 인정한 맛

료안지에서 '키누카케의 길'을 따라 도보 5분 거리에 위치한 오코노미야키 전문점으로, 여행 사이트 '트립어드바이저'에서 킨카쿠지 지역 오코노미야키 1위로 선정되기도 했다. 골목에 자리한 소박한 식당이지만 영어 응대가 가능하고 영어 메뉴판도 있다. 다른 오코노미야키 전문점과 차별화된 가장 큰 특징은 오코노미야키와 야키 소바가 600~700엔대라는 뛰어난 가성비다. 돼지고기를 넣어 만든 오코노미야키인 부타타마와 볶음면인 야키 소바가 인기 메뉴로 꼽힌다.

부타타마(豚玉) 700엔, 야키소바(焼きそば) 650엔 시영 버스 59번 버스 탑승 후 료안지마에(竜安寺前) 정류장 하차, 도보 4분 京都市右京区龍安寺斎宮町1-4 월~목 11:30~13:30, 18:00~21:00, 금 18:00~21:00(목, 셋째 주 수 휴무)
075-464-8981 okonomiyakikatsu.wixsite.com/katsu
35.03026, 135.72062

03

토요우케차야 とようけ茶屋

보드랍고 고소한 교토 두부 요리를 선보이는 곳

손두부를 만들어 팔던 가게로 시작한 두부 전문 식당이다. 입에서 사르르 녹는 치즈처럼 보드라운 두부로 유명세를 얻었으며, 두부를 맛보기 위해 일본 전역에서 모여든 사람들로 언제나 북적인다. 교토의 다른 두부 전문점에 비해 가격도 저렴하고 키타노텐만구 바로 맞은편에 자리해 수학여행을 온 학생들도 많이 찾는다. 두부탕 정식인 유도후젠, 두부를 만들 때 생기는 막을 말린 '유바'를 올린 덮밥 나마유바동, 매콤한 두부덮밥 토요우케동 등을 맛볼 수 있다.

유도후젠(湯豆腐膳) 1,540엔, 나마유바동(生湯葉丼) 1,221엔, 토요우케동(とようけ丼) 1,056엔 시영 버스 10·50·101·102·203번 탑승 후 키타노텐만구마에(北野天満宮前) 정류장에서 하차, 도보 1분 京都市上京区今出川通御前西入紙屋川町822
식당 11:00~14:30, 두부 판매 09:00~17:30(목 휴무, 월2회 추가 부정기 휴무, 홈페이지에서 확인 가능) 075-462-3662
www.toyoukeya.co.jp 35.02781, 135.7356

킨카쿠지 여행 정보 Q&A

킨카쿠지와 가까운 버스 정류장은 어디인가요?

킨카쿠지 근처 킨카쿠지미치(金閣寺道) 버스 정류장이 대표적이다.

킨카쿠지미치 정류장 시영 버스 노선

교토역 방면	205번
키요미즈데라, 야사카 신사, 기온	102·204·205번 탑승 후 키타오지 버스 터미널에서 206번으로 환승
긴카쿠지	102·204번
니조성	12번
아라시야마	204·205번 탑승 후 니시노쿄엔마치(西ノ京円町)에서 교토 버스 63·66번이나 시영 버스 93번으로 환승

킨카쿠지와 함께 둘러보기 좋은 곳을 추천해주세요.

킨카쿠지를 돌아본 후 료안지와 닌나지로 이동해 마음을 정화해보자. 킨카쿠지에서 료안지와 닌나지로 향하는 길은 세계 문화유산 관광 순환 코스로 일명 '키누카케의 길(きぬ かけの路)'이라 불린다. 또는 킨카쿠지 구경 후 버스를 타고 키타노텐만구, 도시샤 대학교, 교토 고쇼를 둘러보는 것도 좋다.

일본의 3대 절경
아마노하시다테
天橋立

간사이 여행의 하이라이트이자 최고의 자연 명승지로 꼽히는 아마노하시다테는 소나무 숲이 자리한 자연 사구로 바다를 가르는 듯한 모습이 강한 인상을 남긴다. 교토부 북단, 동해 바다와 맞닿아 있어 이동하기에 멀지만 꼭 가봐야 할 명소 중의 명소다.

이동하기

교토 - 아마노하시다테 교토역 → (JR 특급 하시다테, 75분) → 후쿠치야마역 → (탄테츠 탄고릴레이 특급, 37분) → 아마노하시다테역

오사카-아마노하시다테 버스 시간표

한큐 고속버스 터미널	아마노하시다테	소요 시간	요금
09:43	12:30	2시간 47분	3,000엔
13:16	16:07	2시간 51분	
18:06	20:57	2시간 51분	
아마노하시다테	**한큐 고속버스 터미널**	**소요 시간**	**요금**
06:45	09:21	2시간 36분	3,000엔
12:45	15:21	2시간 36분	
16:45	19:25	2시간 40분	

TIP

아마노하시다테 여행 노하우

❶ 교토에서 직행으로 가는 하시다테 열차는 하루에 5편(08:38, 10:25, 12:25, 14:25, 20:37) 운행하며, 약 2시간 10분이 소요된다. 이 시간 외 탑승이라면 후쿠치야마역에서 탄테츠(京都丹後鉄道)로 환승해야 한다.
❷ 교토에서 오전 8시 38분에 출발하는 하시다테 직행 열차는 10시 40분에 도착한다. 더 빨리 이동하려면 7시 32분에 출발하는 키노사키 열차를 타고 후쿠치야마까지 간 후 탄고릴레이로 환승해야 한다.
❸ 아마노하시다테까지는 이동 시간이 기니 당일치기로 여행을 하려면 07시 32분 열차로 출발해서 18시 08분 열차로 돌아오자. 당일치기 여행보다는 아마노하시다테나 이네초 후나야에 숙소를 예약하고 1박 2일로 둘러보는 것을 추천한다.
❹ 아마노하시다테는 왕복 요금만 10,000엔이므로 간사이 와이드 패스(12,000엔)가 필수다. 패스가 있더라도 아마노하시다테까지 가는 특급 열차는 모두 지정석이므로 반드시 미도리노마도구치(みどりの窓口)에서 지정석을 예약해야 한다.
❺ 아마노하시다테는 거리상 도보보다 자전거 종단이 더 낫다.

아마노하시다테 天橋立

자연이 빚은 최고의 풍경

8,000그루의 해송이 자생하며 숲을 이루고 있는 길이 3.6km, 폭 20~170m의 자연 사구로 일본의 3대 절경 중 하나로 꼽힌다. 구불구불한 모양이 하늘로 승천하는 용 또는 하늘과 땅을 이어주는 다리와 같다 하여 이러한 이름이 생겨났다. 걸어서 약 1시간, 대여 자전거로 20분이면 전 구간을 둘러보며 자연의 신비와 위대함을 느낄 수 있다.

JR 아마노하시다테역(天橋立駅)에서 도보 5분 京都府宮津市文珠天橋立公園
www.amanohashidate.jp 35.5698, 135.19182

아마노하시다테 뷰랜드 天橋立ビューランド

승천하는 용과 하늘로 가는 다리가 궁금하다면

아마노하시다테를 감상할수 있는 전망대 겸 작은 놀이공원으로 세 곳의 포인트에서 각각 색다른 풍경을 즐길 수 있다. 이동 시 케이블카나 1인용 리프트를 이용해야 하는데, 올라갈 때는 모노레일, 내려올 때는 리프트를 이용하면 더욱 근사한 풍경을 감상할 수 있다. 다리를 벌리고 상체를 숙이면 다리 사이로 하늘로 뻗은 다리 또는 하늘로 올라가는 용을 볼 수 있다. 아마노하시다테역에 있는 인포메이션센터에서 리프트 할인권을 배부하니 참고하자.

¥ 중학생 이상 850엔, 초등학생 이하 450엔 JR 아마노하시다테역(天橋立駅)에서 도보 5분 京都府宮津市字文珠 2월 16일~6월 30일 09:00~17:00, 7월 1일~7월 15일 09:00~17:30, 7월 16일~9월 15일 08:30~18:00, 9월 16일~9월 30일 09:00~17:30, 10월 1일~11월 15일 09:00~17:00, 11월 16일~2월 15일 09:00~16:30 www.viewland.jp
35.55277, 135.18211

REAL PLUS

바다와 가장 가까운 마을
후나야
舟屋

이네초 후나야는 교토부 최북단, 단고 반도 이네만에 자리한 어촌으로 아마노하시다테에서 버스로 1시간 거리다. 고요한 항구 마을 후나야. 이곳은 1층은 배의 선착장으로, 2층은 주거 공간으로 이루어진 수상 가옥 후나야가 이네만을 따라 길게 늘어서 있어 매우 독특한 풍경을 보여준다.

이동하기

아마노하시다테 – 후나야

버스번호	아마노하시다테	이네 (후나야)
5	07:22	08:19
5	07:54	08:51
5	08:54	09:51
*9	09:55	10:54
*7	11:10	12:07
9	11:50	12:49
*8	13:00	13:57
*5	13:56	14:55
*8	15:10	16:07
5	16:18	17:15
*7	17:02	17:59
5	17:32	18:29
7	18:32	19:29
5	19:32	20:29

후나야 – 아마노하시다테

버스번호	이네 (후나야)	아마노하시다테
5	06:00	06:57
5	06:45	07:42
7	07:00	07:57
*8	08:19	09:16
5	09:30	10:27
*5	10:30	11:27
8	11:33	12:30
*5	12:30	13:27
9	13:30	14:30
*7	14:42	15:39
*9	15:05	16:05
7	16:11	17:08
*5	16:53	17:50
5	18:10	19:07

* 교토역↔아마노하시다테 특급 열차와 연계 가능

TIP

후나야 여행 노하우

❶ 후나야는 오사카·교토에서 아마노하시다테로 이동한 후 버스를 이용해야 한다. 버스는 약 1시간 간격으로 운행한다(1시간 소요, 400엔).

❷ 일출, 일몰이 가장 아름답기 때문에 당일 여행보다는 1박을 하면서 여유롭게 둘러보는 것이 좋다.

❸ 후나야 민박은 보통 저녁 식사가 포함되며 오후 5시에 체크인을 마감한다. 시간 안에 도착할 수 있도록 일정을 조정하자. 후나야 민박은 홈페이지(www.ine-kankou.jp/inns)에서 확인 후 전화로 예약 가능하다.

❹ 후나야의 소학교 근처에서 무료로 자전거를 대여할 수 있다(보증금 2,000엔 필요).

이네초 후나야 伊根町舟屋

고요한 힐링 플레이스

교토 북부 동해와 맞닿은 이네만에 위치한 작은 마을로 발을 딛는 순간 바다를 둘러싼 후나야(수상 가옥)의 모습이 눈앞에 펼쳐진다. 바다가 워낙 잔잔한 데다 과거에는 배가 유일한 교통수단이었기 때문에 선착장을 지하에 만든 후나야가 주요 주거 형태로 자리 잡았다. 바쁜 일상에서 탈출해 조용히 휴식을 취하기 좋은 곳으로 눈 내린 겨울에 방문하면 더욱 고즈넉한 풍경을 만끽할 수 있다. 다만 교토에서 약 3시간이 소요되므로 아마노하시다테를 구경한 후 1박 하는 일정을 추천한다.

JR 아마노하시다테역(天橋立駅) 앞 정류장에서 5·8·9번 버스 탑승 후 이네(伊根) 정류장에서 하차
京都府与謝郡伊根町平田494 ine-kankou.jp 35.675800, 135.287674

후나야 이네만 메구리 유람선 伊根湾めぐり遊覧船

바다에서 감상하는 아름다운 후나야

이네만 바다 위에서 후나야의 독특한 풍경을 감상할 수 있는 유람선이다. 25~30분간 후나야 일대를 빠르게 둘러볼 수 있어 마을 구석구석을 거닐 시간이 부족할 때 이용하면 좋다. 후나야는 지상에서 볼 때와 바다에서 보는 느낌이 워낙 다르므로 가능하면 도보와 유람선 모두 이용해 돌아보는 것이 좋다.

¥ 성인 1,200엔, 아동 600엔
JR 아마노하시다테역(天橋立駅) 앞 정류장에서 5·7·8·9번 버스 탑승 후 이네완메구리히데(伊根湾めぐり日出) 정류장에서 하차 京都府与謝郡伊根町字日出11 09:00~16:00
35.67068, 135.27734

아라시야마
BEST 5
01
도게츠교에서
아름다운 경관
구경하기
02
텐류지
소겐치 정원에서
사색하기
03
인연의 신사
노노미야 신사에서
연애운 빌기
04
대나무가 빽빽한
치쿠린 산책하기
05
탁 트인 풍경을
즐기며 요시무라에
서 소바 먹기

귀족들이 사랑한 아름다운 풍경

아라시야마

ARASHIYAMA 嵐山

#달이걸쳐있는다리 #게이샤의추억 #대나무숲 #인연의신사 #투명유리단풍열차

과거 일본 귀족들의 별장지로 유명한 아라시야마는 사계절 모두 아름답지만 특히 봄의 벚꽃과 가을 단풍이 근사하다. 만일 이 시기에 여행을 계획한다면 일정을 여유롭게 잡고 둘러보는 것이 좋다. 아라시야마의 번화가에서 떨어져 있는 곳을 방문할 경우 한큐 아라시야마역에서 유료로 대여해주는 자전거를 이용하길 권한다.

ACCESS

주요 이용 패스

- **오사카에서 이동** 간사이 레일웨이 패스, JR 간사이 미니 패스
- **교토 내에서 이동** 지하철·버스 1일권, 간사이 레일웨이 패스

교토역에서 가는 법

○ **교토역**
JR 산인 본선 ⏱15분 ¥240엔
○ **사가아라시야마역**

카와라마치에서 가는 법

○ **시조카와라마치**
시영 버스 11번 ⏱55분 ¥230엔
○ **아라시야마텐류지마에 정류장 하차**

○ **한큐 교토카와라마치역**
한큐 교토선 ⏱7분 ¥240엔
○ **카츠라역**
한큐 아라시야마선 ⏱7분
○ **한큐 아라시야마역**

TIP

❶ 한큐 아라시야마역과 JR 사가아라시야마역을 시작점으로 주요 명소인 도게츠교, 텐류지, 아라시야마 공원, 치쿠린, 노노미야 신사를 걸어서 둘러볼 수 있다.

❷ 아라시야마 안쪽에 위치한 다이카쿠지, 조잣코지, 니손인 등을 여행한다면 한큐 아라시야마역 앞에서 자전거를 대여하는 것이 편하다.

❸ 사가노 토롯코 열차와 호즈강 유람선은 시간 및 인원 제한이 있으므로 오전 일정으로 소화하는 것이 좋다. 특히 단풍철에는 예약 필수.

아라시야마 상세 지도

본문에 표시한 각 스폿의 GPS 번호로 검색하면 보다 빠르게 정확한 위치를 찾을 수 있습니다.

01

텐류지 天龍寺

700년 전 모습을 간직한 신비의 사찰

9세기에 사가 일왕의 왕비 다치바나노 카치코(橘嘉智子)가 창건해 궁궐로 사용하던 곳으로, 1339년 무로마치 막부의 장군 아시카가 다카우지(足利尊氏)가 고다이고 일왕의 명복을 빌고자 사찰로 건립했다. 건설 당시 고겐 일왕의 지원을 받았으나 건축 비용이 턱없이 부족해 그전까지 두절됐던 원나라와의 무역을 재개해 벌어들인 수익금으로 1344년에야 완공했다. 원래는 도게츠교, 카메야마 공원까지 포함해 150개의 사찰이 모여 있었지만, 무로마치 막부의 몰락과 오닌의 난으로 소실되었고, 메이지 시대에 현재의 모습으로 재건했다. 중요 종교 행사를 진행하는 법당, 완만한 곡선의 지붕과 흰 벽을 종횡으로 구분지은 외관, 현관에 달마도가 걸려 있는 구리(庫裏), 여덟 번의 화마를 피한 중요 문화재 석가모니상을 안치하고 있는 방장(方丈), 일본 최초의 특별 명승지로 지정된 소겐치 정원(曹源池庭園)이 유명하다. 유네스코 세계 문화유산 등재에 큰 역할을 한 소겐치 정원은 '한 방울의 물은 생명의 근원이며, 모든 사물의 근원'이라는 의미의 소겐치잇테키(曹源一滴)가 적힌 돌이 발견되면서 이 같은 이름이 붙었다. 700년 전에 무소 국사가 만든 당시 모습이 그대로 보존되어 있어 더욱 신비롭다.

¥ [정원] 고등학생 이상 500엔, 초·중생 300엔, 미취학 아동 무료, [사찰] 오호조+쇼인+다호덴 300엔, [법당 운용도 관람] 500엔 🚶 한큐 아라시야마역(嵐山駅)에서 도보 17분/JR 사가아라시야마역(嵯峨嵐山駅) 남쪽 출구에서 도보 15분/란덴 아라시야마역(嵐山駅)에서 도보 10분 📍 京都市右京区嵯峨天龍寺芒ノ馬場町68 🕓 정원 08:30~17:00(입장 마감 16:50), 사찰 08:30~16:45(입장 마감 16:30), 법당 09:00~16:30(입장 마감 16:20) 📞 075-881-1235 🏠 www.tenryuji.com 35.01564, 135.67374

02

도게츠교 渡月橋

달이 건너는 다리

호즈강을 잇는 150m 길이의 2차선 다리로 아라시야마의 대표 명소로 꼽힌다. 헤이안 시대 초기 도쇼(道昌)라는 승려가 처음 다리를 놓았으며, 소실과 재건이 반복되다 17세기 초 스미노쿠라 료이(角倉了以)라는 거상이 현재의 위치로 다리를 옮겼다. 밤에 이곳을 지나던 카메야마 일왕이 다리 위에 뜬 달을 보고, "어둠 하나 없는 달이 강을 건너가는 것과 닮았도다(くまなき月の渡るに似る)"라고 하여 이 같은 이름이 붙여졌다. 이른 아침 물안개가 피어오르는 모습이 장관으로 꼽히며 봄에는 벚꽃, 가을엔 단풍 명소로 유명하다.

한큐 아라시야마역(嵐山駅)에서 도보 8분/JR 사가아라시야마역(嵯峨嵐山駅)에서 도보 18분
京都府京都市右京区嵯峨中ノ島町 35.01287, 135.67774

03

아라시야마 공원 나카노시마 지구 嵐山公園 中之島地区

아라시야마 최고의 경승지

개천과 강에 둘러싸인 공원으로 도게츠교를 건너기 전에 있다. 10.6ha 규모의 부지에 가메야마 지구(亀山地区), 나카노시마 지구(中ノ島地区), 린센지 지구(臨川寺地区)로 나뉘어 있다. 오쿠라산의 남동부에 위치한 카메야마 지구는 적송을 중심으로 벚나무, 단풍나무, 야생 철쭉 등이 군락을 이루고 있으며 광장, 휴게소, 전망대, 어린이 광장 등이 있어 산책 후 휴식을 취하기 좋다. 나카노시마 지구는 봄이면 벚꽃을 구경하려는 사람들로 붐비는 곳으로 낚시를 즐기는 사람도 많다. 린센지 지구는 노송을 주목으로 벚나무, 단풍나무가 어우러져 아름다운 풍경을 자아낸다.

한큐 아라시야마역(嵐山駅)에서 도보 5분/JR 사가아라시야마역(嵯峨嵐山駅)에서 도보 20분
京都府京都市右京区嵯峨中ノ島町 075-701-0101 35.01213, 135.67782

04

치쿠린 竹林

대나무 숲 사이로 보이는 파란 하늘

잡지, 방송, 영화 등 각종 매체에 자주 등장하는 아라시야마의 명소다. 치쿠린은 '대숲'이라는 뜻으로, 대나무가 늘어선 오솔길이 노노미야 신사에서부터 일본 명배우 오코치 덴지로가 30년 동안 가꾼 정원 오코치 산소까지 이어져 있다. 하늘을 향해 뻗은 20~30m 높이의 대나무들이 길가를 빼곡히 메우며 터널을 이루는데, 대나무 사이로 보이는 파란 하늘과 잎 사이로 들어오는 햇살을 보고 있노라면 일상에 지친 몸과 마음이 자연스레 치유되는 듯하다. 세계 각국의 여행자들로 늘 붐비는 곳이니, 아라시야마의 첫 코스로 둘러보거나 라이트업으로 신비로운 분위기를 자아내는 저녁에 방문하는 것을 추천한다.

JR 사가아라시야마역(嵯峨嵐山駅)에서 도보 15분/한큐 아라시야마역(嵐山駅)에서 도보 25분 京都市右京区嵯峨小倉山田淵山町 35.01717, 135.67197

05

호곤인 宝厳院

단풍이 아름다운 명원

임제종 텐류지파의 사원으로 무로마치 시대의 무장 호소카와 요리유키(細川頼之)가 1461년에 창건했다. 이후 오닌의 난에 휘말려 소실되었고, 1573년에 지금의 모습으로 재건했다. 경내에서는 '사자후의 정원(獅子吼の庭)'으로 불리는 차경식 정원(먼 산의 경치가 정원의 일부처럼 보이게 하는 양식)이 가장 유명한데, 정원 한가운데 사자를 닮은 돌이 있어 이와 같은 이름이 붙었다. 〈도림천명승도회(都林泉名勝図会)〉에도 소개된 명원으로 '단풍정원'이라 불릴 정도로 가을 풍경이 아름답다. 봄가을 특별 개방 시기에만 일반에게 공개되며, 단풍이 절정에 달하면 라이트업 행사도 열린다.

¥ [정원] 고등학생 이상 700엔, 중학생 이하 300엔 [본당] 성인 500엔, 중학생 이하 300엔 한큐 아라시야마역(嵐山駅)에서 도보 15분/JR 사가아라시야마역(嵯峨嵐山駅)에서 도보 12분/란덴 아라시야마역(嵐山駅)에서 도보 8분 京都市右京区嵯峨天竜寺芒ノ馬場町 36 09:00~17:00(입장 마감 16:45) 075-861-0091 hogonin.jp 35.01478, 135.6737

06

노노미야 신사 野宮神社

〈겐지 이야기〉의 주 무대

다른 유명 사찰에 비해 규모는 작지만 일본의 고전 소설 〈겐지 이야기〉를 비롯한 여러 문학 작품에 등장하는 이곳은, 손으로 문지르면 1년 안에 소원이 이뤄진다는 오카메이시(お亀石, 거북 돌)와 소원을 적은 종이를 물에 띄워 글자가 모두 녹아 사라지면 소원이 성취된다는 샘물 벤자이 텐(弁財天)이 있다. 인연을 이어준다는 엔무스비의 신사로도 유명해 연인들의 발길 역시 끊이지 않는다.

¥ 경내 무료 🚶 JR 사가아라시야마역(嵯峨嵐山駅) 남쪽 출구에서 도보 10분/한큐 아라시야마역(嵐山駅)에서 도보 20분 📍 京都府京都市右京区嵯峨野々宮町1
🏠 nonomiya.com
35.01779, 135.67418

07

다이카쿠지 大覚寺

'사가 왕실'이라 불린 왕의 사찰

진언종 다이가쿠지(大覚寺)파의 대본산으로, 876년 사가 일왕의 별궁인 사가인(嵯峨院)을 사원으로 개조했다. 경내 우측엔 당나라의 동정호(洞庭湖)를 본떠 사가 일왕이 축조한 오사와이케(大沢池)라는 연못이 있는데, 일본에서 가장 오래된 정원에 연못과 섬이 있는 임천식 정원이다. 700여 그루에 달하는 벚나무와 단풍나무, 3,000주의 연꽃 등이 자생하는 이곳은 달맞이 명소로도 유명하다.

¥ [본당] 성인 500엔, 고등학생 이하 300엔, [오사와노이케] 성인 300엔, 고등학생 이하 100엔 🚶 JR 사가아라시야마역(嵯峨嵐山駅) 북쪽 출구에서 도보 15분/한큐 아라시야마역(嵐山駅)에서 자전거 17분
📍 京都市右京区嵯峨大沢町4
🕘 09:00~17:00(입장 마감 16:30)
🏠 daikakuji.or.jp
35.02823, 135.67774

08

조잣코지 常寂光寺

극락정토에 비유되는 단풍 명소

1596년 교토 혼코쿠지(本国寺)의 주지 닛신(日禛)의 은거지로 세워진 사찰로, 단풍이 아름다운 오쿠라산의 중턱에 위치한다. 경내를 둘러싸는 담이 없어 '담 없는 절'로 불리며, '꽃의 사찰'이라는 별칭도 있다. 전망대에 오르면 아라시야마 시내 전경이 한눈에 내려다보인다.

¥ 500엔 🚶 JR 사가아라시야마역(嵯峨嵐山駅) 북쪽 출구에서 도보 17분/한큐 아라시야마역(嵐山駅)에서 도보 26분 또는 자전거 10분/사가쇼가코마에(嵯峨小学校前) 정류장에서 도보 12분 📍 京都市右京区嵯峨小倉山小倉町3 🕘 09:00~17:00(입장 마감 16:30) 🏠 jojakko-ji.or.jp 35.01964, 135.66867

09

니손인 二尊院

팥소의 발상지

정식 명칭은 '니손쿄인카다이지(二尊教院華台寺)'이지만 석가여래와 아미타여래 두(二) 본존(尊)을 모시고 있어 간단히 니손인이라고 불린다. 승려 구카이(空海)가 중국에서 팥을 가져와 오쿠라산에서 재배했고, 화과자 장인 와사부로(和三郎)가 그 팥으로 소를 만들어 궁에 진상한 연유로 오쿠라앙(꿀에 잰 팥고물을 섞은 팥소)의 발상지로도 불린다. 특히 정문 소몬(総門)부터 참배로까지 이어진 길은 단풍이 매우 아름답다.

¥ 500엔, 초등학생 이하 무료 🚶 JR 사가아라시야마역(嵯峨嵐山駅) 북쪽 출구에서 도보 19분/한큐 아라시야마역(嵐山駅)에서 도보 30분 또는 자전거 11분/사가쇼가코마에(佐賀小学校前) 정류장에서 도보 10분 📍 京都市右京区嵯峨二尊院門前長神町27 🕘 09:00~16:30 📞 075-861-0687 35.02178, 135.66954

01

우나기야 히로카와 うなぎ屋 廣川

미쉐린 1스타 장어 요리의 맛

미쉐린 1스타에 빛나는 장어 전문점으로 1967년 문을 열었다. 텐류지 근처에 위치한 헤이세이 시대의 다실풍 건물에 들어서 있으며, 1층에서는 사계절 모습을 달리하는 정원, 전석 예약제인 2층에서는 시원하게 펼쳐진 아라시야마 전경을 감상할 수 있다. 시즈오카, 아이치, 가고시마 등에서 매일 공수한 장어와 사가노 명수를 사용한다. 여기에 탁월한 조리 기술, 비법 소스, 숯과 불을 조절하는 기술까지 더해 최고의 맛을 선보인다.

우나기동(うなぎ丼) 3,100엔, 우나주(うな重) 3,900엔 JR 사가아라시야마역(嵯峨嵐山駅) 남쪽 출구에서 도보 8분/란덴 아라시야마역에서 도보 4분/시영 버스 11·28·93번 탑승 후 텐류지(天龍寺) 정류장에서 하차, 도보 2분/교토 버스 92·94번 탑승 후 텐류지(天龍寺) 정류장에서 하차, 도보 2분 京都市右京区嵯峨 天龍寺北造路町44-1 11:00~15:00(주문 마감 14:30), 17:00~21:00(주문 마감 20:00, 월 휴무) 075-871-5226(2층 좌석 예약금 3,000엔) unagi-hirokawa.jp 35.01696, 135.67727

02

사가노유 嵯峨野湯

목욕탕에서 맛보는 파스타

낡은 목욕탕을 카페로 개조해 2006년 문을 열었다. 가게 내부에 새하얀 타일과 거울, 샤워기 등이 남아 있어 독특한 분위기를 연출한다. 인기 메뉴는 두유 크림을 베이스로 한 파스타와 신선한 두부를 곁들인 두부 파스타, 부드럽고 폭신한 팬케이크다. 점심에는 빵, 샐러드, 음료가 포함된 카레 세트와 파스타 세트를 맛볼 수 있다.

두부 파스타(お豆富パスタ) 1,5380엔, 치즈야마카레(チーズ山カレー) 1,350엔 JR 사가아라시야마역(嵯峨嵐山駅) 남쪽 출구에서 도보 3분/란덴 사가역(嵯峨駅)에서 도보 1분 京都市右京区嵯峨天龍寺今堀町4-3 11:00~19:00(주문 마감 18:30) 075-882-8985 sagano-yu.com 35.017030, 135.681364

03

사가토우후 이네 嵯峨とうふ 稲

궁극의 비법 두부

1984년 카페로 시작한 두부 요리 전문점으로 본관과 북관 두 곳을 운영하고 있다. 질 좋은 재료와 전통 비법으로 만든 일본 과자와 두부 요리를 선보인다. 인기 메뉴인 손두부와 유바는 엄선한 콩과 교토의 명수를 사용해 매장에서 직접 만든다. 2024년 4월 현재 본점은 내부 공사로 인해 임시 휴업 중이며, 북점은 정상 영업한다.

아라시야마 요리(嵐山御膳) 2,180엔, 사가 요리(嵯峨御膳) 1,980엔, 유바 도넛(湯葉ドーナッツ) 200엔, 유바 소프트아이스크림 500엔 란덴 아라시야마역(嵐山駅)에서 도보 1분 [본점] 京都市右京区嵯峨天龍寺造路町19, [북점] 京都市右京区嵯峨天龍寺北造路町46-2 11:00~18:00 075-864-5313(북점만 예약 가능) kyo-ine.com/tofu [본점] 35.015827, 135.677267 [북점] 35.017287, 135.676987

04

아라시야마 요시무라 嵐山よしむら

도게츠교를 바라보며 소바를 먹을 수 있는

100% 메밀로 만드는 구수한 소바를 선보이는 곳으로 〈미쉐린 가이드〉에도 소개되었다. 2층에 자리를 잡으면 도게츠교의 아름다운 경치를 감상하며 소바를 먹을 수 있어 늘 손님이 많다. 식후 차로 진한 면수가 나오는 것도 특징이다. 한국어 메뉴판도 있다.

도게츠 정식(渡月膳) 2,160엔, 아라시야마 정식(嵐山膳) 1,740엔, 새우튀김 소바(海老天そば) 1,600엔 한큐 아라시야마역(嵐山駅)에서 도보 8분/JR 사가아라시야마역(嵯峨嵐山駅) 남쪽 출구에서 도보 15분 京都市右京区嵯峨天龍寺芒ノ馬場町3
오프 시즌(オフシーズン) 11:00~17:00, 관광 시즌(観光シーズン) 10:30~18:00 075-863-5700 www.yoshimura-gr.com 35.01364, 135.67726

05

호우란도 도게츠교 본점 峯嵐堂 渡月橋本店

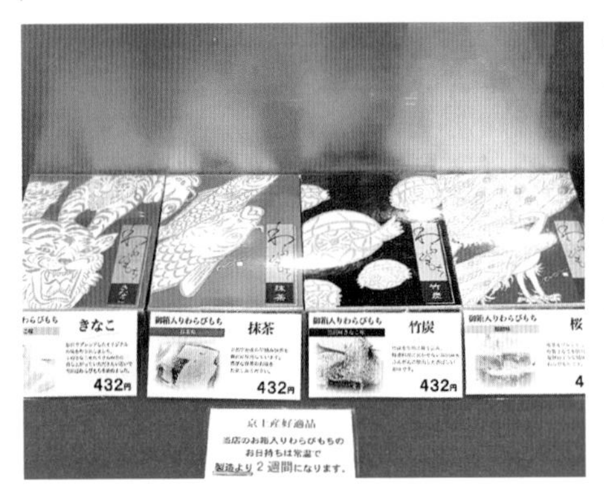

도게츠교 초입에 위치한 모찌 전문점으로 고사리 전분인 와라비로 모찌 만드는 모습을 구경할 수 있다. 이곳만의 비법으로 만든 콩고물이 특히 유명하며, 콩가루, 말차, 죽탄, 벚꽃을 넣어 4가지 색깔로 만든 와라비 모찌가 대표 메뉴다.

와라비 모찌(わらびもち) 756엔 한큐 아라시야마역(嵐山駅)에서 도보 8분/JR 사가아라시야마역(嵯峨嵐山駅) 남쪽 출구에서 도보 18분 京都市西京区嵐山中尾下町57-2
10:00~18:00 075-864-7573 hourandou.net/wp
35.01123, 135.67724

06

나카무라야 총본점 中村屋 総本店

저렴하게 맛보는 육즙 가득한 크로켓

1960년에 문을 연 정육점으로, 정육점 한쪽에서 크로켓을 튀겨 판 것이 계기가 되어 지금은 크로켓 가게로 더 유명하다. 홋카이도산 감자와 다진 쇠고기를 넣고 갓 튀겨내 바삭바삭한 식감을 즐길 수 있다. 가격도 1개에 150엔이라 여행자들 사이에선 크로켓 성지로 불린다.

크로켓(コロッケ) 150엔, 민치카츠(ミンチカツ) 380엔
JR 사가아라시야마역(嵯峨嵐山駅) 남쪽 출구에서 도보 5분/란덴 사가역(嵯峨駅)에서 도보 2분 京都市右京区嵯峨天龍寺龍門町20 09:00~18:30(크로켓 판매 마감 18:00, 수 휴무)
075-861-1888 nakamuraya-souhonten.jimdo.com/
35.01644, 135.68029

01 아라시야마 한나리홋코리스퀘어 嵐山 はんなりほっこりスクエア

천으로 만든 화사한 기둥

'여행자에게 편안한 휴식을'이라는 콘셉트로 만든 복합 시설이다. 치쿠린을 연상시키는 3,000그루의 대나무와 500개의 전구가 중앙 광장을 물들이며 환상적인 분위기를 자아낸다. 이곳의 가장 큰 볼거리는 기모노 천 유젠(友禅)으로 만든 기모노 포레스트(キモノフォレスト)다. 600개의 기둥이 숲을 형상화하며 교토 특유의 화사하고 고고한 빛을 연출한다. 시설에 자리한 족욕탕 에키노아시유(駅の足湯, 250엔)에서는 여행으로 지친 다리의 피로를 풀며 피부 개선에 효험이 있다고 알려진 아라시야마 온천수를 체험할 수 있다.

란덴 아라시야마역(嵐山駅)에서 연결 京都市右京区嵯峨天竜寺造路町20-2 1층·3층 10:00~18:00, 2층 11:00~18:00 075-873-2121 kyotoarashiyama.jp 35.01522, 135.67771

02 치리멘 세공관 아라시야마 본점 ちりめん細工館 嵐山本店

치리멘 공예를 체험할 수 있는 곳

간사이 지역에서 기모노의 소재로 사용하는 비단 치리멘(ちりめん)으로 만든 인형, 액세서리, 가방 등을 전시하는 곳이다. 낡은 기모노를 활용하거나 옷 재단 후 남은 자투리 천을 이용해 작은 주머니나 장식품을 만들던 옛 일본인들의 알뜰함과 지혜를 엿볼 수 있다.

한큐 아라시야마역(嵐山駅)에서 도보 13분/JR 사가아라시야마역(嵯峨嵐山駅) 남쪽 출구에서 도보 10분/란덴 아라시야마역(嵐山駅)에서 도보 1분/시영 버스 11·28번 탑승 후 텐류지마에(天龍寺前) 정류장에서 하차, 도보 1분 京都市右京区嵯峨天龍寺造路町19-2 10:00~18:00 075-862-6332 chirimenzaikukan.com 35.015473, 135.677463

03 유메 교토 도게츠교점 夢京都 渡月橋店

아라시야마 주요 관광지로의 이동이 편한

도게츠교와 란덴 아라시야마역에 인접한 기모노 렌털 숍으로 아라시야마 주요 관광지와의 접근이 편리하다. 1,000엔을 추가하면 아라시야마에서 빌리고 기온점, 코다이지점, 키요미즈데라점 등 타 유메 교토 숍에서 반납할 수 있어 아라시야마와 기온 지역을 하루에 관광할 계획인 여행객에게 추천하는 곳이다. 사전 인터넷 예약 시 통상 1,650엔의 헤어 세팅 금액을 1,100엔으로 할인해주는 혜택도 선보이고 있다. 짐 보관도 가능하다.

¥ 오마카세 플랜 3,300엔~ 한큐 아라시야마역(嵐山駅)에서 도보 10분/란덴 아라시야마역(嵐山駅)에서 도보 1분 京都市右京区嵯峨天龍寺造路町20-41 久利匠 南棟 09:00~18:00(반납 17:30까지) kyoto-arashiyamakimono.com 35.01442, 135.67798

REAL GUIDE

아라시야마 속으로 깊숙이! **자전거 & 버스 이용하기**

아라시야마의 번화가와 멀리 떨어진 지역을 돌아볼 때는 도보보다 버스 혹은 란덴 아라시야마역에서 유료로 대여해주는 자전거를 이용하는 것이 좋다. 다만 여름철에는 자전거 대여를 추천하지 않는다.

자전거 이용하기

한큐 렌털 사이클 아라시야마 阪急レンタサイクル嵐山

한큐 아라시야마역 정면에 위치해 있다. 한큐선으로 아라시야마를 방문하는 관광객에게 추천한다. 한큐 아라시야마역 자체가 아라시야마 관광지가 모여 있는 시내에서 도보로 15분 거리이기 때문에 한큐 아라시야마 역에 도착한다면 이곳에서 자전거를 빌리는 것이 시간을 절약할 수 있다.

11~4월 09:00~17:00(반납 16:30까지), 5~10월 09:00~18:00(반납 17:30까지) ¥ 2시간 500엔·4시간 700엔·1일 900엔, 주말 및 11월 1일 900엔(2시간, 4시간 대여 불가) 京都市西京区嵐山西一川町 075-882-1112 35.010731, 135.680979

란부라 렌털 사이클 らんぶらレンタサイクル

란덴 아라시야마역에 있는 자전거 대여소. 아라시야마의 가장 번화가에 위치하고 있어 접근성이 뛰어나며, 에키노아시유라는 족욕 체험권도 포함되어 있다. 아라시야마에서 교토로 돌아갈 때 란덴 전철을 이용할 예정이라면 특히 추천한다.

10:00~17:00(대여 15:00까지) ¥ 일반 자전거 2시간 600엔, 1일 1,100엔, 전동 자전거 1일 1,600엔 京都市右京区嵯峨天龍寺造路町20-2 kyotoarashiyama.jp 075-882-2515 35.015089, 135.677621

아라시야마 버스 이용하기

아라시야마에는 여러 노선의 시영 버스와 교토 버스가 운행된다. 버스 노선은 크게 아라시야마 구석구석까지 이동 가능한 노선과 아라시야마 중심부를 거쳐 묘신지, 닌나지 등 교토 서부로 이동하는 노선으로 나뉜다. 시영 버스와 교토 버스 모두 지하철·버스 1일권 사용이 가능하다.

아라시야마 사가 주유 셔틀버스

아라시야마 구석구석을 연결하는 버스는 92·94번 아라시야마 사가 주유 셔틀버스(嵐山嵯峨野周遊シャトルバス)와 28번 교토 시영 버스(다이가쿠지까지만 운행)다. 모두 지하철·버스 1일권으로 이용이 가능하다.

노선도

한큐 아라시야마역 → 아라시야마 공원(나카노시마 공원) → 아라시야마 텐류지&케이후쿠 아라시야마역(텐류지) → 노노미야(노노미야 신사·치쿠린) → 사가쇼각코마에(조잣코지) → 사가샤카도마에(세이료지·타카구치데라·기오지) → 다이가쿠지(다이가쿠지) → 고호도벤텐마에 → 도리이모토(아다시노넨부츠지) → 오다기데라마에 → 키요타키고호도벤텐마에 → 도리이모토(아다시노넨부츠지) → 오다기데라마에 → 키요타키

시영 버스 정류장

아라시야마, 아라시야마 공원, 아라시야마 텐류지마에, 노노미야에서 이용 가능.

교토 동부 & 긴카쿠지

출발지 \ 목적지	시조카와라마치	키요미즈데라	헤이안 신궁	긴카쿠지
아라시야마, 아라시야마 텐류지마에, 노노미야	11번 버스	93번 버스 탑승 후 쿠마노진자마에에서 202·206번 환승	93번 탑승 후 오카자키미치에서 하차	93번 탑승 후 킨린샤오코마에에서 5·7·32·102·203·204·205번 환승

교토 서부

출발지 \ 목적지	킨카쿠지	키타노텐만구	교토 고쇼	니조성
아라시야마, 아라시야마 텐류지마에, 노노미야	93번 탑승 후 니시노쿄엔마치에서 204·205번 환승	93번 탑승 후 니시노쿄엔마치에서 203번 환승	93번 탑승 후 카라스마마루타마치 하차	93번 탑승 후 호리카와마루타마치 하차

REAL GUIDE

아라시야마를 즐기는 가장 멋진 방법! 호즈강

호즈가와쿠다리 保津川下り

산악 풍경 속 유유자적 즐기는 뱃놀이

카메오카에서 아라시야마까지 16km 길이의 산간 협곡을 2시간에 걸쳐 운행하는 관광 유람선이다. '내려간다'는 뜻의 가와쿠다리(川下り)는 호즈강의 수류를 이용해 교토와 오사카에 물자를 운송하는 배를 의미한다. 강의 흐름은 잔잔한 편이지만 기암괴석이 나타나 급류가 생기는 구간도 있어 래프팅의 짜릿함도 느낄 수 있다. 사시사철 아름다움을 뽐내는 산악의 풍경 아래서 즐기는 유유자적한 뱃놀이는 신선놀음이 따로 없다. 보통 뱃사공은 3명이나 바람과 수량에 따라 4~5명으로 늘어나기도 한다. 2시간의 뱃놀이를 제대로 즐기려면 토롯코 열차를 이용해 카메오카로 이동한 후 호즈가와쿠다리를 이용해 아라시야마 도게츠교 선착장으로 돌아오는 코스를 추천한다. 클룩, 마이리얼트립 등에서도 예약 가능하다.

¥ 성인 6,000엔, 4세~초등학생 4,500엔 JR 카메오카역(亀岡駅) 북쪽 출구에서 도보 10분 亀岡市保津町下中島2 월~금 09:00·10:00·11:00·12:00·13:00·14:00·15:00, 주말 부정기 운항/12월 9일~3월 9일 10:00·11:30·13:00·14:30 0771-22-5846(예약 전화)
www.hozugawakudari.jp 35.0172, 135.58685

사가노 토롯코 열차 嵯峨野トロッコ列車

토롯코(トロッコ)는 호즈 강변 7.3km을 달리는 관광 열차로, 소형 광산 열차를 개조해 사용하고 있다. 시속 25km로 달리는 열차 안에서 풍경을 즐길 수 있는데, 경치가 뛰어난 곳에서는 느긋하게 감상할 수 있도록 운행 속도를 줄인다. 5량의 객차는 나무 의자와 갓 없는 전구 등 빈티지한 느낌이 강하며, 5호차인 리치호(ザ·リッチ号)는 창문이 없고 천장이 투명해 시원한 바람과 햇살을 만끽할 수 있다. 토롯코 사가역을 출발해 토롯코 아라시야마, 토롯코 호즈쿄, 토롯코 카메오카역까지 운행하며 전석이 지정석이다. 호즈쿄역을 제외한 토롯코역과 JR 서일본 매표소에서 예매가 가능하며, 홈페이지에서 잔여석 확인이 가능하다. 벚꽃철과 단풍철은 예매 경쟁이 엄청나며, 인기가 대단한 리치호 승차권은 탑승 당일, 사가노 철도 창구에서만 구매 가능하다.

¥ 880엔, 초등학생 이하 440엔 🚶 JR 사가아라시야마역(嵯峨嵐山駅) 남쪽 출구 바로 옆 토롯코 사가역(トロッコ嵯峨駅)/한큐 아라시야마역(嵐山駅)에서 도보 25분 🕓 토롯코 사가역 발→토롯코 카메오카 방면 10:02~16:02(1시간 간격), 토롯코 카메오카역 발→토롯코 사가역 방면 10:30~16:30(1시간 간격) *운행 스케줄을 홈페이지에서 미리 확인할 것 📞 075-861-7444 🏠 sagano-kanko.co.jp 📍 35.01857, 135.68077

아라시야마 여행 정보
Q&A

추천 코스와 소요 시간을 알려주세요.

대표적인 아라시야마 한나절 코스는 **아라시야마 공원(30분) → 도게츠교(15분) → 텐류지(60분) → 치쿠린(30분) → 노노미야 신사(30분)**다. 아라시야마를 하루 일정으로 둘러보고 싶다면 한나절 코스에서 조잣코지(60분), 니손인(60분) 등을 추가하거나 호즈강 유람선(120분)이나 사가 토롯코 관광 열차(왕복 90분)를 추가하면 된다.

밤에 구경할 수 있는 관광지가 있나요?

아라시야마 지역은 오후 5시를 기준으로 대부분의 관광지가 문을 닫는다. 치쿠린의 경우 야간 출입도 가능하지만 추천하지 않는다. 12월 아라시야마 하나토로(嵐山花灯路) 기간에는 강과 치쿠린, 일부 명소를 포함한 5km 구간에서 라이트업 이벤트를 진행한다.

아라시야마 하나토로 라이트업

12월 9~18일, 점등 시간 17:00~20:30 니손인, 조잣코지, 라쿠시샤, 노노미야 신사, 오코치산소, 호곤인, 호린지, 시구레덴 등

아라시야마에서 이용할 수 있는 철도 노선을 알려주세요.

아라시야마에서는 우메다-카츠라-교토카와라마치역을 연결하는 한큐선, JR 교토-카메오카-소노베역을 연결하는 JR 산인 본선, 토롯코 카메오카역을 연결하는 사가노 관광 철도, 사이인-시조오미야 역을 연결하는 케이후쿠 전철(일명 란덴) 등 총 4가지 노선이 운행된다.

아라시야마와 가까운 버스 정류장은 어디인가요?

아라시야마에서 주로 이용하는 버스 정류장은 아라시야마, 아라시야마 공원, 아라시야마 텐류지마에다. 교토의 주요 관광지에서 아라시야마까지는 버스로도 이동 가능하지만 전철보다 두 배 넘는 시간이 소요된다.

아라시야마, 아라시야마 공원, 아라시야마 텐류지마에 정류장 시영 버스 노선

- **교토역 방면**: 28번 버스 • **키요미즈데라**: 93번 탑승 후 쿠마노진자마에에서 206번 환승
- **카와라마치**:11번 • **헤이안 신궁**: 93번 • **긴카쿠지**: 93번 탑승 후 긴린샤코마에에서 203·204번 환승
- **킨카쿠지**: 93번 탑승 후 니시노쿄엔마치에서 204·205번 환승 • **니조성**: 93번

아라시야마와 함께 둘러보기 좋은 곳을 추천해주세요.

아라시야마는 벚꽃과 단풍 등 아름다운 자연경관과 역사 유적이 많아 제대로 둘러본다면 하루 일정으로는 부족하다. 하지만 핵심 명소인 도게츠교, 노노미야 신사, 텐류지, 치쿠린만 둘러본다면 아침부터 한나절 일정으로 가능하므로, 이후에는 JR을 이용해서 30분 거리인 후시미이나리 신사를 둘러보는 것도 좋다.

우지
BEST 3
01
10엔 동전과 1만 엔
지폐에 등장하는
뵤도인 관광
02
일본 최고의
녹차 생산지에서
녹차 즐기기
03
고전문학
〈겐지 이야기〉의
흔적 찾기

녹차와 〈겐지 이야기〉를 만나는 곳

우지

UJI 宇治

#10엔동전 #1만엔지폐봉황
#겐지이야기 #무라사키시키부
#유네스코세계문화유산 #일본녹차

우지는 우지바시를 기준으로 JR 우지역과 케이한 우지역으로 나누어 여행하는 것이 좋다. JR 우지역에서 출발해 뵤도인, 다이호안 순으로 돌아보고 우지바시를 건너 케이한 우지역으로 이동한 후에는 우지가미 신사, 겐지 박물관 등을 둘러보자. JR 우지역과 시영 다실 다이호안 바로 옆에 위치한 관광안내소와 우지시 관광협회 홈페이지에서 한글 지도를 받아볼 수 있다.

ACCESS

주요 이용 패스

- **오사카에서 이동** 교토-오사카 관광 패스, 간사이 레일웨이 패스, JR 간사이 미니 패스
- **교토 내에서 이동** JR 간사이 미니 패스, 간사이 레일웨이 패스, 케이한 교토 관광 패스 1일권

교토역에서 가는 법

- **JR 교토역**
  - JR 나라선 ⓒ25분 ¥240엔
- **JR 우지역**

카와라마치에서 가는 법

- **기온시조역**
  - 케이한 본선 ⓒ12분
- **주쇼지마역 환승**
  - 케이한 우지선 ⓒ15분 ¥320엔
- **케이한 우지역**

TIP

❶ 간사이 레일웨이 패스, 교토-오사카 관광 패스(케이한 패스) 소지자는 케이한 우지역에서 하차한 다음, 우지바시를 건너 오모테산도도리로 이동해 뵤도인을 출발점으로 둘러보는 것이 좋다. 또한 이 패스를 소지한 여행객은 뵤도인 매표소에서 패스를 제시하면 기념엽서를 받을 수 있다. 뵤도인 입장권 소지자는 불교 박물관 호쇼칸에 무료로 입장할 수 있다.

❷ 뵤도인 봉황당은 시간마다 한정 인원만 수용하므로 입장하자마자 바로 줄을 서야 시간을 아낄 수 있다.

우지
상세 지도

본문에 표시한 각 스폿의 GPS 번호로
검색하면 보다 빠르게
정확한 위치를 찾을 수 있습니다.

우지 종합병원

06 우지가와모찌 본점

JR 우지역

05 하나레 나카무라세이멘

04 차강주 카페

01 나카무라토키치 본점

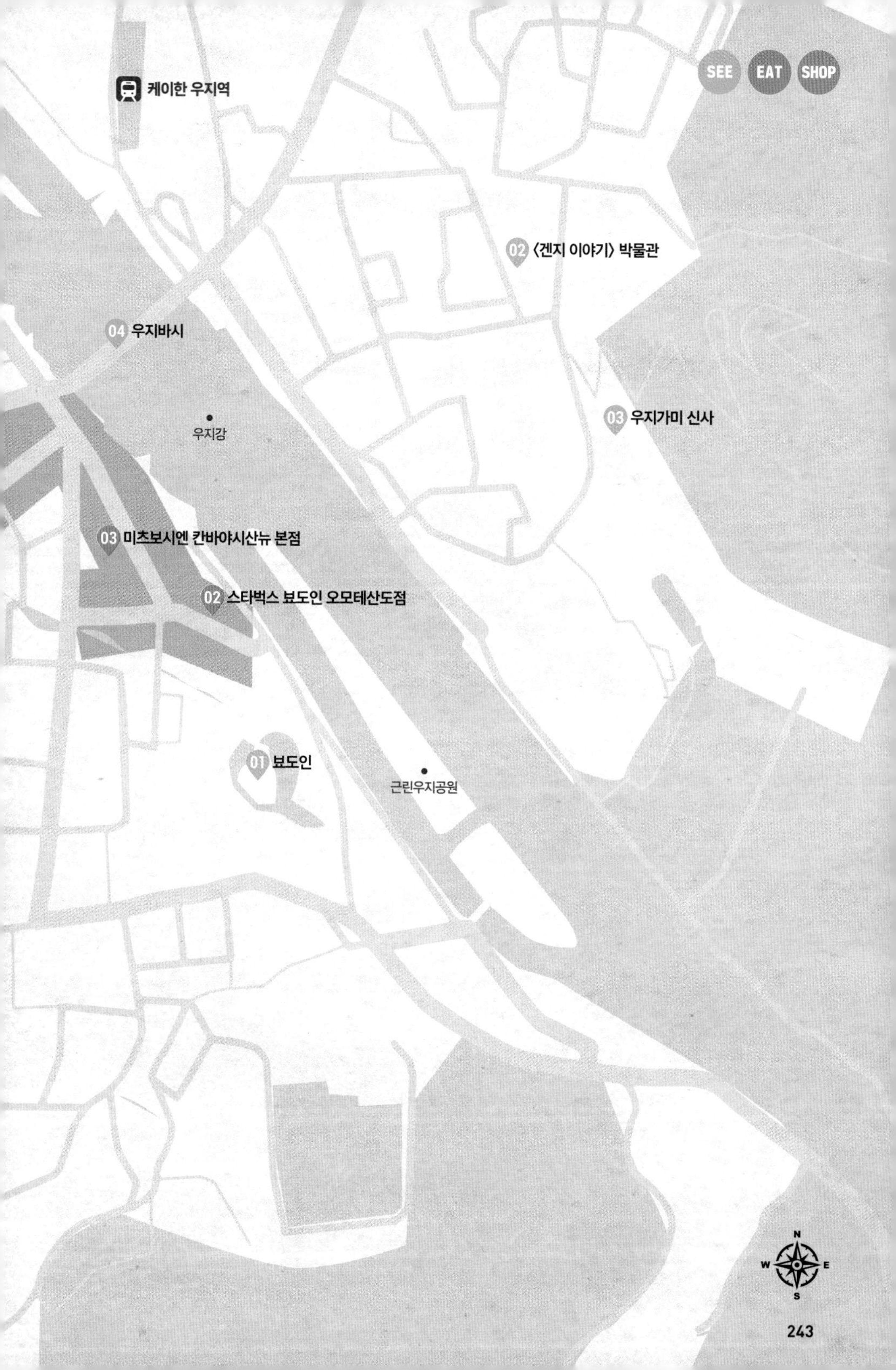

케이한 우지역

02 〈겐지 이야기〉 박물관

04 우지바시

03 우지가미 신사

우지강

03 미츠보시엔 칸바야시산뉴 본점

02 스타벅스 뵤도인 오모테산도점

01 뵤도인

근린우지공원

N
W E
S

01

묘도인 平等院

10엔에 새겨진 교토의 세계 문화유산

1052년 후지와라노 미치나가의 시골 별장을 아들 후지와라노 요리미치가 불교 사원으로 개축했다. 전란 등으로 대부분의 건물이 소실되어 현재는 봉황당, 관음당, 종루만 남아 있다. 1053년에 세운 봉황당은 뵤도인의 핵심으로 현실 세계에 출현한 극락정토를 표현하고 있으며, 8척(2.43m) 높이의 아미타여래 좌상이 안치되어 있다. 이곳의 문화적 중요성을 기념하는 의미로 10엔 동전에는 봉황당, 1만 엔 지폐에는 봉황당의 지붕에 장식된 봉황이 새겨져 있다. 연못 건너편에서 봉황당을 바라보면 본존불의 얼굴과 봉황당 건물이 수면에 비치며 최고의 절경을 자아낸다.

¥ [정원+호쇼칸] 성인 700엔, 중고생 400엔, 초등학생 300엔 [봉황당 내부 관람] 300엔(별도) 🚶 JR 우지역(宇治駅) 1번 출구, 케이한 우지역(宇治駅)에서 도보 10분 📍 宇治市宇治蓮華116 🕓 [정원] 08:30~17:30 [호쇼칸] 09:00~17:00 [봉황당] 09:30~16:10(접수 09:00부터 20분당 50명씩 입장) 📞 0774-21-2861 🏠 byodoin.or.jp 🌐 34.88929, 135.80767

02

〈겐지 이야기〉 박물관 源氏物語ミュージアム

〈겐지 이야기〉의 모든 것

헤이안 시대의 우지는 풍경이 아름답고 사원이 많아 귀족들에게 사랑받던 곳이었고, 〈겐지 이야기〉의 마지막 무대로 선택되는 영광까지 누렸다. 1998년 개관한 이 박물관은 〈겐지 이야기〉의 줄거리를 따라 구성되어 있다. 겐지의 로쿠조인(六條院) 저택 모형, 당시의 주택과 의상, 가구, 우차(마차) 등을 전시한 헤이안의 방, 헤이안의 방과 우지의 방을 연결하는 다리, 우지가 배경인 3막 우지주조(宇治十帖)의 명장면을 파노라마로 연출한 우지의 방이 필수 코스로 꼽힌다.

¥ 성인 600엔, 중학생 이하 300엔 🚶 케이한 우지역(宇治駅)에서 도보 8분/JR 우지역(宇治駅) 1번 출구에서 도보 15분
📍 宇治市宇治東内45-26 🕘 09:00~17:00(입장 마감 16:30, 월, 12월 28일~1월 3일 휴관)
📞 0774-39-9300 🏠 www.city.uji.kyoto.jp/shohiki/33 📍 34.8938, 135.81034

TIP

〈겐지 이야기〉란?

11세기 초에 여류작가 무라사키 시키부(紫式部)가 집필한 작품으로, 70여 년의 긴 시간을 배경으로 무려 400여 명의 인물이 등장하는 총 54권짜리 세계 최고(最古), 최장(最長)의 고전 소설이다. 왕조 귀족들의 사랑과 인간관계를 치밀한 구성과 정교한 심리 묘사, 아름다운 문체로 그린 걸작으로 꼽힌다.

03

우지가미 신사 宇治上神社

우지 7대 명수의 유일한 명맥이 자리한

일본에서 가장 오래된 신사로 원래는 뵤도인 근처에 있었으나 메이지 시대에 분리되어 지금 자리로 옮겨졌다. 우지노와키 이라츠코(菟道雅郎子) 태자가 형에게 왕위를 양보했지만 형이 거절하자 투신해 목숨을 끊은 그의 혼을 달래기 위해 지은 것이 시초. 우지 7대 명수 중 유일하게 지금까지 물이 솟아나는 기리하라미즈(桐原水)도 볼 수 있다.

¥ 무료 🚶 케이한 우지역(宇治駅)에서 도보 10분/JR 우지역(宇治駅) 1번 출구에서 도보 20분 📍 宇治市宇治山田59 🕘 08:30~17:00 📞 0774-21-4634 📍 34.89206, 135.81143

04

우지바시 宇治橋

일본에서 가장 오래된 다리

세타의 가라하시(唐橋), 야마자키바시(山崎橋)와 함께 일본에서 가장 오래된 3대 교량 중 하나다. 전란과 잦은 홍수로 훼손되었다가 1996년 3월 현재의 모습으로 재시공되었다. 다리 중간에 있는 산노마(三の間)는 도요토미 히데요시에게 찻물을 떠서 바치던 곳으로, 매년 10월 첫 번째 일요일에는 이곳에서 명수를 떠올리는 우지차 축제가 열린다. 다리에 자리한 여인상은 〈겐지 이야기〉를 쓴 작가 무라사키 시키부(紫式部)로 해당 작품에도 다리가 등장한다.

🚶 케이한 우지역(宇治駅)에서 도보 1분/JR 우지역(宇治駅) 1번 출구에서 도보 7분 📍 34.89294, 135.80624

01

나카무라토키치 본점 中村藤吉 本店

160년 역사의 말차 디저트 명가

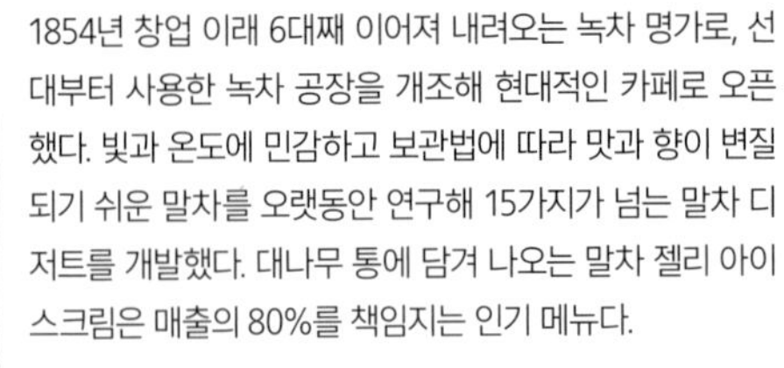

1854년 창업 이래 6대째 이어져 내려오는 녹차 명가로, 선대부터 사용한 녹차 공장을 개조해 현대적인 카페로 오픈했다. 빛과 온도에 민감하고 보관법에 따라 맛과 향이 변질되기 쉬운 말차를 오랫동안 연구해 15가지가 넘는 말차 디저트를 개발했다. 대나무 통에 담겨 나오는 말차 젤리 아이스크림은 매출의 80%를 책임지는 인기 메뉴다.

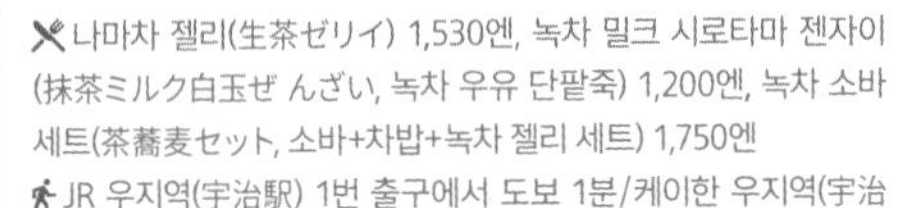

나마차 젤리(生茶ゼリイ) 1,530엔, 녹차 밀크 시로타마 젠자이(抹茶ミルク白玉ぜんざい, 녹차 우유 단팥죽) 1,200엔, 녹차 소바 세트(茶蕎麦セット, 소바+차밥+녹차 젤리 세트) 1,750엔

JR 우지역(宇治駅) 1번 출구에서 도보 1분/케이한 우지역(宇治駅)에서 도보 10분 宇治市宇治壱番10 10:00~17:30(주문 마감 16:30) 0774-22-7800 www.tokichi.jp

34.88942, 135.80172

02 스타벅스 뵤도인 오모테산도점 スターバックスコーヒー 平等院表参道店

찻잎을 덖는 스타벅스

2017년 3월에 문을 연 우지의 첫 스타벅스 지점이다. 녹차로 유명한 우지에서 만나는 스타벅스 체인점이 조금 낯설지만, 우지를 찾는 여행자들 사이에서는 벌써 인기 명소가 되었다. 일본 정원식으로 꾸며놓은 오픈 테라스는 사찰의 정원에 온 듯 고즈넉하다. 한쪽 벽면이 유리로 되어 있어 바깥 풍경을 보며 차를 마실 수 있다. 다만 다른 지점보다 영업시간이 짧으니 기억해두자.

말차 프라프치노 톨 사이즈(抹茶 フラペチーノTall) 595엔 케이한 우지역(宇治駅)에서 도보 13분/JR 우지역(宇治駅) 1번 출구에서 도보 14분
宇治市宇治蓮華21-18
08:00~20:00 0774-25-7277
www.starbucks.co.jp
34.89072, 135.8072

03 미츠보시엔 칸바야시산뉴 본점 三星園 上林三入本店

500년 역사의 유서 깊은 차 전문점

16세기 덴쇼 시대에 문을 연 이래 16대째 운영해오고 있는 역사와 전통의 차 전문점이다. 차 구입은 물론 차의 맛과 역사를 배우며 녹차를 만드는 체험도 해볼 수 있다. '3개의 별'을 뜻하는 이름처럼 3개의 원이 그려진 로고를 사용하는데, 이는 미츠보시 가문 녹차밭 지도의 기호에서 유래했다.

녹차(お抹茶) 30/100g 3,348/10,800엔 JR 우지역(宇治駅) 1번 출구에서 도보 10분/케이한 우지역(宇治駅)에서 도보 10분
宇治市宇治蓮華 27-2 09:00~18:00 0774-21-2636
ujicha-kanbayashi.co.jp 34.89112, 135.80636

04 차강주 카페 ちゃ がんじゅ cafe

오키나와와 교토산 재료로 만든 건강 음식

건강 콘셉트를 전면에 내세운 카페로 차강주는 '언제나 건강해'라는 뜻의 오키나와 사투리다. 오키나와와 교토의 재료만으로 만든 음식을 선보이며, 무료 시식 메뉴가 많아 '일본의 3대 0엔 음식점' 중 하나로 꼽힌다. 점포 한쪽에 샐러드드레싱과 된장 등 다양한 양념과 함께 채소와 빵을 시식할 수 있는 코너가 있으니 적극 이용해보자. 우지말차와 호지차로 만든 파르페도 인기다.

긴조미소츠케 정식(吟醸味噌漬け定食) 1,580엔, 젠자이오챠즈케(ぜんざい茶漬け) 935엔, 토리모모쥬(鶏もも重) 1,380엔, 우지말차 파르페 880엔 JR 우지역(宇治駅) 1번 출구에서 도보 2분 宇治市宇治壱番66-1 10:00~18:00(목 휴무) 0774-21-5551 34.8899, 135.80202

05 하나레 나카무라세이멘 はなれ中村製麵

고집이 담긴 우동 한 그릇

밀 향이 느껴지는 사누키 면과 최고급 재료로 우려낸 비법 육수가 어우러진 우동을 선보인다. 우지의 특산품인 아사히야키에서 만든 그릇에 우동을 담아 칸막이로 구분된 개인 공간에 내주어 우동 본연의 맛을 충분히 느낄 수 있다.

우지말차자루우동(宇治抹茶ざるうどん) 850엔 JR 우지역(宇治駅) 1번 출구에서 도보 3분/케이한 우지역(宇治駅)에서 도보 10분 宇治市宇治妙楽155 10:30~15:00(월 휴무) 0774-20-1011 34.8903, 135.80248

06 우지가와모찌 본점 宇治川餅 本店

진한 차향과 쫀득한 경단을 즐길 수 있는

녹차와 호지차로 만든 두 종류의 경단을 맛볼 수 있는 경단 전문점이다. 녹차 경단은 최고급 녹차 가루를 사용해 진한 향과 특유의 쌉싸래한 맛이 잘 살아 있고, 호지차 경단은 향기롭고 고소하다.

녹차 경단(抹茶だんご) 1개 65엔, 호지차 경단(ほうじ茶だんご) 1개 65엔 JR 우지역(宇治駅) 1번 출구에서 도보 3분/케이한 우지역(宇治駅)에서 도보 8분 宇治市宇治妙楽180-4 08:00~17:00 0774-22-8328 www.ujimiyage.com 34.89086, 135.80204

우지 여행 정보
Q&A

우지의 대표적인 축제를 알려주세요.

우카이 鵜飼　7월 1일~9월 30일

〈겐지 이야기〉에 영향을 끼쳤으며 〈가게로일기(蜻蛉日記)〉에도 등장하는 축제로 우지강에서 우카이(가마우지를 이용해 횃불을 켜놓고 은어 등 물고기를 잡는 행사)를 재현하는 여름 축제다.

아가타 축제 県まつり　6월 5~6일

심야에 등불을 전부 끄고 어둠 속에서 이루어지는 행사로 일명 '어두운 밤의 축제'로 불린다. 5일 낮부터 수많은 노점이 주변에 들어서 맛있는 음식도 함께 즐길 수 있다.

차 축제 茶まつり　10월 첫 번째 일요일

우지바시에서 열리는 축제로 에이사이 선사(栄西禅師), 묘에 상인(明恵上人), 센노 리큐(千利休) 등 3명의 다도 명인의 유덕을 기리는 우지의 대표 축제다. 우지바시 산노마의 '명수 긷기 의식'으로 시작해 고쇼지에서 '차 단지 개봉 의식'으로 마무리된다.

간사이 레일웨이 패스를 제시하면 받을 수 있는 혜택이 있나요?

간사이 레일웨이 패스 제시 시

- **뵤도인**: 기념품 무료 증정
- **쓰엔 찻집**: 음료(우지차) 주문 , 기념품 구매 시 10% 할인(현금 결제에 한함)

PART 04

즐겁고 설레는 여행 준비하기

KYOTO

여행 준비 캘린더

D-40

여권 만들기

여권은 출국할 때는 물론 항공권 발급 시 반드시 필요하다. 각 시·도·구청의 여권 발급과에서 신청할 수 있고, 6개월 이내에 촬영한 여권용 사진 1매와 신분증, 여권 발급 신청서 1부(기관에 배치)가 필요하다. 25~37세 병역 미필 남성의 경우 국외 여행 허가서를 준비해야 하며, 미성년자 외에는 본인 발급만 가능하다. 여권 유효 기간이 6개월 미만이면 출입국 시 제재를 받을 수 있다. 전자여권 제도 시행으로 유효 기간 연장 제도는 폐지되었으므로 신규로 발급받아야 한다.

외교부 여권 안내 02-733-2114 www.passport.go.kr

D-35

여행 정보 수집

가장 먼저 국가에 대한 기본 정보부터 확인하자. 이후 가고 싶은 명소와 음식점 등을 알아보고, 특정 기간에 열리는 이벤트도 P.265 참고해 여행 시기를 결정하자. 일본은 우리나라 여행자가 가장 많이 찾는 여행지이기 때문에 온라인에서 쉽게 여행 정보를 찾을 수 있다. 하지만 휴식을 위해 떠나려는 여행자라면 너무 방대한 정보와 수많은 선택지가 오히려 독이 될 수 있다. 국가와 지역에 대한 이해, 자신이 떠나는 이유와 교토의 핵심 매력을 찾는 것이 먼저다. 아래 사이트가 도움이 될 것이다. 또한 일본의 공휴일을 고려해 사람이 너무 몰리는 성수기나 비성수기를 미리 알아보자. P.264

- **일본 여행 정보 사이트 일본 정부 관광국 JNTO** www.welcometojapan.or.kr
- **교토시 홈페이지** www.city.kyoto.lg.jp
- **오사카·교토·고베 황금 루트 360** www.kansai360.net
- **교토관광 나비** ja.kyoto.travel
- **한큐·한신 공식 블로그** blog.naver.com/gokansai

D-30

항공권 구입

일본 항공권은 상대적으로 저렴하게 구하기 쉽지만, 원하는 기간이 확실하다면 최소 1개월 전에 예약해두는 것이 좋다. 발권은 온라인 가격 비교 사이트 또는 항공사 홈페이지에서 할 수 있는데, 날짜에 따라 가격 편차가 큰 편이므로 항공사 메일링 서비스를 신청하거나, 여행사 애플리케이션을 설치한 후 특가 알림을 설정해두는 것이 좋다. 좀 더 자세한 내용은 '항공권 저렴하게 구입하는 노하우 P.262'를 참고하자.

D-25

숙소 예약

현지 도착 공항, 시내 접근성, 교통 편의성, 객실 서비스 등을 고려해 숙소를 알아보자. 교토 시내 위주 여행이라면 교토역, 교토카와라마치역 근처에 있는 숙소가 좋고, 고베, 나라 등 근교 도시로 당일 여행을 갈 계획이라면 교토역 주변의 숙소가 효율적이다. 국내외 숙소 예약 사이트를 통해 요금을 비교해보자. 일본 현지 사이트의 숙소 리스트가 좀 더 세부적인 편이다. 또 우리나라에는 없는 숙박세라는 개념이 있는데, 교토는 1인 1박 숙박 요금 기준 20,000엔 미만에는 200엔, 20,000~50,000엔은 500엔, 50,000엔 이상에는 1,000엔이 별도로 부과된다.

유용한 숙소 예약 사이트

- **자란넷** www.jalan.net(한국어 사이트도 있음)
- **호텔스 컴바인** www.hotelscombined.co.kr
- **야후 재팬 트래블** travel.yahoo.co.jp
- **라쿠텐트래블** www.travel.rakuten.co.kr
- **Hotel.jp** www.hotel.jp

D-20
여행 일정 & 예산 계획

책을 통해 여행지를 파악하고 기본 준비를 마쳤다면 관련 사이트나 여행 커뮤니티 등에서 구체적인 정보를 수집하자. 블로그는 가장 최신 정보를 얻을 수 있는 수단이지만 내용이 부정확한 경우도 있으니 관련 공식 사이트를 함께 참고하는 것이 좋다. 본문에서 소개한 '추천 일정'을 참고해 일정과 상세 예산도 짜보자. 하루 경비는 5,000~10,000엔이 적당하다. 비상금은 따로 챙겨두자.

네일동(네이버 일본 여행 동호회) cafe.naver.com/jpnstory

D-15
패스와 입장권 & 여행자 보험 준비

1 패스 & 입장권 구입

일본에서도 대부분의 패스를 구입할 수 있지만 자신의 일정에 맞는 패스와 입장권을 국내에서 미리 구입하는 것이 편리하다. 일본 내에서만 판매하는 패스의 현지 판매처도 미리 확인해두자.

입장권 및 패스 구입처

- **간사이 레일웨이 패스** www.surutto.com/kansai_rw/ko
- **케이한 전철 공식 홈페이지** www.keihan.co.jp/travel/kr/

2 여행자 보험 가입

인터넷 보험사 또는 공항에서 신청할 수 있다. 보험금과 보상 내역 차이가 많으므로 비교는 필수!

3 국제운전면허증 발급

경찰서 민원실 및 운전면허 시험장에서 발급해준다. 운전면허증과 여권용 사진 1매, 수수료(8,500원)가 필요하다.

4 국제학생증(ISIC) 발급

대학원생을 포함한 국내 학생증 소지자라면 공식 사이트(www.isic.co.kr)에서 발급받을 수 있다. 일본에서 활용도가 높지는 않지만 일부 명소에서 할인 혜택을 제공한다.

D-10
환전

환전 시기는 환율이 실시간으로 변하기 때문에 적기를 단언하기 힘들다. 공항이나 현지에서는 환율 우대를 받을 수 없으므로 시중 은행 홈페이지에서 수수료 우대 쿠폰이 있는지 확인하는 것이 좋다. 주거래 은행을 이용하면 수수료 우대를 받을 수 있고, 사이버 환전이나 환전 애플리케이션에서는 환율 우대를 받을 수 있다.

1 사이버 환전 vs 환전 애플리케이션

- **사이버 환전** 신청 시 환전 대금을 입금하고 영업점에서 수령하는 서비스로 신청 당시 환율이 적용된다.
- **환전 애플리케이션** 각 은행이나 결제 애플리케이션(토스, 카카오페이 등)에서도 환전이 가능하다. 최대 100%까지 수수료 우대를 받을 수 있고, 토스와 카카오페이는 신청 당일 수령도 가능하다.

2 모바일 간편 결제 시스템

최근 모바일 페이 시스템이 가능한 매장이 대폭 확대되었다. 한국인 사용자는 알리페이와 연계된 네이버페이, 카카오페이로 이용할 수 있다. QR코드나 바코드를 제시하면 결제 당시 환율로 자동 계산되어 각 시스템에 등록한 신용카드나 계좌에서 바로 인출되며 결제가 이루어진다. 휴대전화만 있으면 편하게 결제 가능하고, 많은 금액을 환전해서 들고 다니는 부담 역시 줄어 좋다.

3 해외 수수료 없는 출금·결제 카드

각종 카드사에서 해외 결제 수수료가 무료거나 매우 저렴한 카드를 내놓고 있다. 각 카드사마다 수수료나 환전 방식, 환율 계산 방법, 이벤트 등이 다르기 때문에 비교 분석 후 자기에게 맞는 카드를 찾아 쓰는 것이 좋다.

- **트래블월렛** 세계 45개국 외화를 충전, 70여개 국에서 결제할 수 있는 충전식 선불 카드. 엔화 충전 후 현지 세븐뱅크(세븐일레븐 ATM), 우체국, 이온 ATM기 등에서 출금도 가능하다.
- **트래블로그** 하나카드에서 발급하는 체크카드로, 하나은행 계좌에서 하나머니 충전 후 26종 통화로 환전할 수 있다. 일본, 미국 등은 환전 수수료가 없으며 해외 결제 수수료, 해외 ATM 출금시 카드사 수수료를 면제받는다.

D-7
면세점 쇼핑

면세점은 크게 시내 면세점과 인터넷 면세점으로 나뉘며, 공항 면세점보다 물건이 다양하고 가격도 훨씬 저렴하다. 인터넷 면세점에서는 타임 세일, 적립금, 추가 쿠폰 할인, 모바일 결제를 통한 추가 적립금 같은 이벤트를 이용할 수 있다. 면세점에 따라 출석 이벤트, 여권 정보 입력 이벤트를 통해 많은 적립금을 제공하는 만큼 꼭 활용해보자. 구입한 면세품은 출국 시 공항 면세품 인도장에서 수령한다. 여권과 항공권 지참은 필수.

TIP

면세점 쇼핑 시 주의 사항 해외에서 구매해 한국으로 반입하는 모든 물품의 총액 한도는 USD800(술 2병, 담배 200개비, 향수 100ml는 별개로 반입 가능)이다 면세품도 포함된다. 이 금액을 초과할 경우 자진신고서를 제출해야 하며, 초과금에 20%의 가산세가 부과된다. 신고를 하지 않고 발각되는 경우 30%의 가산세가 부과된다. 면세품 구입은 출발일 하루 전까지 가능하지만 출국 시간 3시간 전까지 가능한 상품도 있으니 참고하자.

D-5
로밍 vs 유심칩 vs 포켓 와이파이 선택

여행 중 인터넷 사용을 위해 미리 준비해두자. 자세한 내용은 P.259 참고.

D-3
짐 꾸리기

일본 여행의 경우 특별한 개인용품 이외의 웬만한 제품은 모두 현지에서 구입할 수 있기 때문에 걱정할 필요는 없다. 다만 아래 항목은 미리 준비하고 확인해둘 필요가 있다.

- ❶ 여권 사본 ☐
- ❷ 항공권(e-ticket) ☐
- ❸ 여행 경비 & 비상금 ☐
- ❹ 해외 사용 가능한 신용카드 ☐
- ❺ 국내에서 구입한 패스 & 입장권 ☐
- ❻ 호텔 바우처 ☐
- ❼ 100V용 또는 멀티 어댑터 & 전자기기 충전기 ☐
- ❽ 기내에서 사용할 액체류를 담을 수 있는 지퍼 백 ☐

D-1
최종 점검

마지막으로 각종 준비물과 짐을 확인한 다음, 기내 및 위탁 수하물 반입 불가 물품을 확인하자. 공항까지 가는 리무진 버스 또는 공항 철도의 시간표도 출발 전날 미리 확인해두자.

기내 반입 불가 물품

- 용기 1개당 100ml 초과 액체류 혹은 총량 1L를 초과하는 액체류: 잔량이 없더라도 용기가 100ml 이상이거나, 100ml 용기가 10개(1L) 이상이면 불가
- 칼, 가위, 면도날, 송곳 등 무기로 사용될 수 있는 물품
- 총기류 및 폭발물, 탄약 인화물질, 가스 및 화학물질

위탁 수하물 반입 불가 물품

- **라이터**: 인화성 물질로 분류되는 라이터나 가스를 주입하는 라이터는 항공 반입 자체가 금지(휴대용 라이터는 기내에 1개 반입 가능)
- **배터리**: 휴대 전화, 포켓 와이파이 등 개인 기기용 5개까지 기내 반입만 가능. 항공사마다 조금씩 다를 수 있음

D-DAY
출국

항공편 출발 최소 2시간 전에는 공항에 도착하도록 하자. 환전금 수령이나 여행자 보험 가입, 포켓 와이파이 대여 등을 공항에서 진행하려 한다면 3시간 정도는 여유를 두고 도착해야 한다. 면세품을 구입했다면 면세품 인도장의 위치도 미리 확인해두자. 모바일 탑승권을 발급받은 경우에는 실물 티켓으로 교환할 필요 없이 휴대 전화의 탑승권을 보여주고 출국장으로 바로 들어가면 된다. 부칠 짐이 있는 경우에는 별도로 마련된 수화물 체크인 카운터로 가자.

교토로 입국하기

우리나라에서 교토로 가기 위해서는 간사이 국제공항(Kansai International Airport 關西國際空港(KIX))을 통해야 한다. 간사이 국제공항은 오사카에서 약 40km 떨어진 오사카만에 위치하며, 1994년 바다를 매립해 만든 인공 섬 위에 세워졌다. 우리나라 여행자들이 주로 이용하는 노선은 제1여객터미널이며, 인천과 부산에서 출발하는 피치항공과 제주항공은 제2여객터미널을 이용한다. 🏠 www.kansai-airport.or.jp

건물 구분	용도 및 위치	시설 및 이용 방법
제1터미널	**4층** 국제선 출발	귀국 시 이용하는 출국장. 국제선 게이트까지 윙 셔틀로 이동 가능
	3층 레스토랑 및 상점	음식점, 쇼핑 시설 및 대한항공 라운지 등 휴게 시설
	2층 국내선 출발·도착	오사카 시내, 교토, 고베, 나라 등으로 갈 수 있는 난카이 전철역 및 JR 역이 있음
	1층 국제선 도착	투어리스트 인포메이션 센터(각종 패스 구입 가능) & JR 매표소
에어로 플라자	제1터미널 2층에서 무빙워크로 연결	음식점, 코인 샤워실, 호텔 닛코 간사이 국제공항, 퍼스트 캐빈
제2터미널	피치항공 & 제주항공 출발·도착 터미널	건물 외부 에어로 플라자행 무료 셔틀을 이용해 난카이 전철 간사이 국제공항역, JR 간사이 국제공항역, 간사이 국제공항 제1터미널로 이동 가능

간사이 국제공항 입국 절차

01 입국 신고서 및 휴대품 신고서 작성

비지트 재팬 웹에서 입국 정보, 세관 신고 내용을 작성하지 않았다면 기내에서 승무원이 나눠주는 서류를 기입한다. 등록해 두었다면 QR코드를 캡처해 준비해 둔다.

02 입국 심사대로 이동

착륙 후 '到着(Arrivals, 도착)' 이정표를 따라 모노레일로 이동하면 '入国審査(Immigration, 입국 심사)'가 나온다. 표지판을 보고 '外国人(Foreign Passports, 외국인)' 쪽에 줄 서자.

03 입국 심사대 통과하기

여권과 입국 신고서를 제시한 후 심사관의 안내에 따라 지문 인식과 사진 촬영을 마치면 90일 체류 스티커가 부착된 여권을 돌려받는다. 간혹 심사관이 질문을 하기도 하는데, 내용은 보통 일본에 온 목적과 여행 기간, 일행 유무 등이다. 일본어를 모른다면 간단하게 영어로 대답하자.

04 수하물 찾기

입국 심사대 통과 후 아래층으로 내려가면 위탁 수하물 찾는 곳이 나오는데, 먼저 전광판에서 타고 온 항공편명을 찾아 수취대(carousel) 번호부터 확인하고 찾아가자.

05 세관 통과하기

짐을 찾은 후 정면의 '税関(Customs, 세관)'으로 가 여권과 휴대품 신고서를 제출한다. 세관원이 여행 목적과 호텔 위치, 위험물이나 반입 금지 품목 소지에 대해 물어보면 대답하자.

06 도심으로 이동

리무진 버스 승강장은 1층 바깥에 있고, JR선이나 난카이선은 에스컬레이터를 이용해 2층으로 올라가면 이어지는 통로로 찾아갈 수 있다.

기내에서 신고서 작성하기

일본으로 입국할 때는 '외국인 입국 기록'과 '휴대품·별송품 신고서' 작성이 필요하다.
다만, 요즘에는 기내에서 신고서를 나눠주지 않는 경우도 있으므로 두 서류를 대체할 수 있는
비지트 재팬 웹(Visit Japan Web)에서 미리 등록을 해두는 것이 편하다.
귀국 시에는 신고 물품이 있는 경우에만 '대한민국 세관 신고서'를 작성한다.

한국 → 일본

외국인 입국 기록(입국 신고서)

기내에서 승무원이 나눠주면 일본어 또는 영어로 작성하자. 1인당 1장 작성한다.

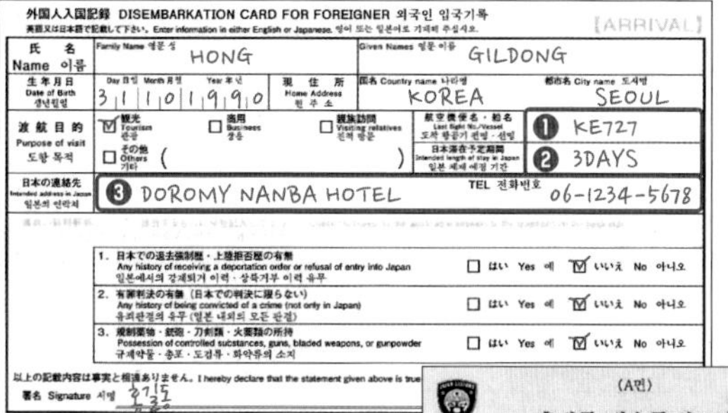
外国人入国記録 DISEMBARKATION CARD FOR FOREIGNER 외국인 입국기록 [ARRIVAL]

氏名 Name 이름	Family Name 영문 성: HONG	Given Names 영문 이름: GILDONG
生年月日 Date of Birth 생년월일	31 / 10 / 1990	現住所 Home Address 현주소: 国名 Country name 나라명 KOREA / 都市名 City name 도시명 SEOUL
渡航目的 Purpose of visit 도항 목적	☑ 観光 Tourism 관광 / □ 商用 Business 상용 / □ 親族訪問 Visiting relatives 친척 방문 / □ その他 Others 기타 ( )	航空機便名・船名 Last flight No./Vessel 도착 항공기 편명·선명: ❶ KE727 / 日本滞在予定期間 Intended length of stay in Japan 일본 체재 예정 기간: ❷ 3DAYS
日本の連絡先 Intended address in Japan 일본의 연락처	❸ DOROMY NANBA HOTEL	TEL 전화번호 06-1234-5678

1. 日本での退去強制歴・上陸拒否歴の有無 Any history of receiving a deportation order or refusal of entry into Japan 일본에서의 강제퇴거 이력·상륙거부 이력 유무 □ はい Yes 예 ☑ いいえ No 아니오
2. 有罪判決の有無(日本での判決に限らない) Any history of being convicted of a crime (not only in Japan) 유죄판결의 유무(일본 내외의 모든 판결) □ はい Yes 예 ☑ いいえ No 아니오
3. 規制薬物・銃砲・刀剣類・火薬類の所持 Possession of controlled substances, guns, bladed weapons, or gunpowder 규제약물·총포·도검류·화약류의 소지 □ はい Yes 예 ☑ いいえ No 아니오

以上の記載内容は事実と相違ありません。 I hereby declare that the statement given above is true

署名 Signature 서명 홍길동

❶ 탑승한 항공기 편명 또는 배의 선명
❷ 체류일 기입. 2박 3일의 경우 3 days 또는 3日
❸ 현지에서 체류할 호텔명과 전화번호

휴대품·별송품 신고서

세관 신고품이 없어도 반드시 작성한다. 일본어 또는 영어로만 적는다.

❶ 일본 도착 날짜
❷ 체류할 호텔명과 전화번호
❸ 가족 동반일 경우 대표 1인 작성하고 동반 가족 인원 수와 나이 기재
❹ 해당 사항에 체크

(A면) 일본국세관 세관 양식 C 제 5360-C호

휴대품·별송품 신고서

하기 및 뒷면의 사항을 기입하여 세관직원에게 제출하여 주시기 바랍니다. 가족이 동시에 검사를 받을 경우에는 대표자가 1장 제출해 주시기 바랍니다.

탑승기편명(선박명)	BX0124 / 출발지 BUSAN
입국일자 ❶	2020년 10월 31일
성명(영문)	성 (Surname) HONG / 이름 (Given Name) GILDONG
현주소(일본국내 체류지) ❷	DOROMY NANBA HOTEL / 전화번호 06(6214)5489
국적	KOREA / 직업 EMPLOYEES
생년월일	1990년 10월 31일
여권번호	M12345 67
동반가족 ❸	20세 이상 명 / 6세~20세 미만 명 / 6세 미만 명

※아래 질문에 대하여 해당하는 □에 "✓"표시를 하여 주시기 바랍니다.

❹ 1. 다음 물품을 가지고 있습니까? (있음 / 없음)
① 일본으로 반입이 금지되어 있는 물품 또는 제한되어 있는 물품 (B면을 참조).
② 면세 범위 (B면을 참조)를 초과하는 물품 등.
③ 상업성 화물·상품 견본품.
④ 다른사람의 부탁으로 대리 운반하는 물품.
* 상기 항목에서 「있음」을 선택한 분은 B면에 입국시에 휴대반입할 물품을 기입하여 주시기 바랍니다.

2. 100만엔 상당액을 초과하는 현금 또는 유가증권 등을 가지고 있습니까? (있음 / 없음)
* 「있음」을 선택한 분은 별도로 「지불수단 등의 휴대 수출·수입신고서」를 제출하여 주시기 바랍니다.

3. 별송품 입국할 때 휴대하지 않고 택배 등의 방법을 이용하여 별도로 보낸 짐(이삿짐을 포함)들이 있습니까?
□ 있음 (개) □ 없음

《주의사항》

이 신고서 기재내용은 사실과 같습니다.

서명

··· TIP ···

비지트 재팬 웹(Visit Japan Web)

일본 입출국 수속에 필요한 '입국 심사', '세관 신고' 등의 정보를 온라인에서 입력할 수 있다. 출발 전 웹에서 등록하고 발급받은 QR코드를 입국 심사대와 세관 신고대에서 제시하면 된다. 2024년 1월부터 입국 심사와 세관 신고가 하나의 QR코드로 통합되었다.

일본 → 한국

대한민국 세관 신고서

세관 신고 물품이 있는 대상자만 작성하면 된다. 세관 신고 물품이 없다면 신고서 작성 없이 '세관 신고 없음(Nothing to Declare)' 통로를 통과하면 된다. 신고 대상 물품이 있다면 아래 내용대로 작성하여 제시한다.

❶ 가족 여행 시 대표자 외 동반 인원 수
❷ 해당 사항에 체크
❸ 귀국일, 신고인 이름과 서명 필수

관세청 KOREA CUSTOMS SERVICE

여행자 휴대품 신고서

- 모든 입국자는 신고서를 작성·제출해야 합니다.
- 동일한 세대의 가족은 1명이 대표로 신고할 수 있습니다.
- 성명과 생년월일은 여권과 동일하게 기재해야 합니다.

성명	
생년월일	년 월 일
여권번호	외국인에 한함
여행기간	일 / 출발국가
❶ 동반가족	본인 외 명 / 항공편명
전화번호	
국내 주소	

세관 신고사항 해당 사항에 "V" 표시

❷
1. 휴대품 면세범위(뒷면 참조)를 초과하는 "품목" (있음: 술 / 담배 / 향수 / 일반물품 / 없음)
 - 물품 상세 내역은 뒷면에 기재
 ⇨ 자진신고 시 관세의 30%(15만원 한도) 감면
2. 원산지가 FTA 협정국가인 물품으로서 협정관세를 적용받으려는 물품 (있음□ 없음□)
3. 미화로 환산해서 총합계가 1만 달러를 초과하는 화폐 등(현금, 수표, 유가증권 등 모두 합산) (있음□ 없음□) [총 금액 :]
4. 우리나라로 반입이 금지되거나 제한되는 물품 (있음□ 없음□)
 ㄱ. 총포류, 실탄, 도검류, 마약류, 방사능물질 등
 ㄴ. 위조지폐, 가짜 상품 등
 ㄷ. 음란물, 북한 찬양 물품, 도청 장비 등
 ㄹ. 멸종위기 동식물(앵무새, 도마뱀, 원숭이, 난초 등) 또는 관련 제품(웅담, 사향, 악어가죽 등)
5. 동·식물 등 검역을 받아야 하는 물품 (있음□ 없음□)
 ㄱ. 동물(물고기 등 수생 동물 포함)
 ㄴ. 축산물 및 축산가공품(육포, 햄, 소시지, 치즈 등)
 ㄷ. 식물, 과일류, 채소류, 견과류, 종자, 흙 등
 - 가축전염병 발생국의 축산농가 방문자는 농림축산검역본부에 신고하시기 바랍니다.
6. 세관의 확인을 받아야 하는 물품 (있음□ 없음□)
 ㄱ. 판매용 물품, 회사에서 사용하는 견본품 등
 ㄴ. 다른 사람의 부탁으로 반입한 물품
 ㄷ. 세관에 보관 후 출국할 때 가지고 갈 물품
 ㄹ. 한국에서 잠시 사용 후 다시 외국으로 가지고 갈 물품
 ㅁ. 출국할 때 "일시수출(반출)신고"를 한 물품 등

❸ 본인은 이 신고서를 사실대로 성실하게 작성하였습니다.
년 월 일
신고인: (서명)

< 뒷면에 계속 >

인포메이션 센터 알아두기

간사이 투어리스트 인포메이션 센터
Kansai Tourist Information Center

간사이 국제공항 여객터미널 1층의 국제선 도착 로비에 있다. 여행 정보와 숙박 시설 소개, 환전, 유심칩 판매, 교통 패스 및 입장권 판매 서비스를 제공한다.

제1터미널 북쪽 도착 출구와 남쪽 도착 출구 사이(공항 도착 로비 1층) 제1터미널 09:00~19:00

간사이 투어리스트 인포메이션 센터 교토
Kansai Tourist Information Center Kyoto

한국어 및 영어로 응대가 가능한 곳으로 교토 타워 3층에 위치해 JR 교토역을 이용하는 여행객들이 가장 쉽게 방문할 수 있는 인포메이션 센터다. 교토 여행에 대한 정보뿐 아니라 간사이 지역 전반에 대한 관광, 행사, 이벤트 등 다양한 소식과 브로셔 등을 제공한다. 그 외에 숙박 예약, 수화물 보관 서비스, 교통 패스 판매, 당일 투어 신청, 외화 환전기, ATM 등을 제공한다.

교토 타워 3층 10:00~17:30

한큐 투어리스트 센터 교토
阪急京都 観光案内所

한큐 교토카와라마치역 7번 출구에 있는 투어리스트 센터로 한큐선을 이용해 교토를 여행하는 여행자들이 이용하기 편리한 센터다. 한국어, 영어 등 다국어 응대가 가능하며 교토를 포함해 간사이 지역 전반에 대한 다양한 정보를 제공한다. 교토 타워에 위치한 투어리스트 센터보다는 규모가 작지만 한큐선이나 케이한선을 이용하는 여행자들이 한국어로 된 브로셔를 가장 쉽게 얻을 수 있다. 특히 교토 버스 노선이나 교토 버스 정보를 담은 교토 버스 나비 한국어판 지도도 제공한다.

한큐 교토카와라마치역 7번 출입구 근처
08:30~17:00(연중무휴)

JR 매표소 JR Ticket Office

간사이 국제공항역 JR 개찰구 앞, 티켓 발매기 옆쪽에 JR 패스 구입 및 각종 JR 관련 안내 팸플릿을 구할 수 있는 외국인 전용 창구가 있다. 예약 메일, 여권, 왕복 항공권 사본을 지참하면 한국에서 예약한 하루카 편도 할인 티켓도 교환할 수 있다.

제1터미널 2층 07:00~22:00

인포메이션 센터별 판매 교통 패스

위치	판매처 및 운영 시간	종류
간사이 국제공항	간사이 투어리스트 인포메이션 센터	간사이 레일웨이 패스 2·3일권, 케이한 투어리스트 패스(교토~오사카 1·2일권, 교토 1일권, 쿠라마&키부네 지역 확대판, 케이한+오사카 메트로), 킨테츠 레일 패스, JR 웨스트 레일 패스
	JR 매표소	JR 서일본 웹사이트에서 예약한 하루카 편도 할인 티켓, JR 웨스트 레일 패스, JR 웨스트 와이드 레일 패스 ※외국인 전용 창구 10:30~18:30
	난카이 전철 유인 창구	간사이 레일웨이 패스 2·3일권
교토	간사이 투어리스트 인포메이션 센터 교토	간사이 레일웨이 패스 2·3일권, 케이한 투어리스트 패스(교토~오사카 1·2일권, 교토 1일권, 쿠라마&키부네 지역 확대판, 케이한+오사카 메트로), 킨테츠 레일 패스, JR웨스트 레일 패스
	한큐 투어리스트 센터 교토	지하철·버스 1일권, 한큐·아리마 온천 타이코우노유티켓, 고베마치메구리 원데이 쿠폰

여행 중 인터넷을 사용하려면?

01 데이터 로밍

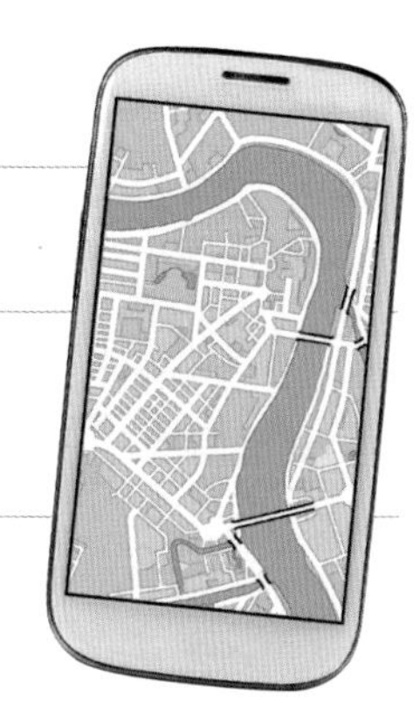

- 여행 기간 중 원하는 날을 선택해 서비스를 이용할 수 있다.
- 별도의 기기를 임대 및 휴대하지 않아도 된다.

- 1일 9,000~12,000원으로 요금이 다소 비싸다.
- 로밍한 휴대 전화만 사용할 수 있기 때문에 공유 불가능.
- 핫 스폿을 사용하더라도 데이터 사용량이 한정되어 있다.

- 현지에 도착해 전원만 켜도 전화와 문자 서비스가 자동으로 로밍 상태가 된다.
- 출국 전 통신사 고객 센터나 공항에 입점해 있는 통신사 부스에 문의하자.

02 포켓 와이파이

- 1일 3,000~4,000원 정도로 데이터 로밍에 비해 요금이 저렴하다.
- 동행자와 공유 가능. 스마트폰, 태블릿, 랩톱 등 최대 10대 기기와 공유도 가능.

- 전체 일정 기간 동안 기기를 대여해야 하고, 기기 분실의 우려가 있다.

이용 방법

- 출국 전에 신청해 택배 수령 또는 출국 당일 공항에서 수령한다.

03 유심칩 구입

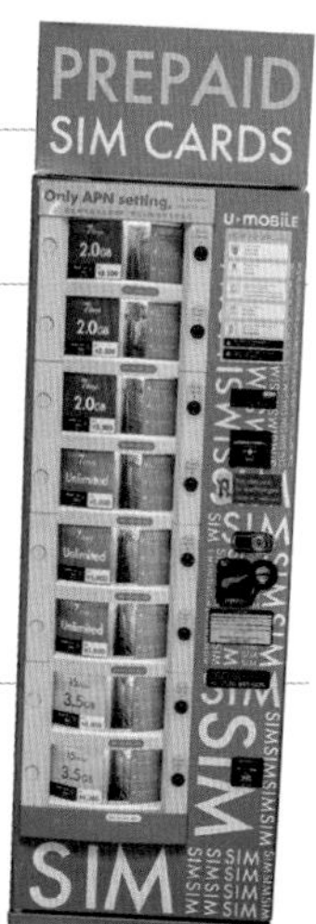

- 여행 기간이 길수록 유리하다(국내에서 구입할 경우 5일 무제한 약 16,000원).

- 통신 회사에 따라 프로파일을 다운로드해 사용해야 하는 경우도 있다. 설정 및 세팅을 위해서는 와이파이가 연결된 장소로 이동해야 한다. 해외 직구로 구입한 휴대폰이라면 캐리어 락(컨트리 락) 해제 확인이 필요할 수 있다.
- **캐리어락** 단말기에 지정된 정해진 국가 혹은 이동통신사의 SIM 카드만 인식하도록 제한을 걸어놓은 잠금 장치/안드로이드 단말기는 통신사에 문의해 확인 가능, 아이폰은 설정→일반→정보→이동통신사 잠금→SIM 제한 없음의 경우 캐리어락 해제 상태

- 국내에서 온라인으로 구입해 택배 및 공항에서 수령하는 방법과 현지 상점에서 구입하는 방법이 있다.
- 간사이 국제공항 1층 입국장에도 유심칩 매장 및 자판기가 있다. 칩은 업체와 종류에 따라 다르지만 가격은 보통 2G 기준 약 2,500엔(7일권) 정도로 비싼 편이다.

교토의 인기 숙박 구역

교토의 대표적인 인기 숙박 지역은 다양한 전철과 JR선이 연결된 교토역과 교토 제일의 번화가인 기온(카와라마치)이다. 교토를 중심으로 한 주변 도시로의 이동이 많다면 교토역에 숙소를, 교토를 중심으로 낮엔 관광을 하고 밤엔 식도락 등 다양한 문화를 경험할 계획이라면 기온을 추천한다. 대표 인기 지역답게 방이 없거나 금액대가 높다면 기온 근처인 카라스마, 시조 주변의 숙소를 선택하면 편리하다.

슈가쿠인리큐 •

기온

- 교토의 대표적 관광 명소 밀집 지역이라 볼 거리가 많다.
- 호스텔, 민박, 게스트하우스부터 특급 호텔까지 다양한 요금대의 숙소가 있어 선택지가 많다.
- 저녁에도 영업하는 식당, 쇼핑몰 등이 많아 저녁 시간도 활용할 수 있다.

- 기온 근처에는 근교 도시로 가는 노선이 한큐선과 케이한선밖에 없어 나라, 히메지 등으로 이동하기엔 불편하다.
- 대표 중심가인 만큼 사람이 많고 복잡하다.
- 교통이 혼잡하고 버스 정류장이 복잡하게 흩어져 있어 초행길이라면 헤맬 수 있다.

교토역

- 간사이 국제공항을 오가기에 가장 편리한 지역이다.
- 교토 최고의 교통 중심지라 각 명소로의 이동이 편리하다.
- 오사카, 고베, 히메지, 와카야마 등 근교 도시로 이동하기가 편리하다.
- 교토 최대 번화가이자 쇼핑 밀집 지역으로 각종 편의시설이 몰려 있다.
- JR 계열 패스를 이용하는 여행자에겐 최상의 지역이다.

- 기온과 비교하면 상대적으로 숙박 요금이 비싸다.
- 대형 역 주변이라 역에서 호텔까지의 거리가 기본적으로 멀다.

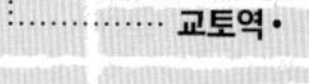

우지

아는 사람만 아는 비법!
항공권 저렴하게 구입하는 노하우

1 인터넷 방문 기록 지우기

항공권 가격 비교 사이트의 경우 한 사이트에 오래 머물거나 반복적으로 사용할 경우 발권 확률이 높다고 판단해 가격이 높아질 수 있다. 웹의 경우 인터넷 방문 기록을 지우거나 시크릿 모드로 접속하자. 모바일의 경우 안드로이드는 인터넷 접속 → 메뉴 → 시크릿 모드, iOS에서는 인터넷 접속 → 개인정보 보호를 활성화하자.

2 언제 사는 것이 저렴할까?

일찍 발권하는 '얼리버드'가 저렴한 항공권을 구입하는 가장 좋은 방법이다. 하지만 일본 여행은 보통 준비 기간이 짧아 대부분 1개월 전에 발권한다. 우리나라의 방학과 휴가철, 명절, 징검다리 연휴 등 출국자 수가 많은 성수기와 일·월·화 출발, 주말 도착의 경우 항공권이 더 비싸다. 항공권 구입은 예약자가 적은 일요일에 하는 것이 평균적으로 저렴하다. 화요일에는 항공권 이벤트와 세일이 가장 많이 열리니 기억해두자. 일본 내 체류 기간(유효 기간)이 짧을수록 더 저렴하다.

3 프로모션을 미리 알아두자

일본의 경우 다양한 항공사 프로모션을 이용할 수 있다. 항공사 홈페이지 등을 참조해 프로모션 일자와 종류를 확인하고 오픈과 동시에 발권을 서두르자.

4 땡처리 정보를 기억해두자

많은 여행사가 대량으로 구입하고 남은 항공권을 출발 2주 전에 저렴한 가격으로 내놓는다. 주로 비수기이거나 일·월·화 출발, 밤에 출발하는 노선이 가장 많다. 땡처리 등의 프로모션의 경우 대부분 환불이 불가하고, 유가나 환율 등 조건에 따라 매달 달라지기 때문에 신중하게 구매해야 한다.

5 어디서 구매할까?

스카이스캐너, 땡처리닷컴, 와이페어모어, G마켓, 인터파크 등 가격 비교 사이트에서 구매 가능하다. 항공사 홈페이지의 경우 프로모션 진행 시 가격 비교 사이트보다 저렴한 경우가 있다. 항공사 뉴스레터 구독을 신청하면 이벤트와 특가 정보를 가장 빨리 받아볼 수 있다. 그 외 소셜커머스 사이트에서도 항공권 구입이 가능하지만 유류 할증료, 세금, 환불 규정, 마일리지 적립 여부 등을 꼼꼼하게 확인해야 한다.

항공권 비교 사이트

- **스카이스캐너** www.skyscanner.co.kr
- **G마켓 여행** gtour.gmarket.co.kr
- **땡처리닷컴** www.ttang.com
- **인터파크투어** tour.interpark.com
- **와이페이모어** www.whypaymore.co.kr
- **웹투어** www.webtour.com

항공사 프로모션 내용

항공사	프로모션명	내용
이스타항공	얼리버드	매월 1일 3~4개월 뒤 항공권 할인
제주항공	JJ Member's Week!	매달 첫째 주 7일 동안 3개월 뒤 항공권 최대 91% 할인
에어부산	플라이얼리	매월 1일 3개월 뒤 항공권 최대 60% 할인
진에어	진마켓	매년 2·7월에 10일 동안 5개월 뒤 항공권 최대 84% 할인
피치항공	없음	2~3주마다 비정기 오픈, 4개월 뒤 항공권 할인
티웨이	메가 얼리버드	연 2회(12월, 8월), 3~10월&11~3월 3개월 뒤 항공권 할인
아시아나	오즈드림페어	매월 첫째 화요일 9시부터 14일간 최대 60% 할인

긴급 상황 발생 시 필요한 정보

긴급 상황에 대비하자

주 오사카 대한민국 총영사관

예상치 못한 사건과 사고 및 여권 분실 시에도 도움을 받을 수 있다.

📍大阪府大阪市中央区西心斎橋2-3-4 📞 (+81) 6-4256-2345(평일 09:00~17:30), [민원업무] 평일 09:00~16:00, [긴급 상황 발생 시] 24시간 (+81) 90-3050-0746(한국어), (+81) 90-5676-5340(일본어)

대한민국 외교부의 서비스

❶ **영사콜센터** 재난, 분실, 사고 등 긴급 상황에 놓였을 때 전화로 도움받을 수 있는 서비스다. 6개 국어 통역 서비스도 함께 제공하니 현지 의사, 경찰 등과 의사 소통이 필요할 때도 도움을 받자. 연중 24시간 무휴로 운영한다.

📞 **로밍 휴대전화에서 걸 경우** (+82) 2-3210-0404

📞 **영사콜센터 무료전화 앱** 플레이스토어 혹은 앱스토어에서 '영사콜센터' 검색 후 무료 전화 앱을 설치하면 영사콜센터와 무료 통화를 통해 지원받을 수 있다(와이파이 등 데이터 연결 필요).

📞 **카카오톡 상담 서비스** 카카오톡 채널에서 '외교부 영사콜센터' 채널을 검색하고 친구 추가, 채팅하기를 선택하면 채팅으로 상담 가능하다.

❷ **〈동행〉 서비스** 신상 정보, 국내 비상 연락처, 현지 연락처, 일정 등을 등록한 해외 여행자에게 방문자의 안전 정보를 실시간으로 알려주는 외교부의 서비스 앱. 위급 상황 시 등록된 여행자의 소재 파악도 가능하다.

🏠 플레이스토어 혹은 앱스토어에서 '해외안전여행 국민외교'를 검색하여 앱 설치

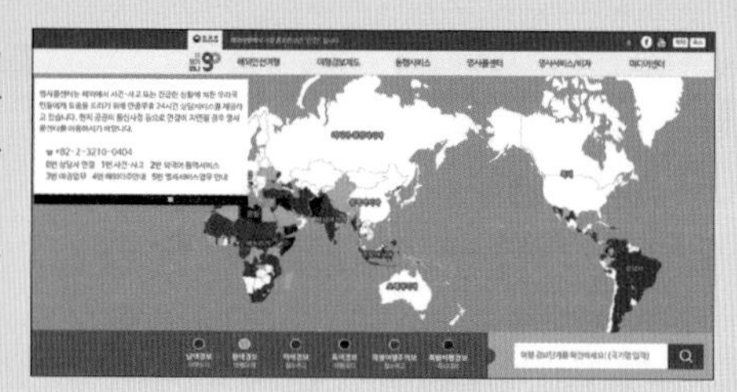

❸ **신속 해외 송금 지원 제도**

1. 현지 대사관 및 총영사관 방문 신청
2. 영사콜센터 상담(상기의 무료 전화 앱, 카카오톡 등 이용)을 통해 신청

📞 **국내·해외 이용시(유료)** (+82) 2-3210-0404

현지에서 자연재해 발생 시 대처 요령

오사카를 비롯한 간사이 지방은 일본의 다른 지역에 비해 자연재해가 현저히 적은 편에 속하지만 만일의 사태에 대비해 태풍과 지진 대처 요령은 미리 알아두자.

- **지진 발생 시** 지진이 발생했을 때 건물 내부에 있으면 위험할 것이라는 생각에 외부로 나가려 시도할 수 있는데 이는 매우 위험한 행동이다. 지진으로 발생하는 피해 대부분은 넘어지는 벽이나 가구, 깨진 유리가 원인인 경우가 많다. 일본의 건물과 시설은 내진 설계가 기본이기 때문에 아주 큰 지진이 아닌 이상 무너지지 않는다. 침착하게 몸과 머리를 보호 할 수 있는 책상이나 탁자 밑으로 몸을 숨기는 것이 최우선이며, 진동이 멈추고 난 다음에 베개나 가방 등으로 머리를 보호하며 건물 밖으로 대피하자.

- **태풍 발생 시** 절대 무리하지 말고 숙소에 머물도록 하자. 귀국 항공편 운항이 취소 혹은 연기될 수 있으므로 홈페이지를 자주 확인하고, 숙박 연장과 대체 항공편을 알아보자. 급하게 귀국해야 하는 상황이라면 육로를 이용해 태풍 영향권이 미치지 않는 다른 지역 공항으로 가서 비행기를 타는 방법도 있지만, 육로 역시 위험할 수 있다는 점을 잊지 말아야 한다.

일본의 공휴일

1월 1일
설날
元日, 간지츠
새해 첫날을 쇠는 일본의 대명절

1월 둘째 월요일
성인의 날
成人の日, 세이진노히
만 20세가 된 성인을 축하하는 날

2월 11일
건국기념의 날
建国記念の日, 켄코쿠키넨노히
일본 초대 일왕 진무가 즉위한 날

2월 23일
일왕 탄생일
天皇誕生日, 텐노탄죠비
126대 일왕 나루히토의 생일

3월 20~21일
춘분의 날
春分の日, 슈분노히
봄을 맞아 집과 불단을 청소하고 성묘를 간다.

4월 29일
쇼와의 날
昭和の日, 쇼와노히
쇼와 일왕의 생일로, 골든 위크가 시작되는 날

5월 3일
헌법기념일
憲法記念日, 켄포키넨비
일본 헌법이 시행된 날로, 우리의 제헌절과 같다.

5월 4일
녹색의 날
みどりの日, 미도리노히
일본의 식목일

5월 5일
어린이날
こどもの日, 코도모노히
아이를 위한 날이자 단오날

7월 셋째 월요일
바다의 날
海の日, 우미노히
바다의 은혜에 감사하는 날

8월 11일
산의 날
山の日, 야마노히
2016년부터 시행된 등산의 날

8월 13~16일
오봉
お盆
설날(간지츠)과 함께 일본의 2대 명절

9월 셋째 월요일
경로의 날
敬老の日, 케로노히
노인 공경의 날

9월 23일경
추분의 날
秋分の日, 슈우분노히
조상을 존경하고 망자를 그리는 날

10월 9일
체육의 날
体育の日, 타이이쿠노히
1964년에 개최된 도쿄 올림픽 기념일

11월 3일
문화의 날
文化の日, 분카노히
메이지 일왕의 생일을 1948년에 문화의 날로 개정

11월 23일
근로감사의 날
勤労感謝の日, 킨로칸샤노히
근로자의 날

일본에도 공휴일이 일요일과 겹치면 그다음 날 쉬는 대체공휴일 제도가 있다. 휴일이 몰려 있는 연말연시(12월 23일~1월 5일), 골든 위크(4월 29일~5월 6일), 오봉(8월 11~16일), 실버 위크(9월 말)에 여행할 계획이라면 무조건 예약을 서두르자.

교토의 축제

1월

산주산겐도 토시야 마츠리
三十三間堂通し矢祭り

오랜 전통을 자랑하는 활 쏘기 대회로 일본 전역의 궁수들이 참가한다.

1월 15일과 가까운 일요일 / 산주산겐도

4월

미야코오도리
都踊り

기온의 전통 봄맞이 축제. 마이코와 게이샤들이 펼치는 우아하고 기품 있는 전통 무용 공연을 볼 수 있다.

4월 1~30일 / 기온

4월

히라노 신사 사쿠라하나 마츠리
桜花祭

히라노 신사에서 열리는 벚꽃 축제로, 야간 꽃놀이도 즐길 수 있다.

4월 10일 / 히라노 신사

4월

야스라이제
やすらい祭

교토의 3대 기제 중 하나로 역병이 유행하던 헤이안 시대에 무병을 기원하며 제를 올린 것이 시초. 지름 2m 크기의 꽃 우산에 들어가면 1년 동안 병을 예방할 수 있다고 한다.

4월 둘째 일요일 / 이마미야 신사

5월

아오이 마츠리
葵祭

교토의 3대 축제 중 하나로 화려한 헤이안 왕조의 의상을 입은 행렬을 볼 수 있다.

5월 15일 / 교토 고쇼~카미가모 신사

5월

카모가와오도리
鴨川をどり

폰토초의 마이코, 게이샤들의 수련 성과를 보여주는 무대가 열린다.

5월 1~24일 / 폰토초

5월

미후네 마츠리
三船祭

1,100년 전 헤이안 시대 궁인들의 뱃놀이를 재현하는 행사가 열린다.

5월 셋째 일요일 / 아라시야마 도게츠교

7월

기온 마츠리
祇園祭

일본의 3대 축제 중 하나. 축제 기간은 한 달이나 7월 17일경 개최되는 화려하고 거대한 수레 야마보코 퍼레이드는 놓치지 말자.

7월 16~17일 / 기온 야사카 신사

8월

다이몬지 고잔 오쿠리비
大文字五山送り火

교토의 대표 여름 축제로, 교토 일대의 산에 '大' 모양의 불을 놓으며 혼백의 넋을 기린다.

8월 16일 / 교토 시내

10월

지다이 마츠리
時代祭

헤이안 천도 1,100년을 기념하며 시작된 축제. 교토의 3대 축제 중 하나로 메이지 시대부터 헤이안 시대에 이르는 역사를 보여주는 전통 의상 퍼레이드가 볼 만하다.

10월 22일 / 헤이안 신궁

11월

아라시야마 모미지 마츠리
嵐山もみじ祭

호즈강 상류에 배를 띄워놓고 전통 공연을 펼치는 축제다. 모미지(단풍) 명소인 아라시야마의 풍경과 더불어 한 폭의 그림처럼 화려한 행사가 펼쳐진다.

11월 둘째 일요일 / 아라시야마 도게츠교

12월

오케라 마이리
おけら参り

섣달 그믐날부터 새해 첫날로 이어지는 행사로, 오케라비(불꽃)를 길조의 새끼줄에 붙여 집으로 무사히 가져가면 가정의 무병무탈이 이루어진다고 한다. 오케라비가 꺼지지 않도록 빙글빙글 돌리는 모습이 무척 재미있다.

12월 31일 / 야사카 신사

TIP

'Kyoto Travel Guide'(한국어 지원)는 교토를 방문하는 외국인 여행자들을 위한 교토 관광 가이드 홈페이지다. 관광 명소 소개와 계절별 코스 등 다양한 체험 프로그램 소개, 행사 및 축제 일정, 음식 문화 등에 대한 정보를 제공하니 참고하자. 앱(Arukumachi KYOTO)/웹(kyoto.travel/ko/)

리얼 일본어 여행 회화

기본 회화

■ 인사

안녕하세요.(아침)
おはようございます。 오하요우고자이마스

안녕하세요.(오전/오후)
こんにちは。 콘니치와

안녕하세요(밤)
こんばんは。 콘방와

안녕히 계세요.
さようなら。 사요나라

안녕히 주무세요.
おやすみなさい。 오야스미나사이

처음 뵙겠습니다.
はじめまして。 하지메마시테

■ 감사/거절/여부

수고하셨습니다.
お疲れ様でした。 오츠카레사마데시타

고맙습니다.
ありがとうございます。 아리가토우고자이마스

죄송합니다
すみません。 스미마셍

괜찮습니다.
大丈夫です。 다이죠부데스

실례합니다.
失礼します。 시츠레이시마스

괜찮습니까?
大丈夫ですか。 다이죠부데스까?

안 됩니다.
出来ません/だめです。 데키마셍/다메데스

정말입니까?
本当ですか。 혼토데스까?

■ 기초 단어

예	はい	하이
아니오	いいえ	이이에
이것	これ	코레
저것	それ	소레
어느 것	どれ	도레
나/저	私	와타시
네/당신	あなた	아나타
그	彼	카레
그녀	彼女	카노죠
이쪽	こっち	코찌
저쪽	そっち	소찌
그쪽	あっち	아찌
어느 쪽	どっち	도찌
그저께	おととい	오토토이
어제	昨日	키노우
오늘	今日	쿄우
내일	明日	아시타
모레	明後日	아삿테

■ 숫자/시간

의미	일본어	발음	의미	일본어	발음
1	一	이치	10,000	一万	이치만
2	二	니	한 개	一つ	히토츠
3	三	산	두 개	二つ	후타츠
4	四	시/욘	세 개	三つ	밋츠
5	五	고	네 개	四つ	욧츠
6	六	로쿠	다섯 개	五つ	이츠츠
7	七	시치/나나	여섯 개	六つ	뭇츠
8	八	하치	일곱 개	七つ	나나츠
9	九	큐-	여덟 개	八つ	얏츠
10	十	쥬-	아홉 개	九つ	코코노츠
100	百	햐쿠	열 개	十	토우
1,000	千	센	1시	一時	이치지

의미	일본어	발음	의미	일본어	발음
2시	二時	니지	5시	五時	고지
3시	三時	산지	6시	六時	로쿠지
4시	四時	요지	7시	七時	시치지

의미	일본어	발음	의미	일본어	발음
8시	八時	하치지	11시	十一時	주이치지
9시	九時	큐지	12시	十二時	쥬니지
10시	十時	쥬지	30분	三十分	산쥿분

날짜 / 요일

1월	2월	3월	4월	5월	6월
一月	二月	三月	四月	五月	六月
이치가츠	니가츠	산가츠	시가츠	고가츠	로쿠가츠
7월	**8월**	**9월**	**10월**	**11월**	**12월**
七月	八月	九月	十月	十一月	十二月
시치가츠	하치가츠	큐가츠	쥬가츠	쥬이치가츠	쥬니가츠

1일	2일	3일	4일
一日	二日	三日	四日
츠이타치	후츠카	밋카	욧카
5일	**6일**	**7일**	**8일**
五日	六日	七日	八日
이츠카	므이카	나노카	요우카
9일	**10일**	**11일**	**12일**
九日	十日	十一日	十二日
고코노카	토오카	쥬이치니치	쥬니니치
13일	**14일**	**15일**	**16일**
十三日	十四日	十五日	十六日
쥬산니치	쥬욧카	쥬고니치	쥬로쿠니치
17일	**18일**	**19일**	**20일**
十七日	十八日	十九日	二十日
쥬나나니치	쥬하치니치	쥬큐니치	하츠카
21일	**22일**	**23일**	**24일**
二十一日	二十二日	二十三日	二十四日
니쥬이치니치	니쥬니니치	니쥬산니치	니쥬욧카
25일	**26일**	**27일**	**28일**
二十五日	二十六日	二十七日	二十八日
니쥬고니치	니쥬로쿠니치	니쥬나나니치	나쥬하치니치
29일	**30일**	**31일**	
二十九日	三十日	三十一日	
니쥬큐니치	산쥬니치	산쥬이치니치	

일	월	화	수
日曜日	月曜日	火曜日	水曜日
니치요우비	게츠요우비	카요우비	수이요우비
목	**금**	**토**	
木曜日	金曜日	土曜日	
모쿠요우비	킨요우비	도요우비	

실전 회화

전철, 지하철에서 필요한 회화

○○을 ○○장 주세요.
○○を○○枚ください。
○○오○○마이쿠다사이

실례합니다.
○○를 사고 싶은데 도와주시겠습니까?
すみません。
○○をかいたいのですが、手伝ってくれませんか。
스미마셍.
○○오 카이따이노데스가 테츠다테쿠레마셍까.

간사이 패스	関西パス 칸사이파스
이코카 하루카	ICOCA & HARUKA 이코카 하루카
지하철·버스 1일권	地下鉄·バス1日券 치카테츠 바스 이치니치켄

실례합니다.
○○까지 가고 싶은데 도와주시겠습니까?
すみません。
○○まで行きたいのですが, 手伝ってくれませんか
스미마셍.
○○마데이키따이노데스가, 데츠다테쿠레마셍까?

이 전차는 ○○에 갑니까?
この電車は○○にいきますか
코노덴샤와 ○○니이키마스까?

○○행 전차는 몇 번 홈입니까?
○○行きの電車は何番ホームですか。
○○유키노덴샤와 난방 호-므데스까?

교토역	京都駅 교토에키
교토카와라마치역	京都河原町駅 교토카와라마치에키
기온시조역	祇園四条駅 기온시조에키
데마치야나기역	出町柳駅 데마치야나기에키
산조역	三条駅 산조에키
아라시야마역	嵐山駅 아라시야마에키
후시미이나리역	伏見稲荷駅 후시미이나리에키

■ 시내버스

버스 타는 곳은 어디입니까?
バスの乗り場はとこですか。
바스노 노리바와 도코데스까?

○○로 가는 버스 정류장은 어디입니까?
○○ゆきのバスの乗り場はとこですか。
○○유키노 바스노 노리바와 도코데스까?

이 버스는 ○○에 갑니까?
このバスは ○○にいきますか。
고노바스와 ○○니이키마스까?

■ 택시

택시 타는 곳은 어디입니까?
タクシーの乗り場はどこですか。
타쿠시노노리바와 도코데스까?

○○까지 부탁드립니다.
○○までおねがいします。
○○마데 오네가이시마스.

■ 호텔

안녕하세요. 체크인하고 싶은데요.
예약한 ○○입니다.
こんにちは。チェックインしたいのですが、
予約した ○○です。
콘니치와. 체쿠인시따이노데스가, 요야쿠시따 ○○데스.

4박 5일 머물 예정입니다.
4泊5日でとまる予定です。
욘파쿠이츠카데 토마루요테이데스.

방은 ○○로 부탁합니다.
部屋は ○○でお願いします。
헤야와 ○○데오네가이시마스.

싱글	シングル 싱구루		금연실	禁煙室 긴엔시츠	
트윈	ツイン 츠인		흡연실	喫煙室 큐우엔시츠	
더블	ダブル 다부루		양실	洋室 요우시츠	
트리플	トリプル 토리푸루		화실	和室 와시츠	

짐을 맡겨도 괜찮습니까?
荷物を預けても良いですか。
니모츠오 아즈케때모 이이데스까?

신용카드로 결제해도 될까요?
お支払いはクレジットカードでも良いですか。
오시하라이와 쿠레짓토카도데모 이이데스까?

○○시 ○○호실 모닝콜 부탁합니다.
○○時に○○号室にモーニングコール
をお願いします。
○○지니 ○○고우시츠니 모닝코루오 오네가이시마스.

택시를 불러주세요.
タクシーを呼んでください。
타쿠시오 욘데쿠다사이.

■ 식당

○명입니다.
○人です。 ○닝데스

점내에서 드십니까?(점원이 물어보는 경우)
店内でめしあがりますか。
텐나이데메시아가리마스까?

주문은 정하셨습니까?(직원이 물어보는 경우)
ご注文はおきまりですか。
고주몬와 오키마리데스까?

이 가게의 추천 메뉴는 무엇입니까?
この店のおすすめはなんですか。
코노미세노 오스스메와 난데스까?

실례합니다. ○○로 부탁합니다
すみません、○○でおねがいします。
스미마셍. ○○데 오네가이시마스.

녹차	お茶 오차	리필	おかわり 오카와리
물	お水 오미즈	주스	ジュース 주-스
찬물	お冷 오히야	우롱차	ウーロン茶 우롱차
생맥주	生ビール 나마비-루	메뉴	メニュー 메뉴
커피	コーヒー 코-히	물수건	お絞り 오시보리

잘 먹겠습니다.
いただきます
이타다키마스

이것은 어떻게 먹어야 합니까?
これはどうやって食べるんですか。
코레와 도우얏떼 타베룬데스까?

한 그릇 더 주세요/리필해주세요.
お替わりください。 오카와리 구다사이

화장실은 어디입니까?
お手洗いはどこですか。
오테아라이와 도코데스까?

계산 부탁드립니다.
お会計をお願いします。
오카이케이오 오네가이시마스

잘 먹었습니다.
ごちそうさまでした 고치소우사마데시타

■ 쇼핑

실례합니다. ○○는 어디에 있습니까?
すみません ○○はどこにありますか。
스미마셍. ○○와 도코니 아리마스까?

실례합니다. ○○는 없습니까?
すみません ○○はありませんか。
스미마셍. ○○와 아리마셍까?

이것은 얼마입니까?
これはいくらですか。 코레와 이쿠라데스까?

○○주세요
○○ください。 ○○쿠다사이

이것 입어봐도 괜찮나요?(상의)
これを着てみても良いですか。
코레오 킷떼밋떼모 이이데스까?

이것 입어(신어)봐도 괜찮나요?(하의/신발)
これを履いてみても良いですか。
코레오 하잇떼밋떼모 이이데스까?

면세됩니까? 얼마부터 면세가 됩니까?
免税できますか。いくらから免税できますか。
멘제 데키마스까? 이쿠라까라 멘제 데키마스까?

신용카드 사용이 가능합니까?
クレジットカードを使えますか。
쿠레짓도카-도오 츠카에마스까?

영수증 주세요.
レシートをください。 레시-토오 쿠다사이

영수증(증빙용) 주세요.
領収書をください。 료슈쇼오 쿠다사이

■ 거리에서

○○는 어디에 있습니까?
○○はどこにありますか。
○○와 도코니아리마스까?

○○는 어떻게 갑니까?
○○へはどうやったらいけますか
○○헤와 도우얏따라 이케마스까?

여기는 어디입니까?
ここはどこですか。 코코와도코데스까?

사진 좀 찍어주시겠습니까?
写真を撮ってくれませんか。 샤신오 톳떼쿠레마셍까?

물건을 잃어버렸습니다.
荷物をわすれました。 니모츠오 와스레마시타

도와주세요.
助けてください。 타스케테쿠다사이

경찰을 불러주세요.
警察を呼んでください。 케이사츠오욘데쿠다사이

구급차를 불러주세요
救急車を呼んでください。 구큐샤오 욘데쿠다사이

치한입니다.
痴漢です 치칸데스

소매치기입니다.
スリです 스리데스

지하철	地下鉄 치카테츠
버스 정류장	バス乗り場 바스노리바
슈퍼마켓	スーパーマーケット 수-파-마-켓토
코인 로커	コインロッカー 코인롯카-
현금인출기	エーティーエム 에-티-에무
편의점	コンビニ 콘비니
병원	病院 뵤우인
파출소	交番 코우방
서점	書店 쇼텐
우체국	郵便局 유우빈쿄쿠
화장실	トイレ 토이레

INDEX

방문할 계획이거나 들렀던 여행 스폿에 ☑ 표시해보세요.

관광 명소

- ☐ 〈겐지 이야기〉 박물관 245
- ☐ 교토 고쇼 179
- ☐ 교토 국립 근대미술관 168
- ☐ 교토 국립 박물관 107
- ☐ 교토 국제 만화 박물관 179
- ☐ 교토 아쿠아리움 108
- ☐ 교토 철도 박물관 107
- ☐ 교토 타워 104
- ☐ 교토역 104
- ☐ 귀무덤 108
- ☐ 기온 134
- ☐ 기온시라카와 135
- ☐ 긴카쿠지 165
- ☐ 난젠지 167
- ☐ 노노미야 신사 228
- ☐ 니손인 229
- ☐ 니시키 시장 137
- ☐ 니조성 178
- ☐ 닌나지 214
- ☐ 다이카쿠지 228
- ☐ 덴베이 203
- ☐ 도게츠교 226
- ☐ 도시샤 대학 179
- ☐ 료안지 213
- ☐ 마루야마 공원 136
- ☐ 만슈인 197
- ☐ 뵤도인 244
- ☐ 사가노 토롯코 열차 238
- ☐ 산넨자카&니넨자카 121
- ☐ 산젠인 207
- ☐ 산주산겐도 106
- ☐ 세키잔젠인 197
- ☐ 슈가쿠인리큐 196
- ☐ 시모가모 신사 195
- ☐ 시조도리 137
- ☐ 아라시야마 공원 나카노시마 지구 226
- ☐ 아마노하시다테 219
- ☐ 아마노하시다테 뷰랜드 219
- ☐ 야사카 신사 136
- ☐ 야타이무라 니시키 138
- ☐ 에이잔 단풍 터널 203
- ☐ 에이칸도 167
- ☐ 우지가미 신사 245
- ☐ 우지바시 245
- ☐ 이네초 후나야 221
- ☐ 조잣코지 229
- ☐ 지슈 신사 122
- ☐ 철학의 길 166
- ☐ 치쿠린 227
- ☐ 카미가모 신사 196
- ☐ 카와라마치 상점가 137
- ☐ 코다이지 122
- ☐ 쿠라마 온천 205
- ☐ 쿠라마데라 204
- ☐ 키부네 신사 202
- ☐ 키요미즈데라 120
- ☐ 키요미즈자카 121
- ☐ 키타노텐만구 214
- ☐ 킨카쿠지 212
- ☐ 타카노강 197
- ☐ 테라마치도리 137
- ☐ 텐류지 225
- ☐ 토지 106
- ☐ 토후쿠지 105
- ☐ 하나미코지도리 135
- ☐ 헤이안 신궁 168

INDEX

방문할 계획이거나 들렀던 여행 스폿에 ☑ 표시해보세요.

- ☐ 호곤인 227
- ☐ 호센인 207
- ☐ 호즈가와쿠다리 237
- ☐ 후나야 이네만 메구리 유람선 221
- ☐ 후시미이나리 신사 115

음식점

- ☐ 고켄 우이로 127
- ☐ 곤타로 킨카쿠지점 215
- ☐ 교노 오니쿠도코로 히로 139
- ☐ 교바아무 키요미즈점 126
- ☐ 그란디루 오이케점 188
- ☐ 기온 덴푸라 텐슈 146
- ☐ 기온 요로즈야 149
- ☐ 나카무라야 총본점 232
- ☐ 나카무라토키치 본점 246
- ☐ 니시진 토리이와로 187
- ☐ 르 프티멕 오이케점 188
- ☐ 마루츠네 가마보코텐 139
- ☐ 마르 블랑슈 키요미즈자카점 127
- ☐ 말차칸 144
- ☐ 멘야 곳케이 198
- ☐ 무게산보우 살롱 드 무게 123
- ☐ 미츠보시엔 칸바야시산뉴 본점 247
- ☐ 벤케이 히가시야마점 124
- ☐ 부타고릴라 145
- ☐ 블루보틀 커피 교토 카페 170
- ☐ 빈즈테이 148
- ☐ 사가노유 231
- ☐ 사가토우후 이네 231
- ☐ 사료츠지리 기온 본점 145
- ☐ 소혼케 유도후 오쿠탄 키요미즈점 125
- ☐ 송버드 커피 184
- ☐ 스누피 차야 147
- ☐ 스마트 커피 189
- ☐ 스타벅스 뵤도인 오모테산도점 247
- ☐ 스타벅스 커피 니넨자카 야사카차야점 126
- ☐ 스파이스 체임버 144
- ☐ 시가 커피 109
- ☐ 신부쿠 사이칸 본점 110
- ☐ 신신도 테라마치점 189
- ☐ 아라비카 교토 히가시야마점 123
- ☐ 아라시야마 요시무라 232
- ☐ 야마모토멘조 169
- ☐ 엘리펀트 팩토리 커피 147
- ☐ 오멘 긴카쿠지 본점 171
- ☐ 오카루 146
- ☐ 오코노미야키 카츠 216
- ☐ 와루다 189
- ☐ 우나기야 히로카와 230
- ☐ 우지가와모찌 본점 248
- ☐ 위켄더스 커피 183
- ☐ 이노다 커피 본점 185
- ☐ 이노이치 142
- ☐ 이즈우 141
- ☐ 이즈쥬 148
- ☐ 이키테이루 커피 143
- ☐ 차강주 카페 248
- ☐ 츠키지 149
- ☐ 카기젠요시후사 본점 146
- ☐ 카리카리하카세 교토 니시키점 139
- ☐ 카메야무츠 110
- ☐ 카이 139
- ☐ 카츠쿠라 시조테라마치점 145
- ☐ 카페 비브리오틱 하로! 186
- ☐ 칸센도 149

INDEX

방문할 계획이거나 들렀던 여행 스폿에 ☑ 표시해보세요.

- ☐ 클램프 커피 사라사 184
- ☐ 키친파파 186
- ☐ 킷사 마도라구 183
- ☐ 타카야스 198
- ☐ 텐카잇핀 총본점 198
- ☐ 토요우케차야 216
- ☐ 파이브란 185
- ☐ 파티스리 S 142
- ☐ 플립 업 187
- ☐ 하나레 나카무라세이멘 248
- ☐ 하시타테 109
- ☐ 호우란도 도게츠교 본점 232
- ☐ 혼케 다이이치아사히 본점 110
- ☐ 혼케 오와리야 본점 182
- ☐ 혼케츠키모찌야 나오마사 148

상점

- ☐ 교토 아반티 112
- ☐ 교토벤리도 190
- ☐ 교토역 포르타 112
- ☐ 니이미 129
- ☐ 닌텐도 교토 150
- ☐ 다이마루 백화점 교토점 151
- ☐ 디 앤 디파트먼트 교토 155
- ☐ 란부라 렌털 사이클 235
- ☐ 렌털 기모노 오카모토 129
- ☐ 로프트 교토 151
- ☐ 루피시아 158
- ☐ 리슨 교토 159
- ☐ 마네키네코노테 159
- ☐ 마루젠 교토 본점 157
- ☐ 마르블랑슈 153
- ☐ 마메마사 153
- ☐ 만게츠 153
- ☐ 무모쿠테키 155
- ☐ 바사라 113
- ☐ 사사야이오리 153
- ☐ 세이코샤 190
- ☐ 센타로 152
- ☐ 소우.소우 156
- ☐ 시치미야혼포 128
- ☐ 아라시야마 안나리훗코리스퀘어 233
- ☐ 앙제스 카와라마치 본점 156
- ☐ 오미야게카이도 113
- ☐ 와르고 교토역 교토 타워점 113
- ☐ 요지야 기온점 154
- ☐ 우에바에소우 157
- ☐ 유메 교토 도게츠교점 234
- ☐ 이온몰 교토 111
- ☐ 치리멘 세공관 아라시야마 본점 234
- ☐ 카즈라세이로호 기온 본점 158
- ☐ 케이분샤 이치조지점 199
- ☐ 코게츠 152
- ☐ 쿄고쿠이와이 160
- ☐ 쿄에츠 카와라마치치점 160
- ☐ 큐쿄도 154
- ☐ 킷친유젠 교토니시키점 159
- ☐ 타카시마야 백화점 교토점 150
- ☐ 한큐 렌털 사이클 아라시야마 235
- ☐ 호호호자 172
- ☐ 효탄야 128
- ☐ JR 교토 이세탄 백화점 111

KYOTO

여행을 스마트하게!

스마트 MApp Book

CONTENTS
목차

스마트하게 여행 잘하는 법
App Book

004 여행 애플리케이션
005 항공권 & 숙소 예약
006 여행 정보 검색
008 패스 구입
009 일본 여행 필수 번역기
010 길 & 교통편 찾기
016 모바일 간편 결제 이용

종이 지도로 일정 짜는 맛
Map Book

018 구역별로 만나는 교토
020 교토역
022 기온
024 키요미즈데라
025 긴카쿠지
026 니조성 & 교토 고쇼
028 교토 북부
029 아라시야마
030 킨카쿠지
032 우지

스마트하게 여행 잘하는 법

App Book

교토 여행은 길 찾기와 교통편에 대한 걱정만 최소화할 수 있다면 반 이상은 성공한 것이다. 한국어로 검색 가능한 일본 교통 애플리케이션은 물론 항공편, 숙소, 패스 예약부터 번역까지, 〈리얼 교토〉가 소개하는 애플리케이션과 활용법을 참고해 스마트한 교토 여행을 즐겨보자.

여행 애플리케이션

항공권 & 숙소 예약

- 스카이스캐너
- 인터파크 항공
- 호텔스컴바인
- 에어비앤비

항공권, 숙소, 렌터카 가격 비교와 예약 가능

여행 정보 검색

- 재팬트래블
- 트립어드바이저

일본 전역 여행 정보 & 평점 리뷰가 가득!

패스 구입

- 클룩
- 마이리얼트립

오사카 여행에 필요한 각종 패스와 티켓을 할인 판매

일본 여행 필수 번역기

- 파파고

대화 기능과 텍스트 번역 능력까지 탑재한 놀라운 번역기

길 & 교통편 찾기

- 구글 맵스
- 재팬트랜짓
- 교토환승안내

길 찾기와 교통편 검색의 최고 강자

모바일 간편 결제 이용

- 네이버페이
- 카카오페이

환전할 필요 없이 휴대 전화로 결제

항공권 & 숙소 예약

스카이스캐너, 인터파크, 호텔스컴바인, 에어비앤비

스카이스캐너 & 인터파크 & 호텔스컴바인 세 업체는 항공권, 호텔, 렌터카 예약 서비스를 제공한다. 에어비앤비는 도시 곳곳에 숙소가 있어 현지인들의 삶을 조금 가까이서 들여다볼 수 있다는 장점이 있는 반면, 개인이 운영하는 숙소이기 때문에 취소나 문제 발생 시 대처 면에서 미흡하다는 단점도 있다.

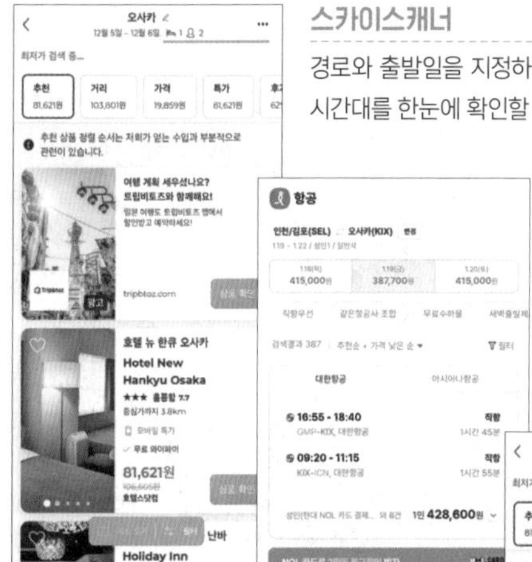

스카이스캐너

경로와 출발일을 지정하면 다양한 항공사의 운임과 시간대를 한눈에 확인할 수 있다.

인터파크

스카이스캐너와 비슷하다. 차이점은 항공권을 일단 구입하면 결제 완료까지 시간적 여유가 있는 항공권이 따로 있다는 것. 따라서 항공권 우선 확보가 가능하고, 많은 여행자가 이 장점을 활용한다.

호텔스컴바인

아고다, 익스피디아, 라쿠텐 등 다양한 업체에서 보유한 현지 숙소의 공실 상황과 숙박료를 보여준다.

에어비앤비

현지에서 개인이 빌려주는 숙소를 찾아볼 수 있다. 대부분 호텔보다 가격이 저렴한 편.

여행 정보 검색

재팬트래블

일본 정부 관광국(JNTO)에서 운영하며, 오사카는 물론 일본 전역의 여행 정보와 각종 이벤트를 제공한다. 여행 정보 외에도 교통편 검색, 무료 Wi-Fi, ATM, 병원, 관광안내소의 위치를 확인할 수 있고 지진, 기상 정보, 긴급 연락처 정보까지 제공하니 일본 여행을 떠난다면 반드시 받아두자.

명소, 식당 등 원하는 장소를 찾고 싶으면 '장소 검색' 탭, 교통 정보를 원하면 '환승 안내' 탭을 선택

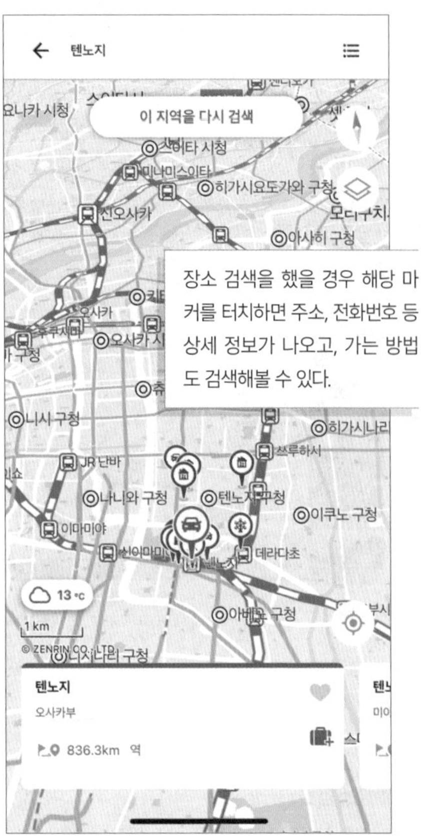

장소 검색을 했을 경우 해당 마커를 터치하면 주소, 전화번호 등 상세 정보가 나오고, 가는 방법도 검색해볼 수 있다.

트립어드바이저

알 만한 사람은 다 아는 여행 가격 비교 웹사이트 & 애플리케이션. 항공편과 호텔 예약도 가능하고 여행 정보도 제공하지만 무엇보다 거의 실시간으로 업데이트되는 리뷰와 평점으로 많은 여행자에게 사랑받는다.

'둘러보기'에서 근처에 있는 즐길거리, 호텔, 음식점 등을 찾아볼 수 있고, 검색도 가능하다.

각각의 장소별 사진과 리뷰를 자유롭게 보고 올릴 수 있으며, Q&A 이용도 가능하다.

패스 구입

클룩

오사카뿐 아니라 전 세계에서 즐길 수 있는 액티비티와 투어 프로그램 및 여행 정보, 각종 쿠폰 등을 제공하는 애플리케이션. 일본에서 사용할 수 있는 각종 패스를 할인된 가격으로 구입할 수 있으니 확인해보자. 보통은 미리 구입한 후 택배나 공항에서 실물을 수령하지만 클룩에서는 당일 구입이 가능하고 현지 도착 후 지정 장소에서 실물로 교환할 수 있다는 장점이 있다.

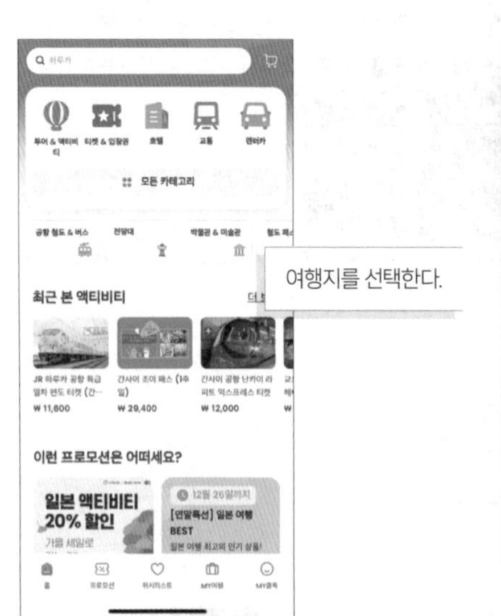

여행지를 선택한다.

숙소 예약부터 대중교통 티켓과 공항 픽업 및 센딩 서비스, 각종 관광 시설 입장권, 투어 상품을 구매할 수 있다.

간사이 여행에 필요한 각종 교통 패스와 관광 시설 입장권은 현지에서보다 저렴하게 구매할 수 있다.

일본 여행 필수 번역기

파파고

파파고 하나면 일본에서 말이 통하지 않을 걱정은 없다. 인공신경망 기반 번역 서비스를 제공하는 강력한 번역 애플리케이션으로, 기본 번역은 물론 이미지 인식을 통한 텍스트 번역, 대화 번역 기능까지 갖췄으니 반드시 다운받아두도록 하자.

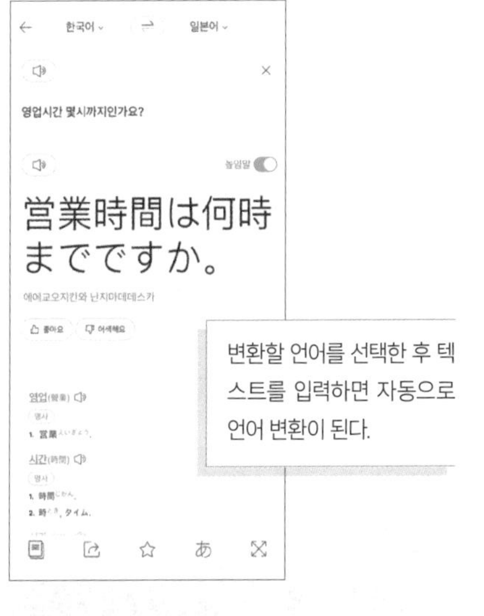

변환할 언어를 선택한 후 텍스트를 입력하면 자동으로 언어 변환이 된다.

우측 상단의 '존댓말'을 켜두면 자동으로 존댓말로 번역된다. 하단의 X자형 화살표를 누르면 꽉 찬 화면으로 표시된다.

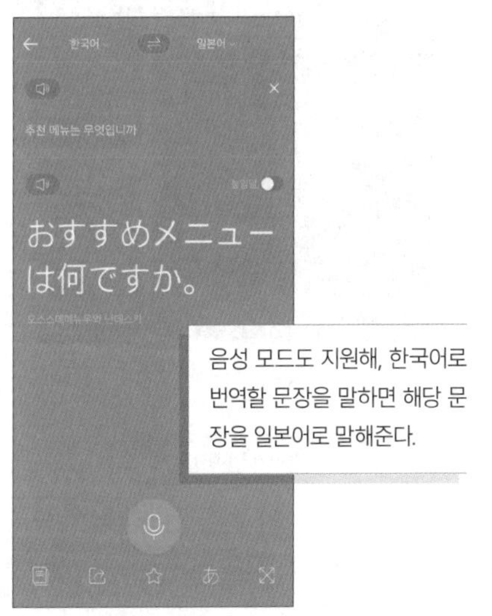

음성 모드도 지원해, 한국어로 번역할 문장을 말하면 해당 문장을 일본어로 말해준다.

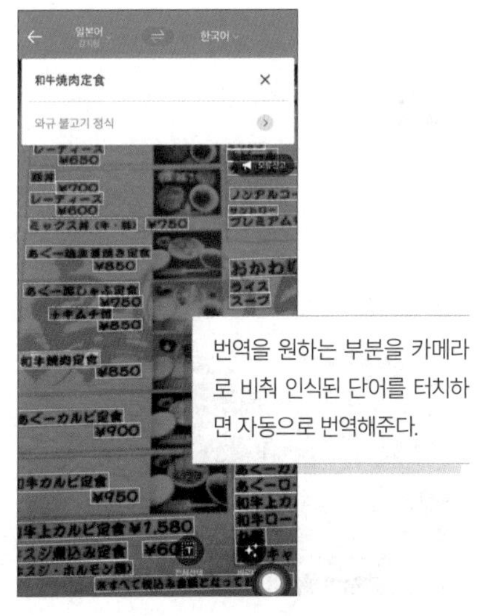

번역을 원하는 부분을 카메라로 비춰 인식된 단어를 터치하면 자동으로 번역해준다.

길 & 교통편 찾기 01

구글 맵스

여행 시 필수 준비물이 된 구글 맵스는 해외에서 더욱 빛나는 존재다. 어디에서 길을 잃어도 구글 맵스만 있으면 당황할 필요가 없다. 도보로 원하는 장소를 찾아갈 수 있는 지도 서비스는 물론 대중교통, 자전거 등 교통수단별 길 찾기 서비스와 스트리트 뷰, 위성 사진도 구글 맵스 하나로 모두 해결할 수 있다.

#시뮬레이션 교토역에서 출발 → 니시키 시장 도착

STEP ❶ 위치 검색

① 구글 맵스 실행 후 '니시키 시장' 검색

* 〈리얼 교토〉 내 스폿에서 소개한 GPS 정보를 입력해도 가능

② 검색 후 나타난 빨간색 마커를 터치하면 해당 장소에 대한 정보가 나온다. 파란색 '경로' 또는 '길 찾기' 아이콘 터치

* '저장' 아이콘을 터치하면 구글 맵스에 저장도 가능

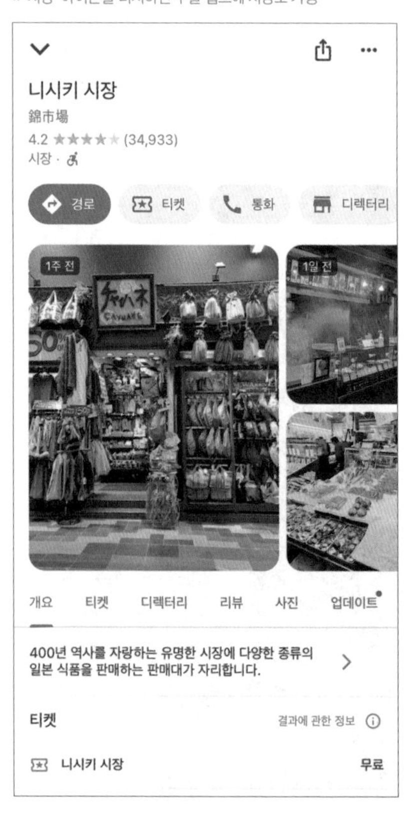

STEP ❷ 경로 선택

① 자가용, 대중교통, 도보, 차량 공유 아이콘 중 도보 또는 대중교통 터치

② '옵션'을 터치하면 최소 환승, 최소 도보 시간 등 세부 사항을 변경할 수 있고, 원하는 교통수단만 검색하는 것도 가능

TIP

- 지하철로 이동 시 이용 가능한 노선과 요금 및 소요 시간을 확인
- 일반적으로 최적 경로부터 가장 상단에 노출됨
- 지하철 회사가 다를 경우 환승이 번거롭고 할인받을 수 없음

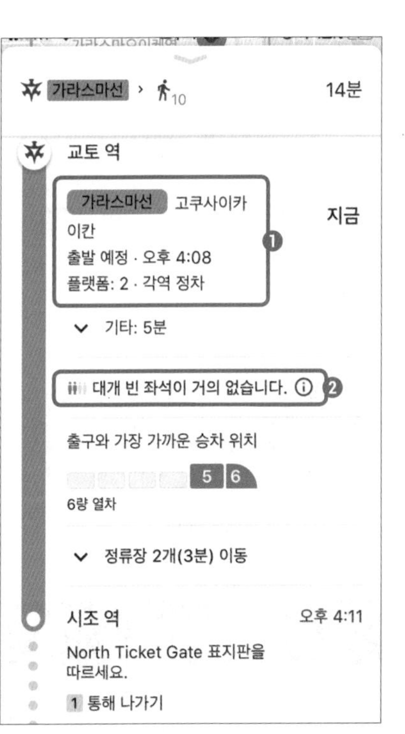

STEP ❸ 선택한 경로의 세부 내용 확인

① 지하철 카라스마선 교토역 2번 플랫폼에서 고쿠사이카이칸 방면 지하철을 탑승할 예정(전광판에서 'XX 방면' 표시를 잘 확인하자.)

② 구글 맵스 사용자의 평점을 기반으로 해당 열차의 혼잡도를 알려주는 부분

길 & 교통편 찾기 02

재팬 트랜짓 플래너 Japan Transit Planner

오사카를 포함해 일본 전역의 지하철, 전철, 신칸센, 버스 등의 노선을 한국어로 검색할 수 있는 강력한 교통편 애플리케이션으로 일본 내에서 가장 많은 다운로드 수를 자랑한다. 최대 강점은 JR, 사철 제외 등 추가 검색 조건을 다양하게 설정할 수 있는 것이다. 그 외에도 버스 정류장 검색, 회사별 및 추천 순 검색, 현재 위치 주변 역 검색 기능까지 갖췄다.

STEP ① 경로 검색

출발역과 도착역, 원하는 시간을 입력한다. 원하는 역과 노선의 시간표도 확인할 수 있다.

숫자별로 다양한 경로를 볼 수 있으며, 함께 표시된 알파벳 중 F는 시간이 빠른 경로, E는 환승이 적은 경로, L은 요금이 저렴한 경로를 가리킨다.

로그인
노선도
교토 ① 출발역
히가시야마(교토) ② 도착역
출발 도착 첫차 막차
2024년 4월 30일 (화) 16:19 출발
경로 옵션
③ 원하는 탑승 시간 검색
검색
④ 지하철, 사철, 특급 등 원하는 세부 옵션 선택
⑤ 원하는 역과 노선의 시간표 확인
루트 시각표 티켓 메뉴

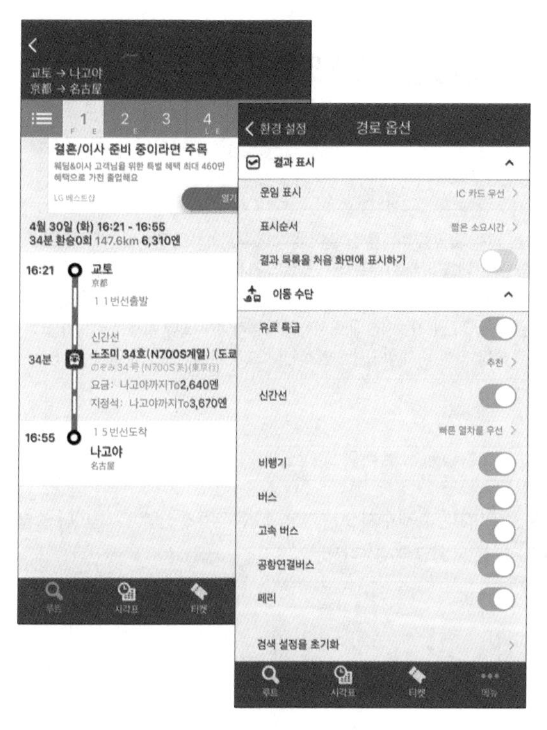

STEP ❷ 경로 옵션

- 시외 다른 도시로 가는 경로도 검색 가능하며, 항공, 철도, 버스 등 다양한 교통수단을 이용하여 가는 방법을 보여준다.
- 신칸센/특급열차의 경우에는 지정석, 자유석, 그린석(특실) 지정 가능
- 짧은 소요 시간/저렴한 운임/적은 환승 등 우선 순위 옵션 선택

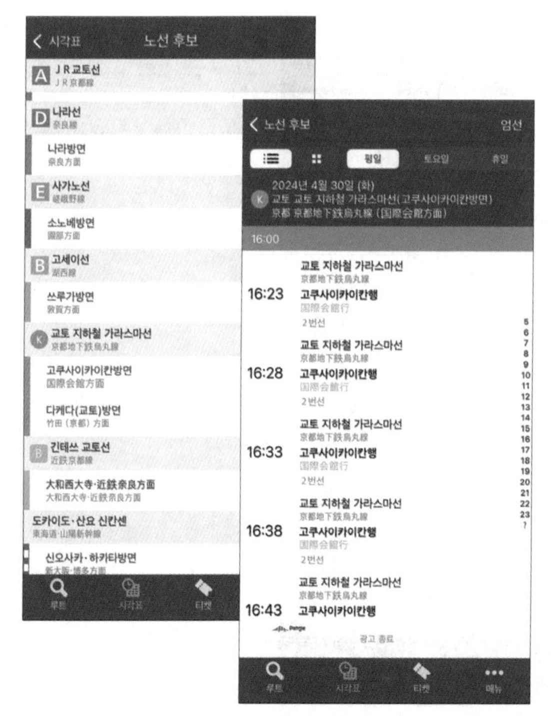

STEP ❸ 역 & 노선 시간표 검색

- 원하는 역에서 운행하는 모든 노선의 시간표 확인 가능

길 & 교통편 찾기 03

교토 환승 안내

주요 교통 수단이 버스인 교토. 그만큼 버스를 탈 일이 많다. 초행길이라고, 일본어를 모른다고 겁먹지 말자. '교토 환승 안내' 앱을 통해 한글로 버스 루트의 자세한 검색이 가능하다. 구글 맵스도 잘 나와 있지만 '교토 환승 안내' 앱이 더 자세해 함께 쓰면 편리하다. 현재 위치, 가장 가까운 정류소, 노선 등을 알 수 있고, 원하는 시간대로 검색이 가능하며, 지도에 자세한 루트가 표시되어 이동 시 참고하기 좋다. 가까운 지역의 관광 명소 안내, 축제 안내 정보도 얻을 수 있다.

STEP ❶ 출발지와 목적지 기입

출발지는 현재 위치 또는 가장 가까운 정류소 선택이 가능하다. 출발 시간도 확인 후 검색하자.

STEP ❷ 경로 확인

'지도 표시'에서는 지도상에 출발지와 목적지가 표시된다.

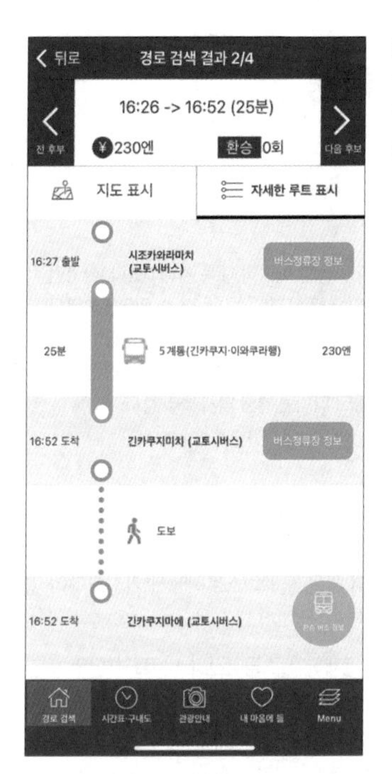

STEP ❸ 자세한 루트 확인

'자세한 루트 표시'에서는 역 이름과 경유 정류소 정보를 한글로 확인 가능하다.

STEP ❹ 버스 시간표, 환승 버스 정보 확인

'버스 정류장 정보'에서는 정차하는 버스와 시간표를 확인할 수 있다. 또 환승해야 하는 경로의 경우, 오른쪽 아래 동그라미 속 '환승 버스 정보'를 선택하면 갈아탈 버스의 현재 위치를 볼 수 있다.

모바일 간편 결제 이용

네이버페이 & 카카오페이

최근 일본에서도 모바일 페이 시스템이 가능한 매장이 대폭 확대되었다. 한국인 사용자는 알리페이와 연계된 네이버페이, 카카오페이로 이용할 수 있다. QR코드나 바코드를 제시하면 결제 당시 환율로 자동 계산되어 각 시스템에 등록한 신용카드나 계좌에서 바로 인출되며 결제가 이루어진다. 휴대전화만 있으면 편하게 결제 가능하고, 많은 금액을 환전해서 들고 다니는 부담 역시 줄어 좋다.

#네이버페이 시뮬레이션

① 앱스토어 혹은 플레이스토어에서 네이버페이 앱을 다운로드, 실행한다.

② '현장 결제' 메뉴에서 좌측 상단의 'NPay 국내' 부분을 클릭, '결제 방법 선택'에서 '알리페이 플러스(해외)'를 선택한다. 등록된 신용카드와 함께 포인트 보유잔액, 잔액이 부족할 경우 인출될 충전 계좌가 표시된다.

③ 좌측 상단의 'Alipay+'를 확인하고 바코드 또는 QR코 드를 제시해 결제한다.

#카카오페이 시뮬레이션

① 앱스토어 혹은 플레이스토어에서 카카오페이 앱을 다운로드, 실행한다.

② 하단의 '결제하기'로 들어간다. 바코드하단의 '대한민국'을 클릭한 다음, 국가/지역 선택에서 '일본'을 선택하면 카카오페이 머니 잔액이 일본 엔으로 표시된다.

③ 바코드 상단에 표시되는 'Alipay+'를 확인하고 바코드 또는 QR코드를 제시해 결제한다.

종이 지도로 일정 짜는 맛

Map Book

지도 애플리케이션은 현장에서 유용하다. 가야 할 방향과 나의 위치를 실시간으로 알 수 있기 때문이다. 그러나 종이 지도는 길 위에 있지 않을 때 빛을 발한다. 여행을 떠나기 전 일정을 짜보고 싶을 때, 현지 숙소에서 다음 날 가볼 곳을 미리 확인하고 싶을 때 'Map Book'이 아주 좋은 친구가 되어줄 것이다.

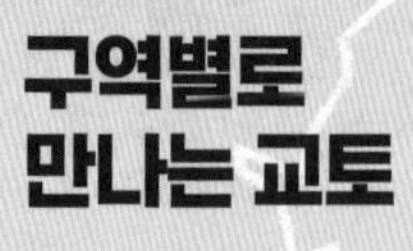

교토시

우지

⑥ 킨카쿠지

킨카쿠지

⑦ 아라시야마

텐류지

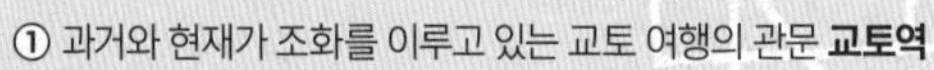

① 과거와 현재가 조화를 이루고 있는 교토 여행의 관문 **교토역**

② 천년 고도를 간직한 **키요미즈데라&기온**

③ 천천히 걷는 즐거움, 계절마다 벚꽃, 단풍으로 뒤덮이는 **긴카쿠지**

④ 일본 역사의 중심 **니조성&교토 고쇼**

⑤ 숨겨진 명소들이 가득한 **교토 북부**

⑥ 눈부신 금빛 누각 **킨카쿠지**

⑦ 귀족들이 사랑한 풍경 **아라시야마**

⑧ 일본 최고의 녹차를 만나고 싶다면 **우지**

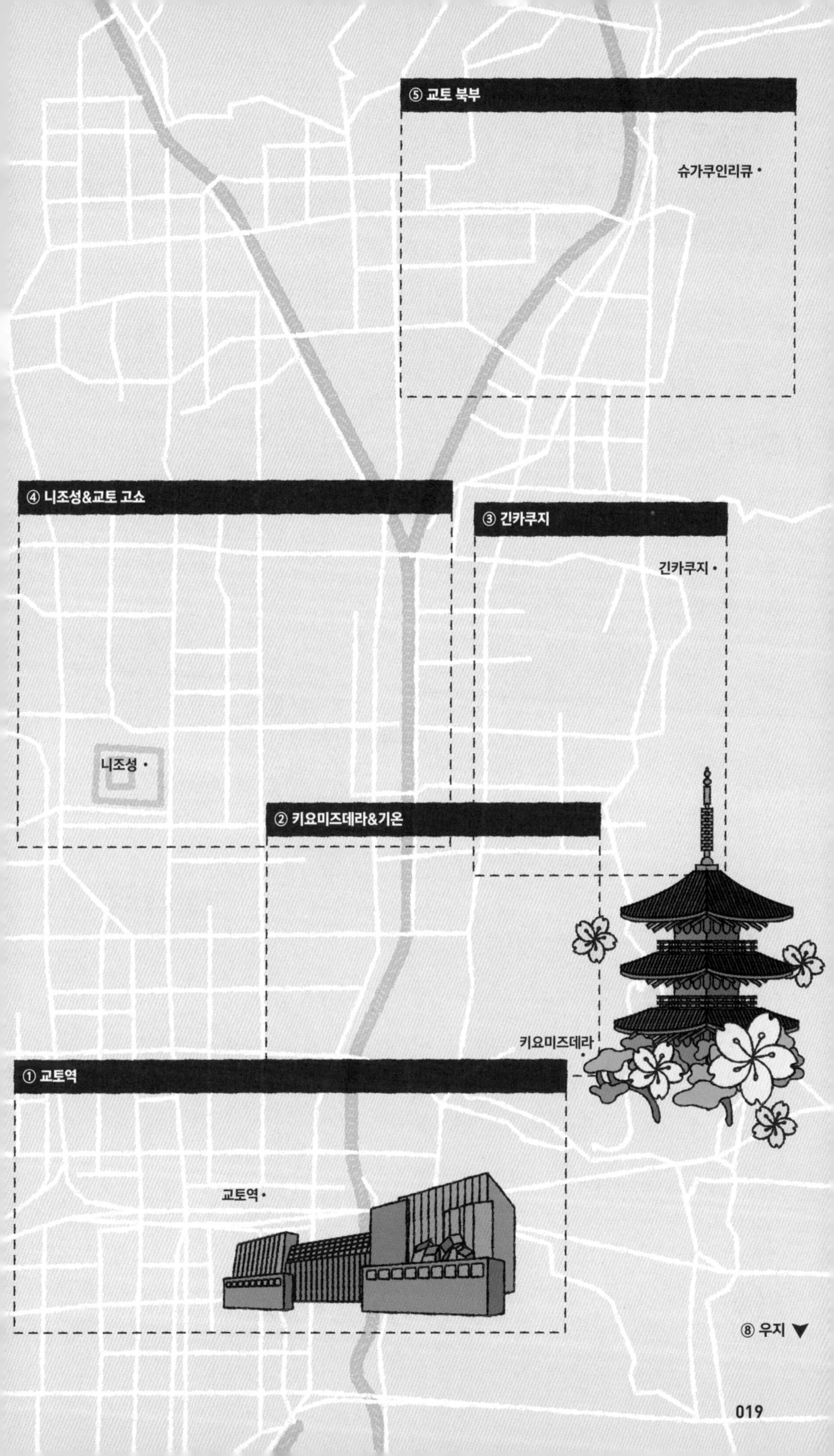
⑤ 교토 북부
슈가쿠인리큐 •
④ 니조성&교토 고쇼
③ 긴카쿠지
긴카쿠지 •
니조성 •
② 키요미즈데라&기온
키요미즈데라
① 교토역
교토역 •
⑧ 우지 ▼

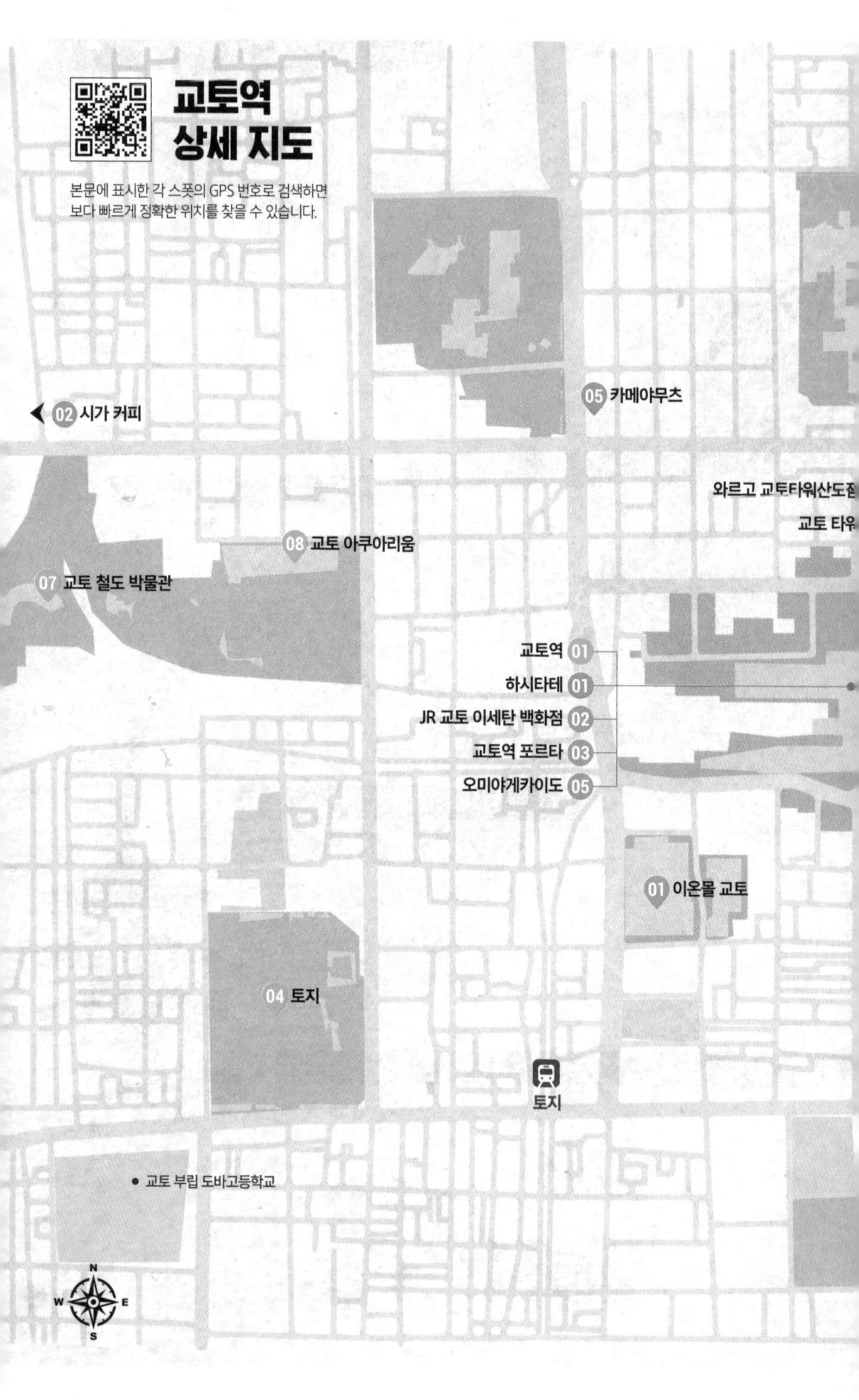
교토역
상세 지도
본문에 표시한 각 스폿의 GPS 번호로 검색하면
보다 빠르게 정확한 위치를 찾을 수 있습니다.
05 카메아무츠
02 시가 커피
와르고 교토타워산도
교토 타
08 교토 아쿠아리움
07 교토 철도 박물관
교토역 01
하시타테 01
JR 교토 이세탄 백화점 02
교토역 포르타 03
오미야게카이도 05
01 이온몰 교토
04 토지
토지
교토 부립 도바고등학교
N
W
E
S

SEE
EAT
SHOP
09 귀무덤
시치조
교토 국립 박물관 06
03 혼케 다이이치아사히 본점
04 신부쿠 사이칸 본점
7 바사라
05 산주산겐도
카모강
4 교토 아반티
토후쿠지
교토제일적십자병원
03 토후쿠지

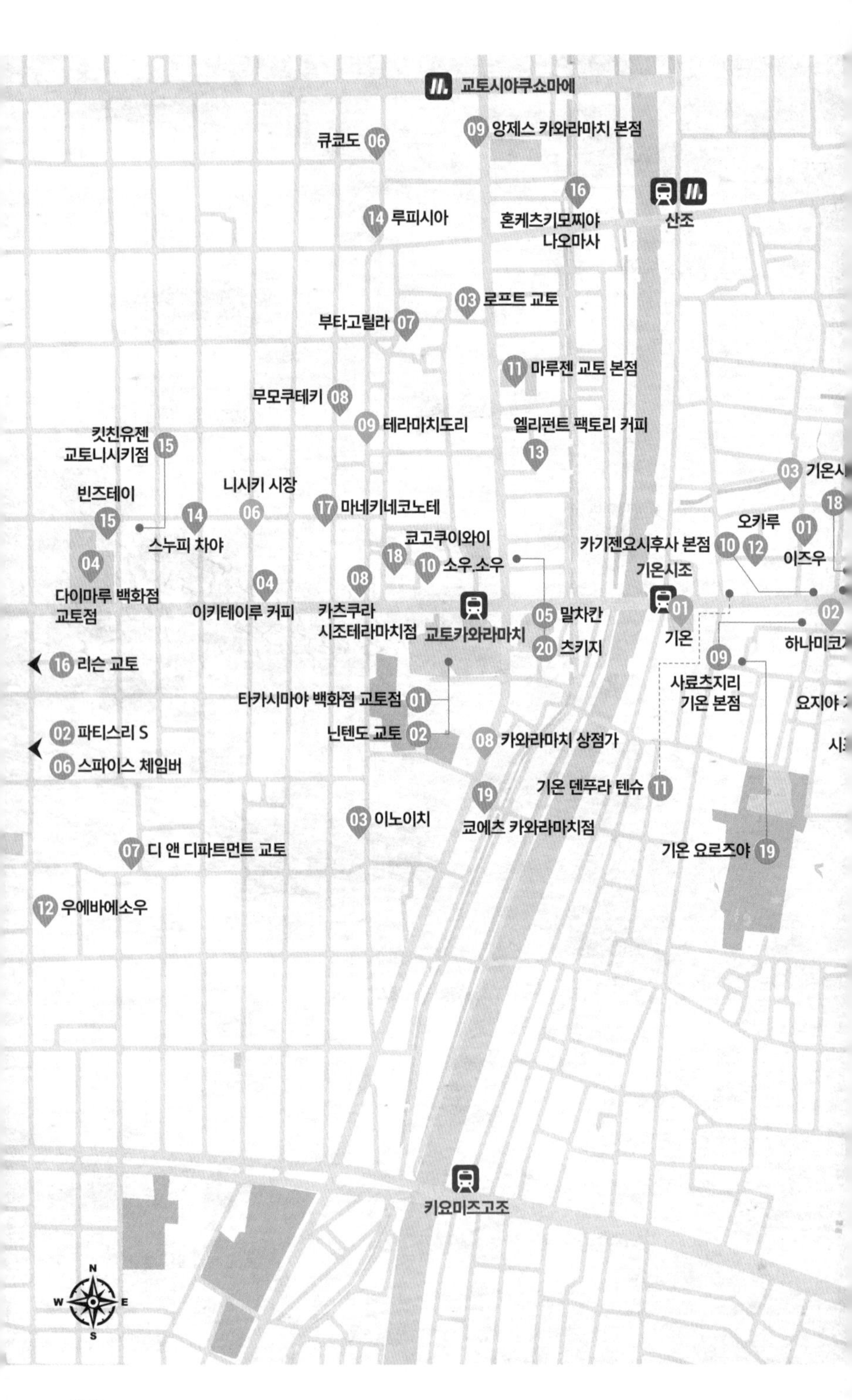

교토시야쿠쇼마에
09 앙제스 카와라마치 본점
큐쿄도 06
16 혼케츠키모찌야 나오마사
산조
14 루피시아
03 로프트 교토
부타고릴라 07
11 마루젠 교토 본점
무모쿠테키 08
09 테라마치도리
엘리펀트 팩토리 커피 13
킷친유젠 교토니시키점 15
03 기온시
니시키 시장 06
빈즈테이 15
14 스누피 차야
17 마네키네코노테
18
오카루
01 이즈우
12
카기젠요시후사 본점 10
기온시조
쿄고쿠이와이 18
10 소우.소우
04 다이마루 백화점 교토점
04 이키테이루 커피
08 카츠쿠라 시즈테라마치점
교토카와라마치
05 말차칸
20 츠키지
01 기온
02 하나미코
16 리슨 교토
09 사료츠지리 기온 본점
타카시마야 백화점 교토점 01
02 파티스리 S
닌텐도 교토 02
요지야
06 스파이스 체임버
08 카와라마치 상점가
기온 덴푸라 텐슈 11
19 코에츠 카와라마치점
03 이노이치
07 디 앤 디파트먼트 교토
기온 요로즈야 19
12 우에바에소우
키요미즈고조
N
W
E
S

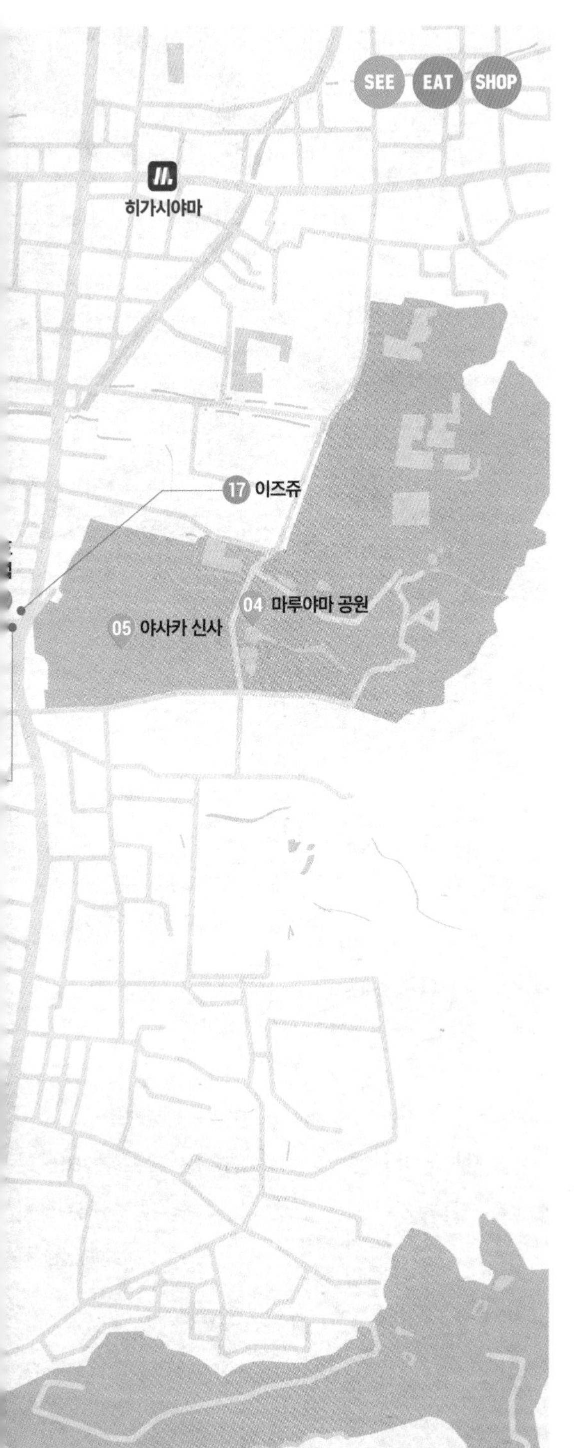

기온 상세 지도

본문에 표시한 각 스폿의 GPS 번호로 검색하면 보다 빠르게 정확한 위치를 찾을 수 있습니다.

키요미즈데라 상세 지도

SEE EAT SHOP

본문에 표시한 각 스폿의 GPS 번호로 검색하면
보다 빠르게 정확한 위치를 찾을 수 있습니다.

긴카쿠지 상세 지도

본문에 표시한 각 스폿의 GPS 번호로 검색하면
보다 빠르게 정확한 위치를 찾을 수 있습니다.

긴카쿠지 01
철학의 길 02
오멘 긴카쿠지 본점 03
01 호호호자
05 헤이안 신궁
03 에이칸도
01 야마모토멘조
6 교토 국립 근대미술관
04 난젠지
02 블루보틀 커피 교토 카페
케아게

니조성 & 교토 고쇼 상세 지도

본문에 표시한 각 스폿의 GPS 번호로 검색하면 보다 빠르게 정확한 위치를 찾을 수 있습니다.

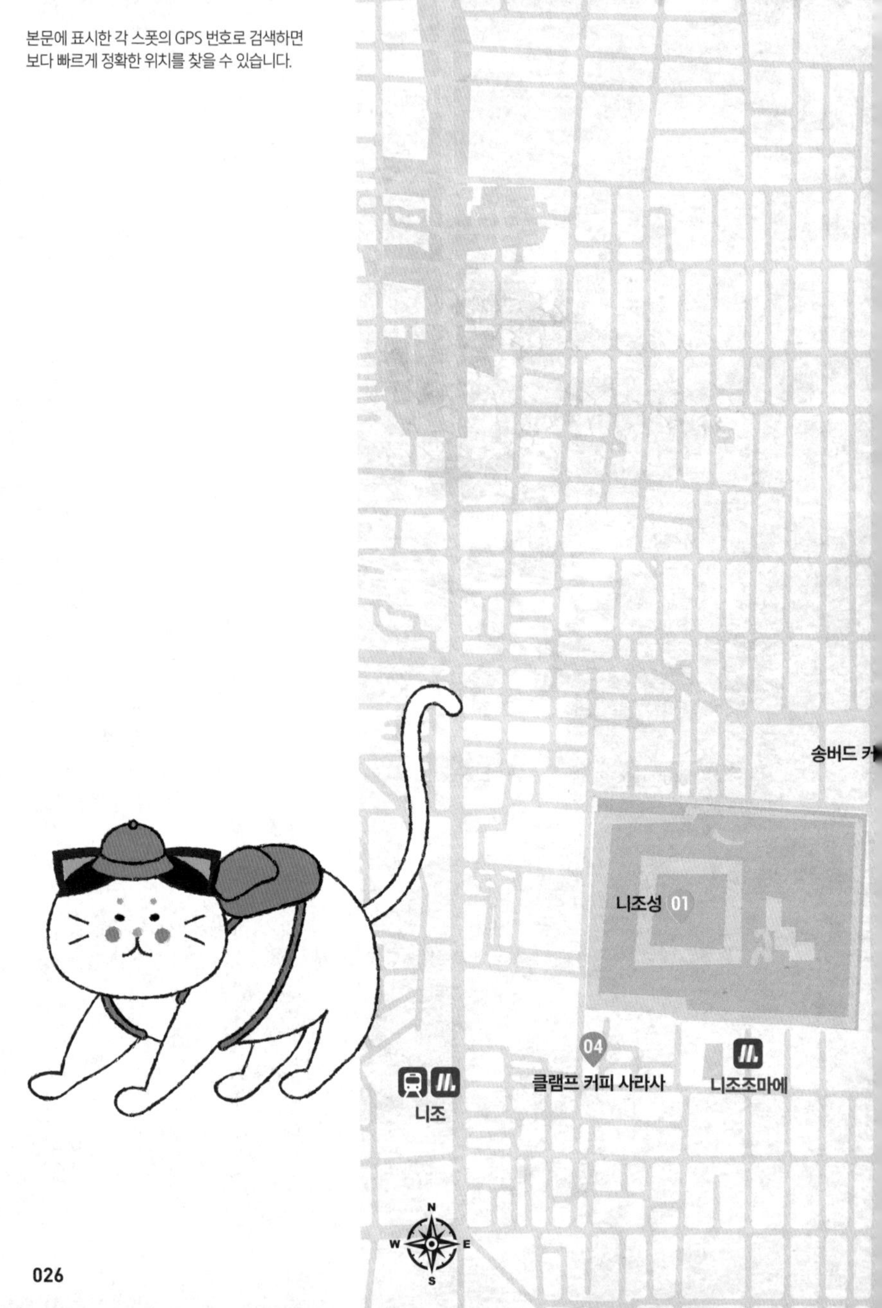

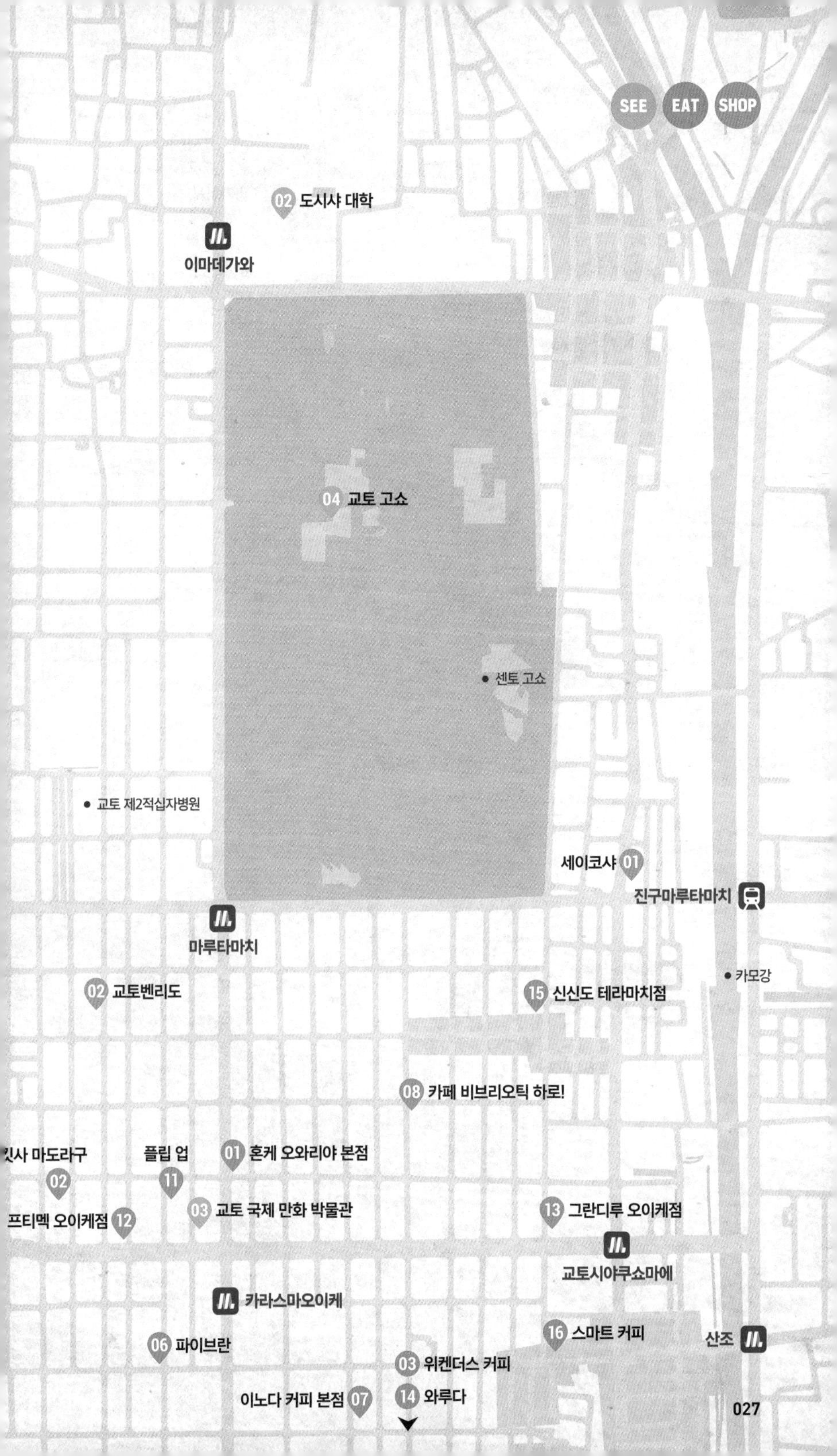

02 도시샤 대학
이마데가와
04 교토 고쇼
센토 고쇼
교토 제2적십자병원
세이코샤 01
진구마루타마치
마루타마치
02 교토벤리도
카모강
15 신신도 테라마치점
08 카페 비브리오틱 하로!
깃사 마도라구 02
플립 업 11
01 혼케 오와리야 본점
프티멕 오이케점 12
03 교토 국제 만화 박물관
13 그란디루 오이케점
교토시야쿠쇼마에
카라스마오이케
06 파이브란
16 스마트 커피
산조
03 위켄더스 커피
이노다 커피 본점 07
14 와루다

교토 북부 상세 지도

본문에 표시한 각 스폿의 GPS 번호로 검색하면
보다 빠르게 정확한 위치를 찾을 수 있습니다.

다카라가이케
02 카미가모 신사
05 세키잔젠
03 슈가쿠인리큐
슈가쿠인
04 만슈인
02 멘야 곳케이
01 시모가모 신사
01 타카야스
06 타카노강
케이분샤 이치조지점 01
이치조지
03 텐카잇핀 총본점

아라시야마 상세 지도

본문에 표시한 각 스폿의 GPS 번호로 검색하면 보다 빠르게 정확한 위치를 찾을 수 있습니다.

SEE EAT SHOP

07 다이카쿠지
교토부립 기타 사가고등학교
09 니손인
교토시립 사가초등학교
08 조잣코지
JR 사가아라시야마
06 노노미야 신사
토롯코아라시야마
04 치쿠린
우나기야 히로카와 01
사가노유 02
나카무라야 총본점 06
란덴 사가
사가토우후 이네 03
텐류지 01
치리멘 세공관 02
아라시야마 본점
01 아라시야마 한나리홋코리스퀘어
호곤인 05
란덴 아라시야마
03 유메 교토 도게츠교점
아라시야마 요시무라 04
02 도게츠교
아라시야마 공원 나카노시마 지구 03
05 호우란도 도게츠교 본점
한큐 아라시야마

SEE
EAT
SHOP
02 료안지
리츠메이칸 대학교
02 오코노미야키 카츠
03 닌나지
료안지
토지인
오무로닌나지
묘신지
N
W
E
S

킨카쿠지 상세 지도

본문에 표시한 각 스폿의 GPS 번호로 검색하면
보다 빠르게 정확한 위치를 찾을 수 있습니다.

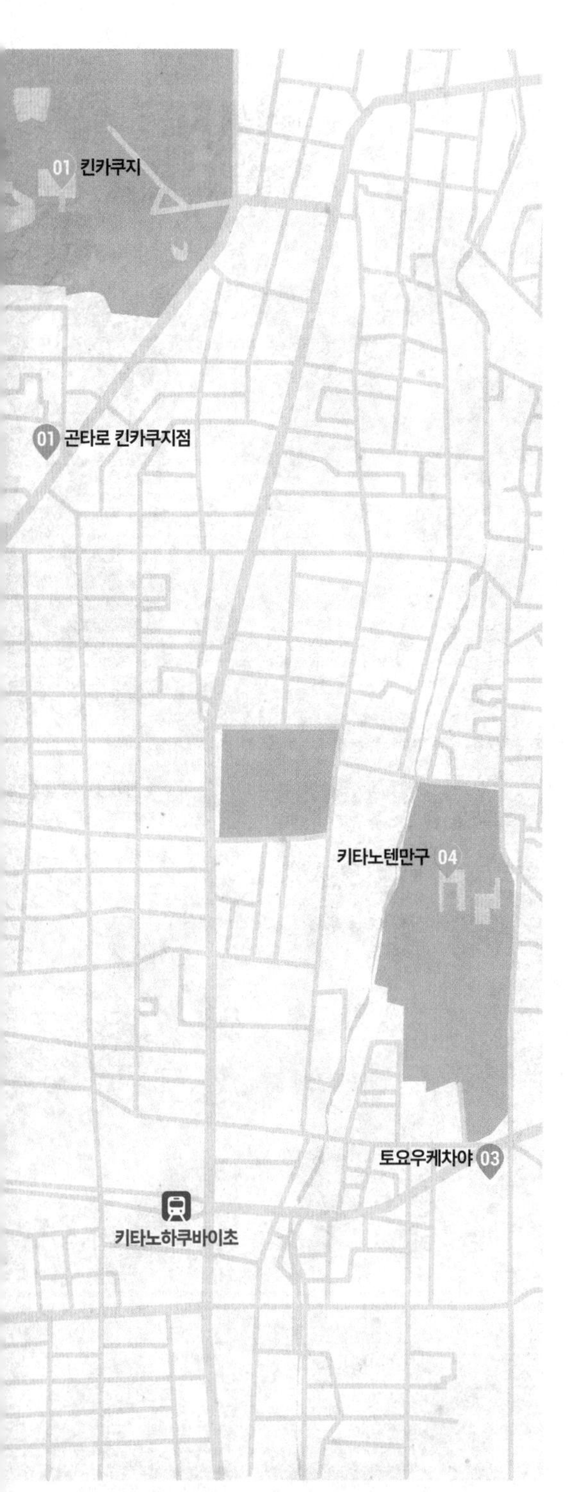

우지 상세 지도

본문에 표시한 각 스폿의 GPS 번호로 검색하면
보다 빠르게 정확한 위치를 찾을 수 있습니다.

JR 우지역

차강주 카페

우지 종합병원

01 나카무라토키치 본점

04

06 우지가와모찌 본점

05 하나레 나카무라세이멘

03 미츠보시엔 칸바야시산뉴 본점

04 우지바시

케이한 우지역

02 스타벅스 뵤도인 오모테산도점

우지강

01 뵤도인

근린우지공원

02 〈겐지 이야기〉 박물관

03 우지가미 신사